U0223821

"十三五"国家重点出版物出版规划项目

光电子科学与技术前沿丛书

水醇溶共轭聚合物光电材料及应用

黄 飞 段春晖 曹 镛 等/编著

科学出版社
北 京

内 容 简 介

本书总结了近几十年来水醇溶共轭聚合物这一类新型半导体材料的相关研究成果。水醇溶共轭聚合物的研究涉及化学、材料、物理等多个学科，水醇溶共轭聚合物光电材料在多个研究领域(特别是有机光电器件与生物/化学传感等领域)得到了广泛的应用。本书对水醇溶共轭聚合物的材料结构与合成、基本特性与应用等方面进行系统阐述，详细介绍该领域的基础知识及研究前沿问题。

本书可供有机半导体材料、有机光电器件、有机传感等领域的科研工作者参考，也可作为相关领域本科生、研究生的入门教程。

图书在版编目(CIP)数据

水醇溶共轭聚合物光电材料及应用/黄飞等编著. —北京：科学出版社，2019.6

(光电子科学与技术前沿丛书)

"十三五"国家重点出版物出版规划项目　国家出版基金项目

ISBN 978-7-03-061358-5

Ⅰ. 水…　Ⅱ. 黄…　Ⅲ. 光电材料-研究　Ⅳ. TN204

中国版本图书馆 CIP 数据核字(2019)第 107440 号

责任编辑：张淑晓　付林林/责任校对：杜子昂

责任印制：吴兆东/封面设计：黄华斌

科学出版社 出版

北京东黄城根北街 16 号

邮政编码：100717

http://www.sciencep.com

北京虎彩文化传播有限公司 印刷

科学出版社发行　各地新华书店经销

*

2019 年 6 月第 一 版　开本：720×1000　1/16
2022 年 1 月第二次印刷　印张：16 3/4
字数：320 000

定价：118.00 元

(如有印装质量问题，我社负责调换)

丛书序

　　光电子科学与技术涉及化学、物理、材料科学、信息科学、生命科学和工程技术等多学科的交叉与融合，涉及半导体材料在光电子领域的应用，是能源、通信、健康、环境等领域现代技术的基础。光电子科学与技术对传统产业的技术改造、新兴产业的发展、产业结构的调整优化，以及对我国加快创新型国家建设和建成科技强国将起到巨大的促进作用。

　　中国经过几十年的发展，光电子科学与技术水平有了很大程度的提高，半导体光电子材料、光电子器件和各种相关应用已发展到一定高度，逐步在若干方面赶上了世界水平，并在一些领域实现了超越。系统而全面地整理光电子科学与技术各前沿方向的科学理论、最新研究进展、存在问题和前景，将为科研人员以及刚进入该领域的学生提供多学科、实用、前沿、系统化的知识，将启迪青年学者与学子的思维，推动和引领这一科学技术领域的发展。为此，我们适时成立了"光电子科学与技术前沿丛书"专家委员会，在丛书专家委员会和科学出版社的组织下，邀请国内光电子科学与技术领域杰出的科学家，将各自相关领域的基础理论和最新科研成果进行总结梳理并出版。

　　"光电子科学与技术前沿丛书"以高质量、科学性、系统性、前瞻性和实用性为目标，内容既包括光电转换导论、有机自旋光电子学、有机光电材料理论等基础科学理论，也涵盖了太阳电池材料、有机光电材料、硅基光电材料、微纳光子材料、非线性光学材料和导电聚合物等先进的光电功能材料，以及有机/聚合物光电子器件和集成光电子器件等光电子器件，还包括光电子激光技术、飞秒光谱技术、太赫兹技术、半导体激光技术、印刷显示技术和荧光传感技术等先进的光电子技术及其应用，将涵盖光电子科学与技术的重要领域。希望业内同行和读者不吝赐教，帮助我们共同打造这套丛书。

在丛书编委会和科学出版社的共同努力下，"光电子科学与技术前沿丛书"获得 2018 年度国家出版基金支持，并入选了"十三五"国家重点出版物出版规划项目。

我们期待能为广大读者提供一套高质量、高水平的光电子科学与技术前沿著作，希望丛书的出版为助力光电子科学与技术研究的深入，促进学科理论体系的建设，激发创新思想，推动我国光电子科学与技术产业的发展，做出一定的贡献。

最后，感谢为丛书付出辛勤劳动的各位作者和出版社的同仁们！

"光电子科学与技术前沿丛书"编委会

2018 年 8 月

前　言

自 20 世纪 70 年代，Alan J. Heeger、Alan G. MacDiarmid、Hideki Shirakawa 等发明导电聚合物以来，导电聚合物得到了广泛的关注和飞速的发展。导电聚合物在多个领域，特别是在光、电、磁等有机电子器件方面取得了广泛的应用。

水醇溶共轭聚合物作为导电聚合物材料的一个分支，因具有与大多数导电聚合物不同的水醇溶特性，受到了广泛的关注和研究。通过化学方式将亲水性基团连接到共轭聚合物主链或侧链上，可实现兼具半导体特性与水醇溶性的共轭聚合物。水醇溶共轭聚合物的半导体特性使其具有光-电-热等转换特性，而水醇溶性使其具有良好的水醇加工性、生物兼容性等，从而实现多种功能与应用。近二十年来，水醇溶共轭聚合物发展迅速，已经在多个领域(如有机发光、有机光伏、有机场效应晶体管、有机传感与成像等)取得了广泛的应用。

水醇溶共轭聚合物的相关研究是一个多学科交叉的研究领域，涉及化学、材料、物理等学科。本书对水醇溶共轭聚合物这一新型半导体材料进行了全面深入的介绍，对水醇溶共轭聚合物的材料设计与合成、基本特性、光电应用等方面进行了系统的阐述。由于水醇溶共轭聚合物具备一些与大多数传统油溶共轭聚合物不同的特性，本书将对这些特性进行重点介绍。在其应用方面，本书阐述了各种光电器件的基本知识与原理，结合水醇溶共轭聚合物光电材料的应用，总结了最新的研究进展，并进行了评述与讨论。

本书汇聚了多位科研工作者的心血。第 1 章由胡志诚撰写，第 2 章由段春晖撰写，第 3 章由姜小芳撰写，第 4 章由张凯撰写，第 5 章由董升撰写，第 6 章由孙辰撰写，第 7 章由张桂传撰写，第 8 章由常欢撰写，第 9 章由刘熙撰写，全书由黄飞、段春晖、曹镛统筹撰写、修改与审核。最后的校稿还得到了本单位杨伟教授的大力帮助。

　　本书涉及的部分研究工作是作者在国家自然科学基金委重点项目"水醇溶有机/聚合物光电材料的研究"（No. 21634004）等项目的支持下完成的，此外，本书的出版得到了国家出版基金的资助，在此一并表示衷心的感谢。

　　本书旨在对水醇溶共轭聚合物这一新型半导体材料的基础知识和应用机理做系统的介绍和阐述，促进水醇溶共轭聚合物光电材料及相关领域的发展，并对有机半导体、有机光电器件及传感领域内同行的工作开展提供思路。由于撰写人员知识面和专业水平所限，书中难免有不妥之处，恳请广大读者不吝批评指正。

编著者

2018 年 8 月

目　录

第1章

水醇溶共轭聚合物的设计与合成

　　本章主要介绍水醇溶共轭聚合物的结构设计及合成方法。首先对水醇溶共轭聚合物的发展历程进行了简述，介绍水醇溶共轭聚合物的基本概念及独特性能。然后对水醇溶共轭聚合物进行分类，重点阐述其结构调控及光电性能，系统介绍其合成方法及基于水醇溶共轭聚合物的化学反应。

1.1　水醇溶共轭聚合物的发展历史

　　20 世纪 70 年代，Alan J. Heeger、Alan MacDiarmid 和 Hideki Shirakaw 等发明了导电聚合物，在交替的单双键 π 共轭结构上引入合适的掺杂剂，使得材料中的电子或空穴能够在材料介质中移动，从而使有机共轭材料具备一定的导电性。此发明开辟了导电聚合物这一新兴领域，为有机电子学奠定了基础。与传统的无机导电材料相比，导电聚合物具备质量轻、来源广、易修饰、容易加工及柔性等诸多优点，并可以实现从绝缘体、半导体到导体的大跨度变化，从而使其具有多方面优异的应用性能，在诸多领域中都取得了广泛的应用[1,2]。

　　传统的导电聚合物具有共轭的主链和非共轭的烷基侧链。其中烷基侧链使导电(共轭)聚合物可溶于有机溶剂，从而可用溶液法加工成膜。1987 年，Heeger 等[3]将含有离子型侧链的单体通过电化学聚合得到了一种可以溶于水和醇类的共轭聚合物，并且该种水醇溶共轭聚合物具备较高的导电性。自此，水醇溶共轭聚合物的研究开始引起越来越多的重视，一系列含有不同亲水性侧链和主链的共轭聚合物被开发出来，并被成功用于生物/化学传感、生物成像、有机电致发光、场效应晶体管(field effect transistor, FET)等方面。近年来，水醇溶共轭聚合物在有机光伏(organic photovoltaic, OPV)、钙钛矿太阳电池(perovskite solar cell)、有机电致变色器件及有机光探测器等领域也得到了成功的应用[4-7]。

1.2　水醇溶共轭聚合物的基本特征

有机共轭聚合物中单双键交替形成的共轭主链决定了其能级、带隙等基本光电特性。如图 1-1 所示,有机共轭聚合物的主链结构决定了其电子亲和能(electron affinity, EA)和离化势(ionization potential, IP)。电子亲和能表示有机共轭聚合物接受电子的难易程度,一般可以近似为相对于真空能级的最低未占据分子轨道(lowest unoccupied molecular orbital, LUMO)能级。离化势则近似为最高占据分子轨道(highest occupied molecular orbital, HOMO)。HOMO 和 LUMO 的能级差确定了有机共轭聚合物的带隙(E_g)。有机共轭聚合物中依次交替的单双键可以形成醌式共振结构,使得电子可以在整条聚合物链上离域[8,9]。

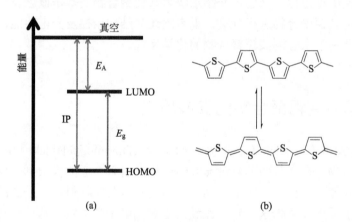

图 1-1　有机共轭聚合物的能级示意图(a)及共轭结构苯醌式转变示意图(b)

有机共轭聚合物中增溶的烷基链保证了聚合物能够采用溶液法成膜。水醇溶共轭聚合物是在传统(油溶性)有机共轭聚合物的基础上发展起来的一种新型共轭聚合物。它最基本的特征是可以同时具备有机共轭聚合物的半导体特性及在水、醇等强极性溶剂中良好的溶解性。水醇溶共轭聚合物的水醇溶特性赋予了其良好的生物相容性以及可以采用环境友好型溶剂加工的特性,因此在生物传感与成像及多层有机电子器件的应用方面有着独特的优势[10-13]。

水醇溶共轭聚合物的基本结构(图 1-2)包括共轭主链和非共轭侧链。共轭主链决定了水醇溶共轭聚合物的光学(如发光)、电学(如电荷传输)、磁学等基本性能。非共轭侧链一般采用具有较强极性的亲水性基团(如离子基团等),使得水醇溶共轭聚合物能够溶于强极性溶剂中。在传统有机共轭聚合物中，侧链一般不参与共轭主链的光电过程。但是在水醇溶共轭聚合物中，侧链的亲水性基团有可能影响甚至参与共轭主链的光电过程，进而影响水醇溶共轭聚合物的光电性能。例如，在某些水醇溶共轭聚合物中存在亲水性基团对于共轭主链的荧光猝灭现象，以及在一些 n 型水醇溶共轭聚合物中存在亲水性基团对于共轭主链的自掺杂现象。此外，亲水性基团也可通过聚集-解聚集、掺杂-去掺杂等作用来影响水醇溶共轭聚合物的光电性能。

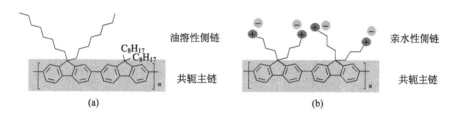

图 1-2　传统有机共轭聚合物(a)和水醇溶共轭聚合物(b)示意图(以聚芴主链为例)

1.3　水醇溶共轭聚合物的结构设计

水醇溶共轭聚合物的亲水性基团使其可以溶于水或醇类溶剂中。通过对水醇溶共轭聚合物的侧链和主链进行调节可以对其性质及光电应用进行调控。

1.3.1　水醇溶共轭聚合物的侧链调控

亲水性基团是水醇溶共轭聚合物能够溶于水或醇等极性溶剂的保证。通过化学合成将亲水性侧链悬挂在共轭聚合物上，是实现水醇溶共轭聚合物的一种重要方法。水醇溶共轭聚合物侧链上的亲水性基团可以分为以下几类：非离子型亲水性基团、阴离子型亲水性基团、阳离子型亲水性基团和两性盐类亲水性基团。

1. 非离子型亲水性基团

非离子型亲水性基团是指不含可移动自由离子的亲水性基团，主要可以分为以下几类。

1) 胺类及其氧化物

胺(本章中所指均为脂肪胺类化合物)是一类在有机化学中应用较为广泛的化合物。胺类化合物的氮原子上具有孤对电子，使其表现出独特的性质。例如，胺类化合物具有一定的碱性，可以与多种酸类化合物生成盐。这一特性可使胺类化合物溶于强极性的水、醇等溶剂中，将胺类化合物引入共轭聚合物的侧链中可以制备水醇溶共轭聚合物。Liu 等[14]将叔胺类基团引入聚芴为主链的聚合物中，制备了可溶于水和醇的共轭聚合物 **P1**(其中 **P** 是聚合物 polymer 的简写,后同)(图 1-3)。Fan 等[15]将叔胺类基团引入聚对苯乙烯撑为主链的聚合物中,制备了水醇溶共轭聚合物 **P2**(图 1-3)。在少量乙酸的作用下,**P1** 和 **P2** 可以顺利地溶解在水或醇类等极性溶剂中,证明了引入叔胺基团的方法可以制备水醇溶共轭聚合物。Huang 等[16]采用聚芴为主链合成了侧链为叔胺基团的水醇溶共轭聚合物 PFN(图 1-3),并发现其可以作为阴极界面修饰材料应用到聚合物发光二极管(polymer light emitting diode, PLED)中。研究发现,水醇溶共轭聚合物侧链的叔胺类基团与金属电极之间存在偶极相互作用,有利于有机电子器件中的电荷注入或抽取[17]。

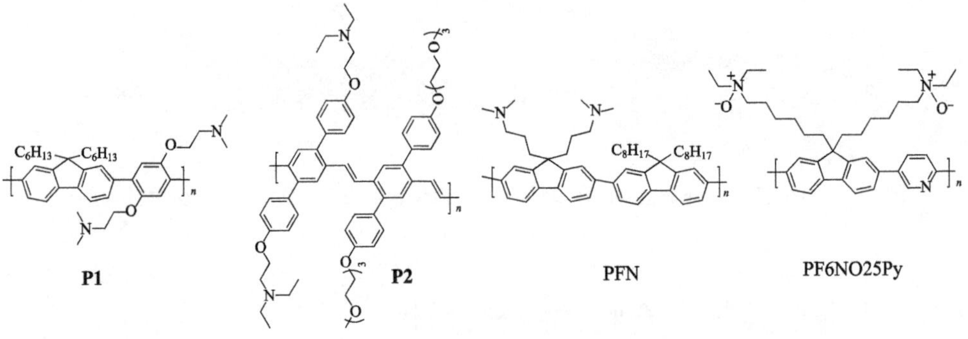

图 1-3　基于胺类及其氧化物侧链的水醇溶共轭聚合物的结构式

　　将胺类基团进行氧化可以得到另一类不含可移动离子的强亲水性基团——氧化胺。氧化胺基团具备较强的极性和优异的水醇溶特性。Guan 等[18]合成了侧链含叔胺基团的聚芴类共轭聚合物,进一步将其氧化得到了氧化胺类水醇溶共轭聚合物 PF6NO25Py(图 1-3)。PF6NO25Py 可以作为一种优良的电子注入材料应用到聚合物发光二极管中,并极大地提高器件效率。

　　2)醇类

　　醇羟基的结构与水和醇最相似,采用其构筑水醇溶共轭聚合物是一种行之有效的方法。Kuroda 等[19]将多个醇羟基引入共轭聚合物主链上,制备了具有良好水溶性的共轭聚合物 **P3**(图 1-4)。Xue 等[20]通过水解前驱体聚合物的方法,成功制备了含多个醇羟基的水醇溶共轭聚合物 **P4**(图 1-4)。

　　乙醇胺基团是在氨基和醇羟基的基础上发展出来的一类亲水性基团,其在水或醇等溶剂中的溶解性要优于叔胺基团。与此同时,由于叔胺基团的引入,所得到的水醇溶共轭聚合物也具有叔胺类水醇溶共轭聚合物(如 PFN)的特性。Huang 等[21,22]合成了聚芴类水醇溶共轭聚合物 PFN-OH 和 PF-OH(图 1-4),发现其能作为优良的电子注入材料应用在聚合物发光二极管中。

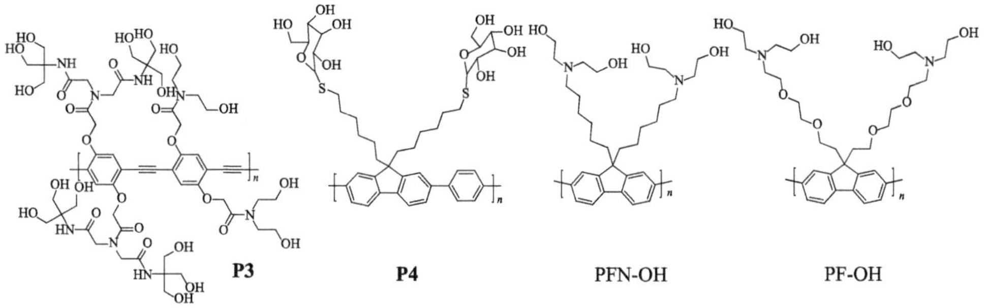

图 1-4　基于醇类侧链的水醇溶共轭聚合物的结构式

3) 醚类

聚环氧乙烷(PEO)是一类具有良好水溶性的醚类聚合物,同时 PEO 分子内部的 C—O—C 键使得 PEO 链非常柔软。这两个特性使得短链的醚类化合物可以作为一种水溶性侧链基团用来构筑水醇溶共轭聚合物。此外,醚类化合物的存在形式多种多样,可以为线型、支链及环状。Lu 等[23]和 Li 等[24]采用环状醚类化合物 (18-冠-6)作为侧链合成了水醇溶共轭聚合物 PCn_6(图 1-5),进一步将 PCn_6 与钾离子络合得到了聚合物 PCn_6/K^+,发现两者均可以溶于水、醇等溶剂。PCn_6 和 PCn_6/K^+ 可以作为电子注入材料和电子抽取材料应用到高效聚合物发光二极管和聚合物太阳电池器件。Traina 等[25]以线型的醚类化合物制备了水醇溶共轭聚合物 **P5**(图 1-5),将其作为前驱体聚合物可以制备多种末端功能化的水醇溶共轭聚合物,并有望在生物传感和成像方面找到应用。Vandenbergh 等[26]采用支化的醚类侧链合成了主链为聚对苯乙烯撑的水醇溶共轭聚合物 BTEMP-PPV(图 1-5),发现它在水和多种醇类溶剂都有良好的溶解性。

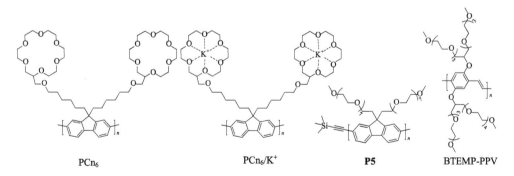

PCn_6　　　　　　PCn_6/K^+　　　　**P5**　　　BTEMP-PPV

图 1-5　基于醚类侧链的水醇溶共轭聚合物的结构式

2. 阴离子型亲水性基团

一般情况下离子型亲水性基团比非离子型亲水性基团的水溶性更好，并且可以通过调节对离子种类来调节水醇溶共轭聚合物的性能。其中，阴离子型亲水性基团一般为各种有机酸盐，如羧酸盐、磺酸盐和磷酸盐。

1) 羧酸盐

羧酸盐类化合物是一种常见的有机酸盐，在表面活性剂领域有着广泛的应用。McCullough 等[27]通过在中性聚合物的基础上水解，合成了一种侧链为羧酸盐的聚噻吩水醇溶共轭聚合物 **P6**(图 1-6)，其具有良好的水醇溶性及高的电导率，有望在导电聚合物传感器方面应用。Kim 等[28]采用羧酸盐类侧链和醚类侧链共同构筑了聚苯炔类水醇溶共轭聚合物 **P7**(图 1-6)，它表现出较高的荧光效率，其光学性质对于 pH 值表现出一定的依赖性。Qin 等[29]采用氨基酸盐作为水醇溶共轭聚合物的侧链，制备了具有较高水溶性的水醇溶共轭聚合物 PG2(图 1-6)。PG2 在水中的溶解度高达 200 mg/mL，并且其荧光量子效率(fluorescence quantum efficiency)高达 95 %。PG2 的荧光光谱在高浓度的盐溶液中仍然保持稳定，可以用来检测缓冲液中的金属离子。此外，羧酸盐类的水醇溶共轭聚合物是一种重要的阴离子型水醇溶共轭聚合物，将其与阳离子型的水醇溶共轭聚合物结合，可以利用两者的静电相互作用通过溶液自组装方法制备超薄膜。Zhang 等[30]采用基于羧酸盐的阴离子型水醇溶共轭聚合物PFCOONa(图 1-6)与阳离子型的水醇溶共轭聚合物通过溶液层层自组装(layer-by-layer self-assembly)的方式在金属氧化物电极上制备了大面积的薄膜，显著改善了金属电极的表面性质，作者还制备了基于该电极的高效太阳电池器件。

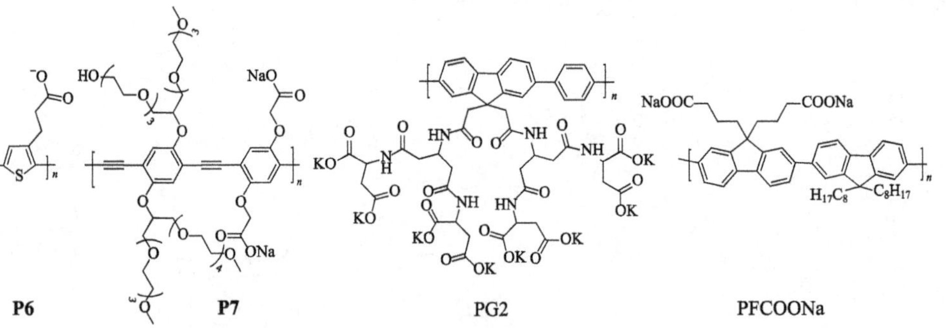

图 1-6 基于羧酸盐侧链的水醇溶共轭聚合物的结构式

羧酸基团也是具有较强水溶性的基团，可以作为一种亲水性基团构筑水醇溶共轭聚合物。Kim 和 Swager[31]在共轭主链上引入多个羧酸基团，成功合成了水醇溶共轭聚合物 **P8**(图 1-7)，发现其可用于氨基酸、蛋白质等的检测。Atkins 等[32]

将氨基羧酸引入到聚苯炔主链上，合成出具有良好水溶性的共轭聚合物 **P9** （图 1-7）。

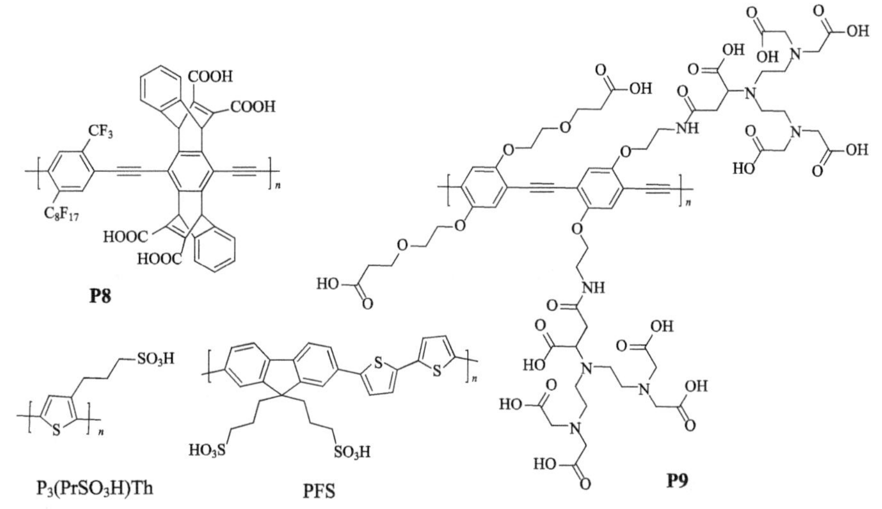

图 1-7　基于羧酸及磺酸侧链的水醇溶共轭聚合物的结构式

2）磺酸盐

磺酸盐是最早用于制备水醇溶共轭聚合物的亲水性基团之一。1987 年，Patil 等[3]合成了基于聚噻吩主链的水醇溶共轭聚合物 P3-BTSNa（图 1-8）。其侧链的磺酸钠盐不仅可以使得聚合物溶解于极性溶剂中，还可以对共轭主链进行自掺杂[3]。Huang 等[33]合成了基于磺酸钠为侧链的阴离子型水醇溶共轭聚合物 PFSO₃Na（图 1-8），发现其可用于高灵敏度与选择性的生物传感器。磺酸盐类水醇溶共轭聚合物还可以作为电子注入材料用在聚合物发光二极管中[34]。此外，磺酸盐类水醇溶共轭聚合物还可以被用来稳定和分散石墨烯类材料。Qi 等[35]合成了水醇溶共轭聚合物 PFVSO₃（图 1-8），其主链结构可以与石墨烯通过 π-π 相互作用，侧链的磺酸盐则可以辅助石墨烯溶于极性溶剂中。

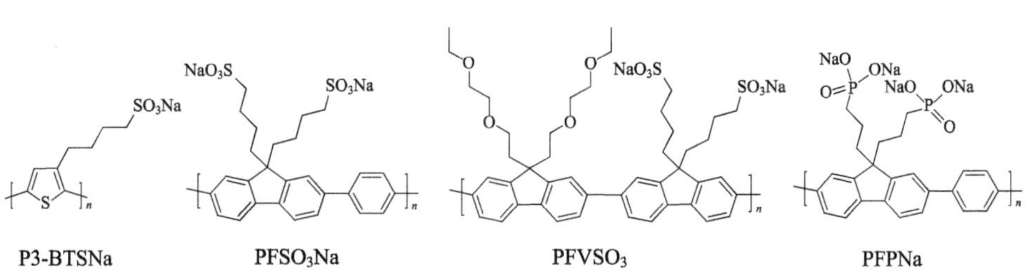

图 1-8　基于磺酸盐和磷酸盐侧链的水醇溶共轭聚合物的结构式

磺酸基团也可以用来构筑水醇溶共轭聚合物。Yamamoto 等[36]将磺酸作为侧链，引入到聚噻吩主链上，制备了水醇溶共轭聚合物 $P_3(PrSO_3H)Th$（图 1-7）。Xu 等[37]合成了基于磺酸侧链的水醇溶共轭聚合物 PFS（图 1-7），发现其可以同时作为有机太阳电池的阴极界面层和阳极界面层。

3）磷酸盐

磷酸盐是一类具有多价态和良好水溶性的化合物。基于磷酸盐类的水醇溶共轭聚合物也表现出优异的水溶性。Qin 等[38]合成了基于磷酸盐的水醇溶共轭聚合物 PFPNa（图 1-8）。PFPNa 每个重复单元上有四个负电荷，使其具有良好的水溶性（溶解度大于 60 mg/mL）。PFPNa 的吸收光谱和荧光光谱与溶液的 pH 值有强烈的依赖关系，这主要是因为 PFPNa 在酸性条件下会部分质子化。PFPNa 对于 Fe^{3+} 的检测有着较高的灵敏度和选择性。采用 PFPNa 与阳离子型非共轭聚合物通过层层自组装制备的薄膜，对于 Fe^{3+} 的检测限可以低至 10^{-7} mol/L[38]。

基于磷酸及其衍生物磷酸酯基团的水醇溶共轭聚合物也得到了广泛开发。Stokes 等[39]合成了侧链为磷酸和磷酸酯基团的聚噻吩类水醇溶共轭聚合物 **P10** 和 **P11**（图 1-9），其中 **P10** 不能溶于有机溶剂，但是可以溶于季铵盐的水溶液；**P11** 在大部分有机溶剂中都不能溶解，只能微溶于醇。Zhou 等[40]合成了侧链为磷酸酯基团的聚芴类水醇溶共轭聚合物 PF-EP（图 1-9），发现它在乙醇中具有较好的溶解性。PF-EP 可以作为一种高灵敏度和高选择性的 Fe^{3+} 检测材料。此外，磷酸酯类水醇溶共轭聚合物还可以作为水/溶剂加工的电子注入材料和电子抽取材料，应用在有机聚合物发光二极管和聚合物太阳电池中[41,42]。例如，Zhao 等[42]发现 PF-EP 用作电子抽取材料时可以提高聚合物太阳电池的电荷抽取效率。Sun 等[43]制备了侧链为磷酸酯的聚咔唑类水醇溶共轭聚合物 PC-P（图 1-9），将其作为电子抽取材料应用在聚合物太阳电池中可以大幅度提高聚合物太阳电池的性能。

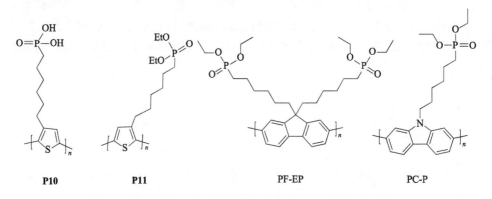

P10 **P11** **PF-EP** **PC-P**

图 1-9　基于磷酸和磷酸酯侧链的水醇溶共轭聚合物的结构式

3. 阳离子型亲水性基团

与阴离子型亲水性基团不同，阳离子型亲水性基团的自由离子为阴离子，可分为以下几类。

1) 季铵盐

季铵盐是一类具有良好水/醇溶性的离子盐类，作为侧链构筑的水醇溶共轭聚合物具有优异的溶解性。例如，侧链为季铵盐的水醇溶共轭聚合物 PF3N-Br（图 1-10），它在水中的溶解度可达 100 mg/mL[44]。季铵盐类水醇溶共轭聚合物是研究最多的阳离子型水醇溶共轭聚合物。迄今，它们在生物/化学传感、有机光电等领域都取得了成功的应用。例如，PFN-Br（图 1-10）可以被用作电子注入材料和电子抽取材料应用到高效聚合物发光二极管和聚合物太阳电池中[13,17,45,46]。PFBT 和 PFVBT（图 1-10）等季铵盐类水醇溶共轭聚合物可以定量检测生物分子（如牛血清白蛋白、脱氧核糖核酸等）[47]。

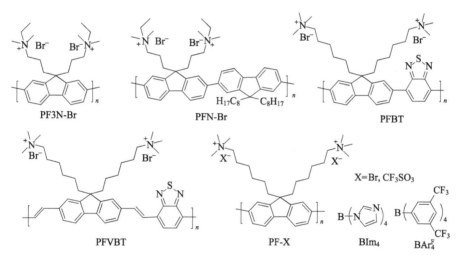

图 1-10　基于季铵盐侧链的水醇溶共轭聚合物的结构式

不仅如此，季铵盐类水醇溶共轭聚合物的对阴离子对聚合物的性能也有重大的影响。它们的对阴离子可以为氟离子、氯离子、溴离子、碘离子、氢氧根离子、乙酸根离子、磺酸根离子等多种一价阴离子。Yang 等[48]发现，不同对阴离子的水/醇溶性共轭聚合物 PF-X（图 1-10）对于聚合物发光二极管的性能有着重大的影响。Hoven 等[49]发现，水醇溶共轭聚合物的对阴离子的移动对于聚合物发光二极管的响应时间有重要的依赖关系。Garcia 等[50]发现，对阴离子的氧化电位对于聚合物发光二极管的效率有明显影响。

2）咪唑盐

咪唑盐是一种常见的离子液体，具有良好的溶解性和稳定性，可作为亲水性基团制备溶解性优良的水醇溶共轭聚合物。Bondarev 等[51]制备了侧链为咪唑盐的水醇溶共轭聚合物 PMHT-Br（图 1-11），发现 PMHT-Br 除了具有良好的水溶性之外，还具有一定的离子导电性，并且其离子电导率会随着温度的升高而增大。Zilberberg 等[52]将 PMHT-Br 用作聚合物太阳电池的电子抽取材料，可以显著降低金属氧化物的功函数并提高电荷的选择性，从而提高电池器件性能。Guan 等[53]合成了水醇溶共轭聚合物 **P12**（图 1-11），发现它可以作为一种脱氧核糖核酸的高灵敏度传感器。

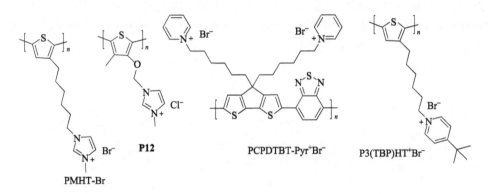

图 1-11　基于咪唑盐、吡啶盐侧链的水醇溶共轭聚合物的结构式

3）吡啶盐

与咪唑盐类似，吡啶盐也可作为一种亲水性基团构筑水醇溶共轭聚合物。Henson 等[54]合成了基于吡啶盐的窄带隙水醇溶共轭聚合物 PCPDTBT-Pyr$^+$Br$^-$（图 1-11），发现其侧链的离子基团对于聚合物的性质有较大的影响。Wolfork 等[55]合成了侧链为对叔丁基吡啶盐的水醇溶共轭聚合物 P3（TBP）HT$^+$Br$^-$（图 1-11），发现 P3（TBP）HT$^+$Br$^-$可以与 PEDOT：PSS［聚（3,4-乙撑二氧噻吩）：聚苯乙烯磺酸］进行静电自组装，形成多层薄膜，用于修饰金属氧化物电极。

4. 两性盐类亲水性基团

两性盐是一类不含可自由移动离子的亲水性基团，它们通过共价键将阴阳离子基团连接在一起。传统的具有可自由移动阴/阳离子的水醇溶共轭聚合物在应用于光电器件时存在一些潜在的问题。例如，在有机电子器件中，可自由移动阴/阳离子会在电场下缓慢移动，这将会对有机电子器件的性能及长期稳定性带来不利影响。两性盐类水醇溶共轭聚合物能够避免可移动离子带来的潜在危害。此外，两性盐类亲水性基团具有良好的水/醇溶性，有助于构筑高性能的水醇溶共轭聚合物。Fang 等[56]合成了通过共价键连接 SO$_3^-$ 和 N$^+$ 的两性盐共轭聚电解质(conjugated polyelectrolyte，CPE)F(NSO$_3$)$_2$(图 1-12)。由于 SO$_3^-$ 和 N$^+$ 通过共价键连接，不存在可以在电场下自由移动的离子，直接避免了可移动离子带来的潜在危害。F(NSO$_3$)$_2$ 可以作为性能优良的电子传输材料应用在聚合物发光二极管中。Duan 等[57]合成了基于两性盐类亲水性基团的水醇溶共轭聚合物 PF6NSO(图 1-12)，发现它可用醇类溶剂加工，作为电子注入材料可提高聚合物发光二极管的器件性能。Liu 等[58]合成主链为聚噻吩的两性盐类水醇溶共轭聚合物 PTSB-1 和 PTSB-2(图 1-12)，发现它们可修饰金属/金属氧化物电极并提高聚合物太阳电池的性能。

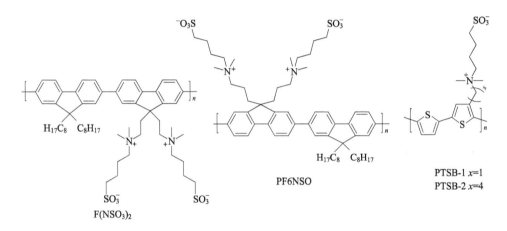

图 1-12　基于两性盐侧链的水醇溶共轭聚合物的结构式

1.3.2　水醇溶共轭聚合物的主链调控

水醇溶共轭聚合物的主链对其光电性能及应用有着重要影响。根据主链的结构，水醇溶共轭聚合物主要可以分为以下几种：①聚乙炔(环辛四烯)类水醇溶共轭聚合物；②聚噻吩类水醇溶共轭聚合物；③聚苯胺类水醇溶共轭聚合物；④聚吡咯类水醇溶共轭聚合物；⑤聚苯撑类水醇溶共轭聚合物；⑥聚对苯乙烯撑类水醇溶共轭聚合物；⑦聚苯炔类水醇溶共轭聚合物；⑧聚稠环芳烃类水醇溶共轭聚合物；⑨嵌段型水醇溶共轭聚合物；⑩主链含金属型水醇溶共轭聚合物；⑪超支化型水醇溶共轭聚合物；⑫主链含离子型水醇溶共轭聚合物。

1. 聚乙炔(环辛四烯)类水醇溶共轭聚合物

聚乙炔类水醇溶共轭聚合物的主链结构是由单双键交替形成的聚乙炔。传统的聚乙炔是由乙炔在催化剂的条件下聚合而成，生成的聚乙炔难以溶解，不具备加工性能，从而限制了其应用。通过改变合成方式，可以得到可溶的主链为聚乙炔的水醇溶共轭聚合物。例如，采用吡啶乙炔为单体，通过活性聚合方式可直接得到含离子侧链的聚乙炔类共轭聚合物[59]。侧链的离子基团使得聚乙炔可以溶于水、N,N-二甲基甲酰胺（DMF）、二甲基亚砜（DMSO）、N-甲基吡咯烷酮（NMP）等极性溶剂中，使其可以通过溶液加工的方式成膜。

聚乙炔类水醇溶共轭聚合物的主链结构决定了其能级结构，光学带隙为 2.0～2.2 eV[59]。聚乙炔类水醇溶共轭聚合物的氧化电位和还原电位分别约为 0.11 V 和 −0.95 V（相比于 Ag/Ag$^+$电极），但是其电化学氧化还原可逆性较差。聚乙炔类水醇溶共轭聚合物是一类可以兼具离子导电和电子导电的水醇溶共轭聚合物。主链的单双键交替结构使得电子可以在主链上传输，而侧链可移动的离子（如 Br$^-$、I$^-$）可以在电场存在的条件下自由地在聚合物薄膜中移动。聚乙炔类水醇溶共轭聚合物的这种特性使其可以在信息存储器件和发光器件中有所应用。例如，Ko 等[60]采用水醇溶共轭聚合物 PEP-P（图 1-13）通过溶液加工的方式制备了写入一次多次读取［write-once-read-many(-times)，WORM］存储器件。此外，还可以通过添加外掺杂剂（I$_2$）对聚乙炔类水醇溶共轭聚合物进行掺杂，以提高其光电性能。以 poly(EPPB)（图 1-13）为例，通过调节 I$_2$ 的浓度，poly(EPPB) 的电导率可以达到 4.5×10^{-2} S/cm[61]。通过改变聚乙炔类水醇溶共轭聚合物的侧链可以调节其光电性能，从而使其可以应用到不同电子器件中。Lee 等[62]对聚乙炔类水醇溶共轭聚合物的侧链进行修饰，得到了具有较强亲水性的两种聚乙炔类水醇溶共轭聚合物 **P13** 和 **P14**（图 1-13），采用其作为光敏剂制备的光电化学池的能量转化效率最高可以达到 2.37 %[62]。

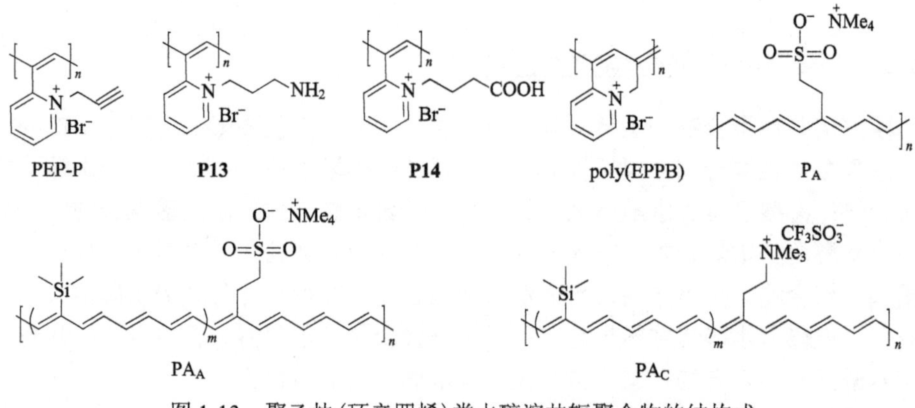

图 1-13　聚乙炔（环辛四烯）类水醇溶共轭聚合物的结构式

聚环辛四烯类水醇溶共轭聚合物是另一种主链结构为聚乙炔的水醇溶共轭聚合物[63]，它可采用开环聚合的方式来合成。例如，Langsdorf 等[63]采用开环聚合方法制备了主链为聚乙炔、侧链为磺酸盐的水醇溶共轭聚合物 P$_A$（图 1-13）。通过调节共聚单体及其比例，可以得到结构不同的聚环辛四烯类水醇溶共轭聚合物。Gao 等将不同的环辛四烯类衍生物进行共聚，得到了两种侧链结构不同的聚环辛四烯类水醇溶共轭聚合物 PA$_A$ 和 PA$_C$（图 1-13）[64]。

2. 聚噻吩类水醇溶共轭聚合物

聚噻吩类共轭聚合物是研究最多的有机半导体之一，其主链由重复的噻吩单元组成。聚噻吩类共轭聚合物具有较好的稳定性，良好的电荷传输性能、溶液加工性能及可掺杂的特性，因而备受关注。其中，聚（3-己基噻吩）（P3HT，见图 1-14）是一类广泛用于聚合物太阳电池的共轭聚合物，其迁移率可达 0.1 cm^2/(V·s)，采用该聚合物制备的太阳电池光电转换效率可超过 7 %[65,66]。

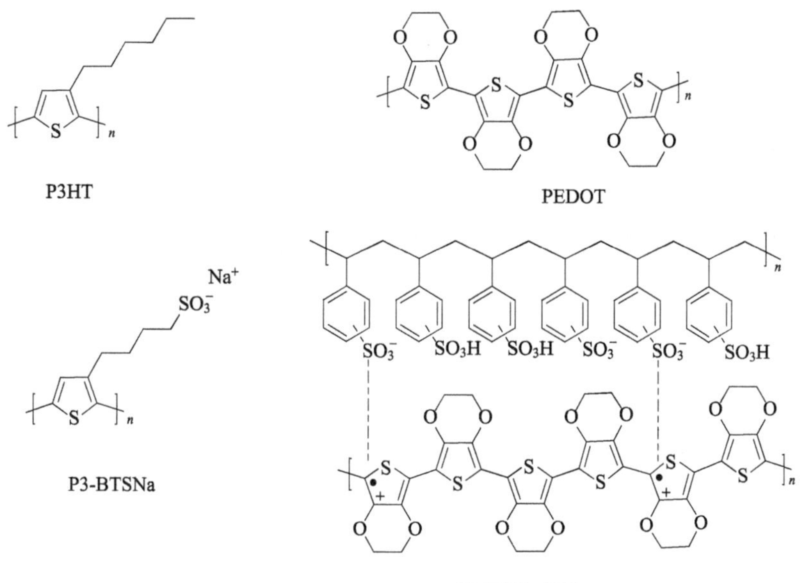

图 1-14　P3HT、PEDOT 及聚噻吩类水醇溶共轭聚合物的结构式

聚噻吩类水醇溶共轭聚合物由 Patil 等[3]在 1987 年首次报道，其采用在侧链引入亲水性基团（SO$_3^-$）的方式来调节聚噻吩类共轭聚合物的溶解性，成功制备了侧链为磺酸盐的聚噻吩水醇溶共轭聚合物 P3-BTSNa（图 1-14）。所制备的 P3-BTSNa 电导率为 10^{-7}～10^{-2} S/cm（与相对湿度有关），但是采用溴掺杂之后，其电导率可以提高到约 10 S/cm。

PEDOT∶PSS（图 1-14）是聚噻吩类水醇溶共轭聚合物中应用最为广泛的一种。在 20 世纪 80 年代中后期，拜耳公司通过氧化聚合和电化学聚合的方式合成了侧链为乙氧基的新型聚噻吩共轭聚合物 PEDOT。PEDOT 虽然溶解性极差，但是表现出很高的透明性和导电性(高达 300 S/cm)。后续的研究发现，在 PEDOT 聚合时采用电荷平衡掺杂的方式(如加入 PSS)可以很好地解决 PEDOT 的溶解性问题。而且所制备的 PEDOT：PSS 薄膜具有优异的成膜性、高电导率(10 S/cm)、可见光范围内的高透过率及良好的稳定性[67]。PEDOT：PSS 薄膜的导电性与其本身的组成和形貌也有很大的关系。Jönsson 等[68]研究了 PEDOT：PSS 薄膜中 PEDOT 和 PSS 的分布与导电性的关系，发现 PEDOT 的连续性越好，电导率越高。基于此，各种提高 PEDOT：PSS 导电性的方法被陆续开发出来。Louwet 等[69]在制备 PEDOT：PSS 薄膜时加入一定量的高沸点溶剂 NMP，发现 PEDOT：PSS 薄膜的形貌发生较大的改变，它的表面电阻也减小了三个数量级。

PEDOT：PSS 作为一种商用的导电材料，在各种有机电子器件中取得成功的应用。Cao 等[70]早在 1997 年就将 PEDOT：PSS 用于聚合物发光二极管的透明电极。Sirringhaus 等[71]采用喷墨打印的方式将其应用在全聚合物的晶体管器件中。此后，PEDOT：PSS 被广泛应用在发光二极管、有机太阳电池、钙钛矿太阳电池、有机光探测器等电子器件中[72-75]。

3. 聚苯胺类水醇溶共轭聚合物

聚苯胺(图 1-15)是最早被研究的导电聚合物之一，具有较高的导电性(掺杂态)。聚苯胺原料来源容易、制备简单、耐高温且抗氧化性能好，在金属防污、二次电池、生物传感等诸多领域都有广泛的应用。

聚苯胺存在多种氧化-还原态，具有四种可以相互转化的形式(图 1-15)[76]。在完全还原态(本征态)时，聚合物为全苯式结构。当完全氧化时，聚苯胺变成具有完全醌式结构的聚合物。聚苯胺的氧化-还原态与制备时的氧化剂种类、浓度及后处理都有关系。本征态的聚苯胺是绝缘体，只有在经过质子酸掺杂后才可以导电。与其他的导电聚合物的掺杂机质不一样，聚苯胺是通过掺杂-去掺杂来改变其性质的。聚苯胺经过质子酸掺杂后，还可以通过与碱反应来实现去掺杂的过程，而且该过程是可逆的[76]。经过质子酸掺杂的聚苯胺的电导率可达 400 S/cm。然而聚苯胺的主链具有较强的刚性，且链间相互作用极大，因此其溶解性极差，给后续加工和成膜带来了极大的困难。Wang 等[77]采用化学氧化合成的方法制备了可溶性的聚苯胺，并对其结构进行表征。Cao 等[78]采用对阴离子诱导的方式，使得掺杂态聚苯胺可溶于一般的有机溶剂，为溶液法制备聚苯胺薄膜提供了一种行之有效的方法。此外，为了制备水醇溶聚苯胺，Wang 等采用末端为聚乙二醇的磷酸分子对聚苯胺进行改性，使聚苯胺可以很好地溶解在水中[79]。Hua 等[80]将可溶性苯磺酸侧链接到聚苯胺主链上，制备了可溶于水的聚苯胺 **P15**(图 1-15)。此外，**P15** 还表现出比非取代聚苯胺更高的稳定性。

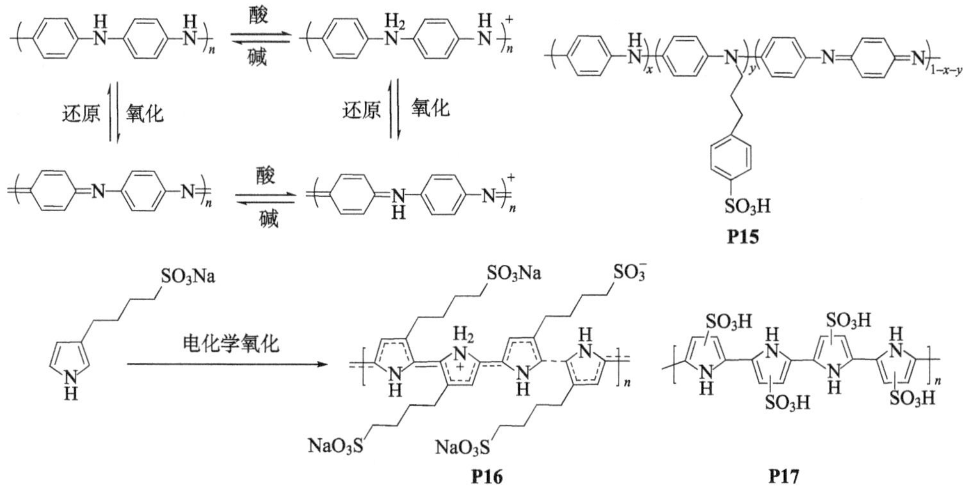

图 1-15　聚苯胺存在的多种氧化-还原态，以及聚苯胺类和聚吡咯类水醇溶共轭聚合物

4. 聚吡咯类水醇溶共轭聚合物

聚吡咯是一类由吡咯单体通过氧化聚合或者电化学聚合得到的聚合物。聚吡咯除了具有导电聚合物的共同特征外，还具有机械性能好、稳定性好等优点。但是，常规的氧化聚合或者电化学聚合得到的聚吡咯是不溶不融的，极大地限制了其实际应用。通过在吡咯环上引入长链烷基，是制备可溶性聚吡咯的一种重要方法。

关于水醇溶聚吡咯的研究相对较少。1987 年，Havinga 等[81]将具有离子基团的吡咯单体进行电化学聚合，得到了可溶于水的聚吡咯 **P16**（图 1-15），**P16** 具有稳定的自掺杂态。Jang 等[82]通过对聚吡咯进行后处理反应引入磺酸侧链，制备了水醇溶共轭聚合物 **P17**（图 1-15）。**P17** 在水中的溶解度可以高达 4%（质量体积比），薄膜电导率可以高达 5×10^{-1} S/cm。

5. 聚苯撑类水醇溶共轭聚合物

聚苯撑类水醇溶共轭聚合物的主链结构为重复的苯单元（图 1-16），具有较强的刚性。由于其结构修饰上的局限性，关于聚苯撑类水醇溶共轭聚合物结构的修饰和应用相对少一些。Wallow 和 Novak[83]采用 Suzuki 聚合在水相中制备了只有短羧酸基团为侧链的水醇溶共轭聚合物 **P18**（图 1-16）。**P18** 的主链刚性很强，且侧链较短，但是在强极性溶剂（H$_2$O/DMF）中表现出优异的溶解性（5% 质量体积比），其重均分子量可达 50 000。**P18** 表现出优异的热稳定性，其分解温度高达 520℃。之后具有可溶性长烷基链的聚苯撑类水醇溶共轭聚合物也被陆续开发出来。Harrison 等[84]制备了侧链为季铵盐类型的阳离子型水醇溶共轭聚合物 P-NEt$_3^+$（图 1-16），发现其荧光可以被阴离子型金属配合物[如 Ru(phen′)$_3^{4-}$ 和 Fe(CN)$_6^{4-}$]

猝灭，有望在薄膜传感器领域应用。Marks 等[85]采用磺酸盐为侧链的阴离子水醇溶共轭聚合物 **P19**（图 1-16），与钛的配合物进行复合，制备了可用于检测 H_2O_2 的高灵敏度检测器。H_2O_2 对于聚合物 **P19** 的荧光有较强的猝灭能力，基于 **P19** 的检测器的检测限可以低至 200 ppm（1ppm=10^{-6}）。此外，聚苯撑类水醇溶共轭聚合物还被用来与其他材料（如氧化石墨烯、金属纳米颗粒等）进行复合，应用在有机发光二极管（organic light emitting diode, OLED）的界面修饰、传感器等方面[86,87]。

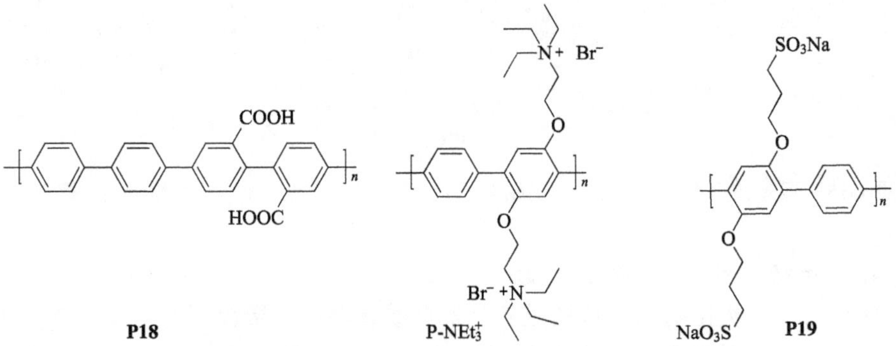

图 1-16 聚苯撑类水醇溶共轭聚合物的结构式

6. 聚对苯乙烯撑类水醇溶共轭聚合物

聚对苯乙烯撑类共轭聚合物（图 1-17）是一类重要的有机光电材料，在有机发光二极管的应用中有着举足轻重的地位。它的主链由苯与乙烯双键依次交替形成，为刚性棒状结构。聚对苯乙烯撑类共轭聚合物的合成方法多样，应用较为广泛。1990 年，Burroughes 等[88]采用前驱体法制备了不带烷基链的聚对苯乙烯撑类共轭聚合物，在此基础上实现了首个聚合物发光二极管。

聚对苯乙烯撑类共轭聚合物的侧链对于其光电性能有着较大的影响，体积更大的烷基链会使得聚合物主链的刚性减弱，与此同时，其荧光量子效率会提高[89]。聚对苯乙烯撑类共轭聚合物的导电性不高，经过碘或酸掺杂后，导电性会有明显改善，但是稳定性不好。

在对聚对苯乙烯撑类共轭聚合物的侧链引入亲水性基团可以很方便地制备聚对苯乙烯撑类水醇溶共轭聚合物。由于主链聚对苯乙烯撑具有较强的荧光发射特性，聚对苯乙烯撑类水醇溶共轭聚合物在荧光传感器方面有着广泛的应用。Chen 等[90]制备了阴离子型的聚对苯乙烯撑类水醇溶共轭聚合物 MBL-PPV（图 1-17），发现浓度极低的阳离子型电子受体都会对其荧光产生较强的猝灭。Wang 等[91]研究了阳离子型电子受体对 MBL-PPV 的猝灭机理，发现两者之间的库仑结合力约为 150 meV，表明存在弱相互作用。而且两者间的平均距离为 10 Å，与电荷转移所需的距离相近，因此提出了电荷转移型的猝灭机理。Fan 等[92]发现蛋白质会和 MBL-PPV 发生超快的光诱导电荷转移，从而猝灭 MBL-PPV 的荧光。

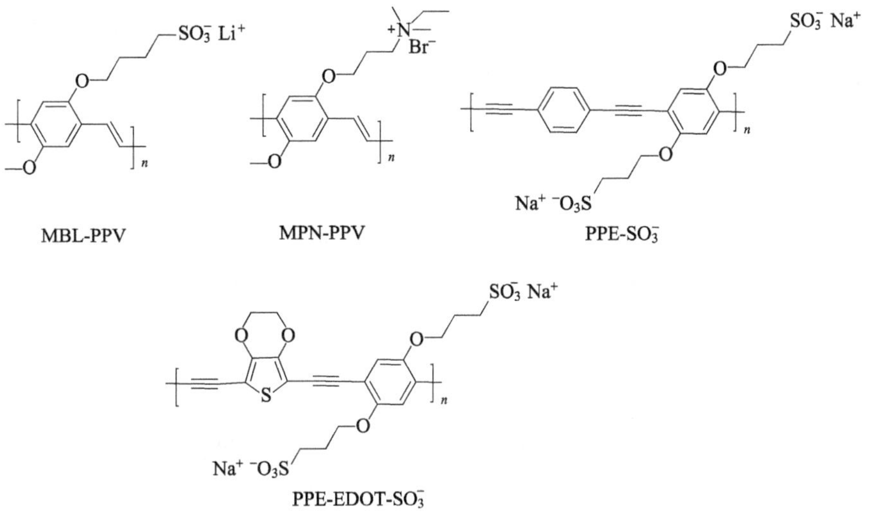

图 1-17　聚对苯乙烯撑类及聚苯炔类水醇溶共轭聚合物的结构式

此外，阳离子型聚对苯乙烯撑类水醇溶共轭聚合物同样可以用于制备荧光传感器。Zhang 等[93]合成了季铵盐为侧链的聚对苯乙烯撑类水醇溶共轭聚合物 MPN-PPV（图 1-17），发现溶剂的极性会改变聚合物链的构象进而改变其荧光强度。另外，即使在电子受体 $[Fe(CN)_6^{4-}]$ 浓度非常低（10^{-6} mol/L）的情况下，聚合物的荧光也会被明显地猝灭。

7. 聚苯炔类水醇溶共轭聚合物

与聚对苯乙烯撑类共轭聚合物类似，聚苯炔类共轭聚合物也具有刚性的主链结构。炔键的作用使得聚合物主链形成线型棒状分子，聚合物链之间因而具有很强的聚集能力。在溶液中，聚苯炔类共轭聚合物难以分散成自由状态的聚合物链，而是以聚集体的形式分散在溶液中，这对其进一步的研究和应用造成了障碍[94]。由于苯炔类聚合物聚集特性较强，并且受苯炔结构修饰的局限性，聚苯炔类水醇溶共轭聚合物大多为共聚物[95]。共聚物是指采用两种或两种以上不同的单体经过聚合得到的聚合物。与均聚物相比，共聚物在合成上具有底物易调节、合成方法更多样、聚合物性能更加丰富等优点。对于共轭聚合物而言，共聚型的共轭聚合物可以在溶解性、电子能级、吸收光谱及电荷传输性质等方面进行较大范围的改变。

聚苯炔类水醇溶共轭聚合物的种类和应用较为广泛。如前所述，Kuroda 和 Swager[19]制备了非离子型的聚苯炔类水醇溶共轭聚合物 **P3**，通过在聚苯炔侧链上引入多个醇羟基，成功地实现了其水溶性，但是变温吸收光谱和荧光光谱都表明，聚合物链之间的聚集还是很强。Mwaura 等[96]合成了阴离子型的聚苯炔类水醇溶共轭聚合物 PPE-SO_3^- 和 PPE-EDOT-SO_3^-（图 1-17），并将它们与阳离子型的富勒烯衍生物通过层层自组装的方式制备了光伏器件。

8. 聚稠环芳烃类水醇溶共轭聚合物

稠环芳烃是由两个或两个以上芳香环以共用两个相邻碳原子的方式相互稠合而成。与单环芳烃相比，稠环芳烃具有结构上的多样性，采用其制备的共轭聚合物的性能也更加丰富。采用稠环芳烃构筑的水醇溶共轭聚合物也种类繁多，具体可分为以下几类：聚芴类水醇溶共轭聚合物、聚噻吩并环戊二烯类水醇溶共轭聚合物、聚萘(苝)二酰亚胺类水醇溶共轭聚合物等。

聚芴是最早开发的稠环芳烃类共轭聚合物之一，具有良好的荧光发射性能，是一类应用广泛的蓝光聚合物。它的带隙在 3.0 eV 左右，是一类典型的宽带隙 p 型半导体。聚芴类水醇溶共轭聚合物通过将具有亲水性基团的芴单体与不同的单体进行共聚，从而得到可以溶于水/醇等极性溶剂的共轭聚合物。与聚苯炔类水醇溶共轭聚合物类似，聚芴类水醇溶共轭聚合物也在传感领域取得了不错的应用[97,98]。此外，聚芴类水醇溶共轭聚合物在有机电子器件的界面修饰方面也得到了成功的应用。例如，PFN（图 1-3）水醇溶共轭聚合物，被广泛地应用于有机电致发光器件、有机太阳电池及其他有机电子器件中。它的共轭主链具有半导体性能，叔胺基团侧链兼具有多重作用：水醇溶性、界面偶极、降低金属功函等[7,13]。基于此，其他一系列类似具有不同能级及光电性能的聚芴类水醇溶共轭聚合物都被陆续开发出来并应用到有机电子器件中[99,100]。例如，Duan 等[99]研究了具有不同结构的聚芴类水醇溶共轭聚合物（PFNSO-TPA、PFNSO 和 PFNSO-BT）（图 1-18）对于聚合物发光器件和太阳电池器件性能的影响，发现水醇溶共轭聚合物的能级对于有机光电器件性能的改善有着极大的作用。Kim 等[100]将苯并二噻吩单元与芴单体进行共聚得到了水醇溶共轭聚合物 **P20**（图 1-18）。**P20** 也可以显著改善聚合物太阳电池的器件性能。与聚芴相似，聚咔唑类的水醇溶共轭聚合物也可以改善有机光电器件的性能。Xu 等[101]开发了基于聚咔唑主链的水醇溶共轭聚合物 PC-NOH（图 1-18），它可以作为电子抽取材料来提高聚合物太阳电池的性能。

PFNSO-TPA　PFNSO　PFNSO-BT　PC-NOH

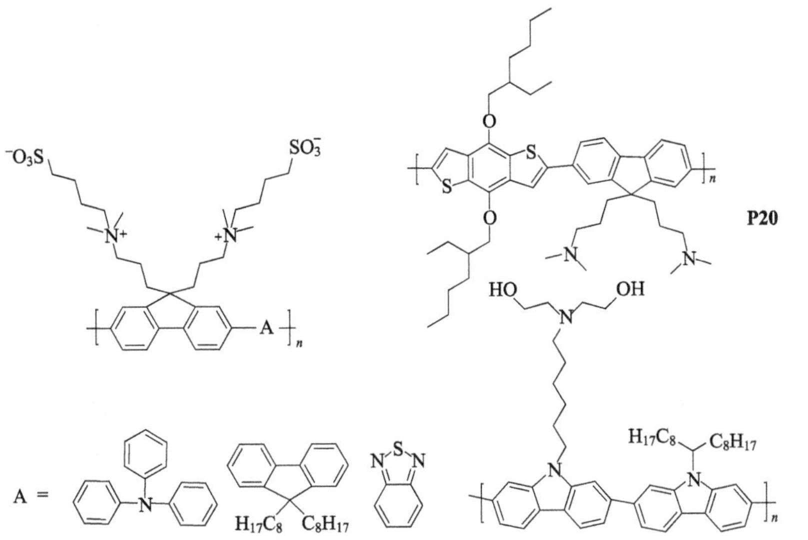

图 1-18　聚稠环芳烃类水醇溶共轭聚合物的结构式

与芴结构相似，噻吩并环戊二烯是由联噻吩单元通过 sp^3 杂化的碳原子稠合而成，表现出比芴更强的给电子能力。Zotti 等[102]在 1997 年通过电化学聚合方式合成了侧链为磺酸盐的均聚型聚噻吩并环戊二烯水醇溶共轭聚合物 **P21**（图 1-19）。**P21** 具有自掺杂的特性，其电导率可达 0.6 S/cm。Mai 等[103]将磺酸盐修饰的噻吩并环戊二烯单体与吸电子单元进行共聚，获得了具有自掺杂特性的窄带隙水醇溶共轭聚合物 CPE-K 和 $PCPDTBTSO_3TBA$（图 1-19）。其中，$PCPDTBTSO_3TBA$ 具有比 CPE-K 更好的水溶性，表明可以通过对离子大小来调节水醇溶共轭聚合物的溶解性。此外，CPE-K 和 $PCPDTBTSO_3TBA$ 还具有掺杂-去掺杂的特性。CPE-K 还可以作为阳极界面修饰层用于有机太阳电池中，改善有

P21　CPE-K　$PCPDTBTSO_3TBA$

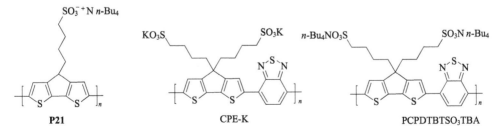

图 1-19　聚噻吩并环戊二烯类水醇溶共轭聚合物的结构式

机光吸收层与金属/金属氧化物电极的接触[104]。该类材料还具有较高的电导率和较低的热导率，有望在热电器件中得到应用[105]。

　　萘(苝)二酰亚胺具有较强的分子间作用力和较强的吸电性，因此在构筑 n 型高迁移率半导体方面有着特殊的优势。聚萘(苝)二酰亚胺类水醇溶共轭聚合物是近年来发展的一种 n 型水醇溶共轭聚合物，高迁移率的特性使其在有机电子器件中的电荷传输方面起着举足轻重的作用。Wu 等[106]开发了基于萘酰亚胺的水醇溶共轭聚合物，发现其可以作为一种优良的电子传输层(ETL)应用在聚合物太阳电池中。通过采用给电子单元芴和吸电子单元萘酰亚胺共聚并采用噻吩作为连接单元，得到了一种窄带隙高迁移率的水醇溶共轭聚合物 PNDIT-F3N(图 1-20)。PNDIT-F3N 上侧链的叔胺基团还被发现可以在光诱导的情况下对聚合物主链进行掺杂，提高聚合物的导电性。进一步的研究还发现，PNDIT-F3N 经过季铵化处理后的阳离子型水醇溶共轭聚合物 PNDIT-F3N-Br 具有自掺杂的性质。其侧链的溴离子可以直接掺杂 n 型的聚合物主链并提高其电导率。Liu 等[107]制备了基于萘二酰亚胺和联噻吩的水醇溶共轭聚合物 PT₂NDISB(图 1-20)，发现其也可以作为一种优良的电子传输材料应用在有机太阳电池中。Zhao 等[108]则将大平面的苝二酰亚胺单元引入水醇溶共轭聚合物的主链中，开发了基于苝二酰亚胺的水醇溶共轭聚合物 PF-PDIN(图 1-20)，发现其在有机太阳电池中有着很好的应用。

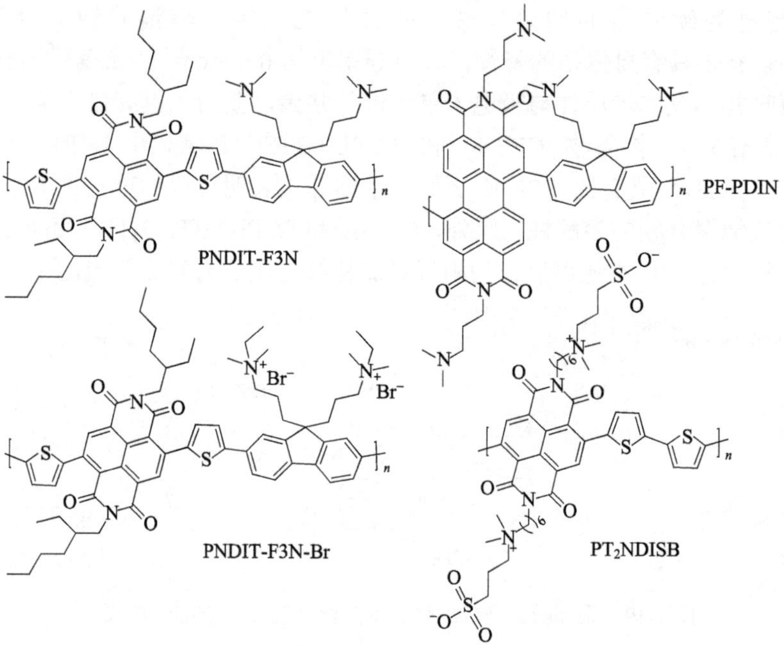

图 1-20　聚萘(苝)二酰亚胺类水醇溶共轭聚合物的结构式

聚稠环芳烃类水醇溶共轭聚合物因其结构与性能的可调性，在有机电子器件中有着越来越广泛的应用。除了上面所述的水醇溶共轭聚合物之外，还有很多其他类型的聚稠环芳烃类水醇溶共轭聚合物，在此不一一赘述。

9. 嵌段型水醇溶共轭聚合物

嵌段型共轭聚合物是一类同时兼具半导体性能和自组装性能的聚合物，一般由两种不同的共轭聚合物通过依次聚合的方式得到。嵌段型水醇溶共轭聚合物因在同一聚合物主链上同时具备亲水性和疏水性的共轭链段而具有独特的组装新性能。Tu 等[109]合成了一种两亲性的嵌段型水醇溶共轭聚合物 **P22**(图 1-21)，通过改变溶剂的极性，可以很容易地调节其聚集排列状态。Gutacker 等[110]合成了一系列的嵌段型水醇溶共轭聚合物，发现其在不同的溶剂中可以组装成不同的球状结构。以 PF6NBr-*b*-PF8(图 1-21)为例，在甲醇溶液中，囊泡结构的最外层由亲水的PF6NBr 组成，而中间层则由疏水的 PF8 组成。

Fang 等[111]采用"非共轭-共轭-非共轭"的连接方式合成了一种三嵌段水醇溶共轭聚合物 PTMAEMA-PF-PTMAEMA(图 1-21)，其两侧的极性非共轭链段可以和 CdTe 量子点通过静电作用相互结合，从而使得共轭聚合物链段到量子点的荧光共振能量转移(FRET)更容易发生。Ying 等[112]则在全共轭的三嵌段型水醇溶共轭聚合物的合成和性能上进行了一些探索。通过改变亲水基团和疏水基团的排列方式，成功合成了 ABA 和 BAB(图 1-21)两种全共轭三嵌段型水醇溶共轭聚合物。研究发现，溶剂的极性对于这两种聚合物的光电性质有着极大的影响。

10. 主链含金属型水醇溶共轭聚合物

将金属元素通过共价键(如炔键)等方式引入共轭聚合物中，或者将含金属的配合物以单体形式共聚到聚合物主链中，可以得到主链含金属型共轭聚合物。金属元素或金属配合物基团的引入常常使得共轭聚合物具备一些在发光、电荷传输方面独特的性质。例如，Haskins-Glusac 等[113]将铂(Pt)元素采用三键共聚到水醇溶共轭聚合物主链中，制备了可发出磷光的阴离子型水醇溶共轭聚合物 Pt-p(图 1-22)，并且发现阳离子型紫罗精可以有效地猝灭其磷光。Qin 等[114]则发现阴离子型含金属水醇溶共轭聚合物 **P23**(图 1-22)，可以作为一种高灵敏度和高选择性的银离子检测器。Zhao 等[115]将铱(Ir)配合物与芴共聚，制备了含金属配合物的水醇溶共轭聚合物 **P24**(图 1-22)，发现其可以作为一种非常精确的氟离子检测器。主链含金属型水醇溶共轭聚合物除了在传感领域外，还在有机太阳电池器件中有

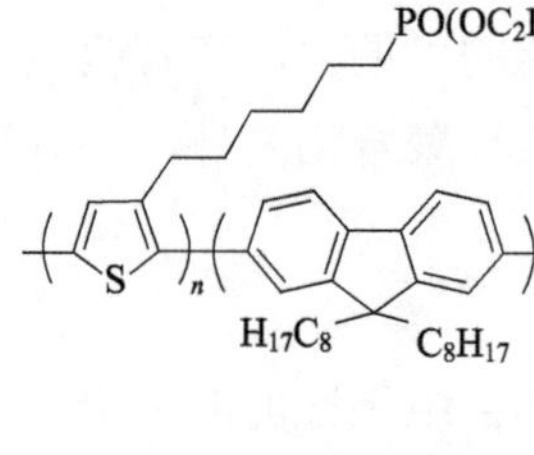

P22

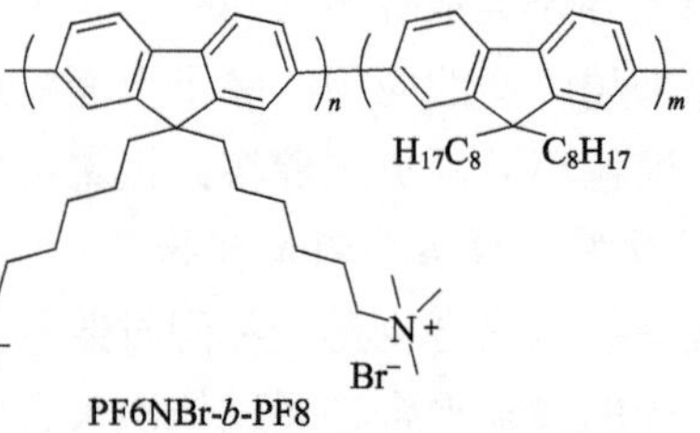

PF6NBr-*b*-PF8

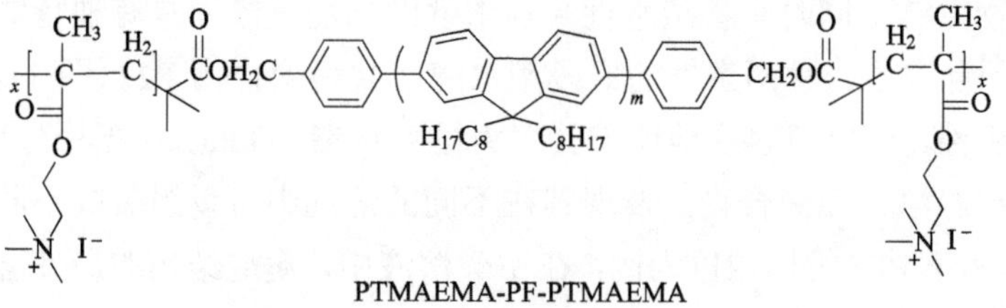

PTMAEMA-PF-PTMAEMA

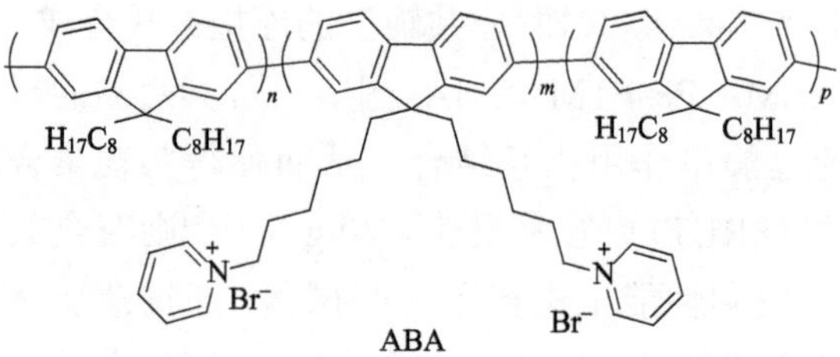

ABA

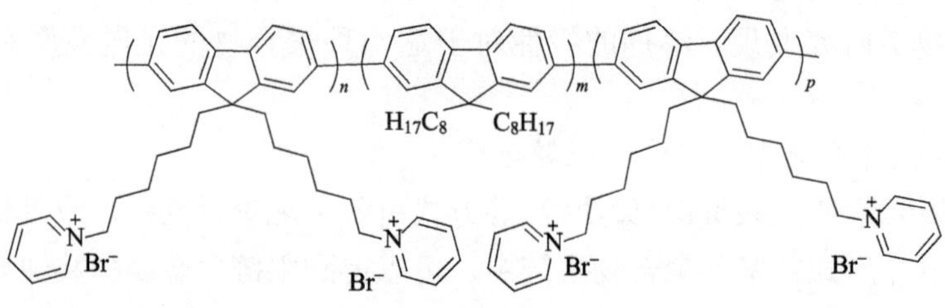

BAB

图 1-21 嵌段型水醇溶共轭聚合物的结构式

所应用。Liu 等[116]将汞(Hg)通过三键共聚到聚合物主链中，制备了侧链含氨基的聚合物 PFEN-Hg(图 1-22)，利用 Hg-Hg 之间的相互作用增强了聚合物主链间的电荷传输性能。采用 PFEN-Hg 作为电子传输层制备的有机太阳电池器件对于 PFEN-Hg 的厚度不敏感，表明 Hg-Hg 相互作用可以有效提高聚合物的电荷传输性能。

11. 超支化型水醇溶共轭聚合物

超支化共轭聚合物是指非线型，结构上高度支化的一类共轭聚合物。超支化共轭聚合物内部具有很多空腔，容易与多种化合物/分子发生主客体相互作用。另外，超支化结构降低了聚合物聚集的趋势，因此可以用于制备高效率的荧光发射材料。超支化共轭聚合物的合成较为容易，一般可以采用"一锅法"进行制备[117]。

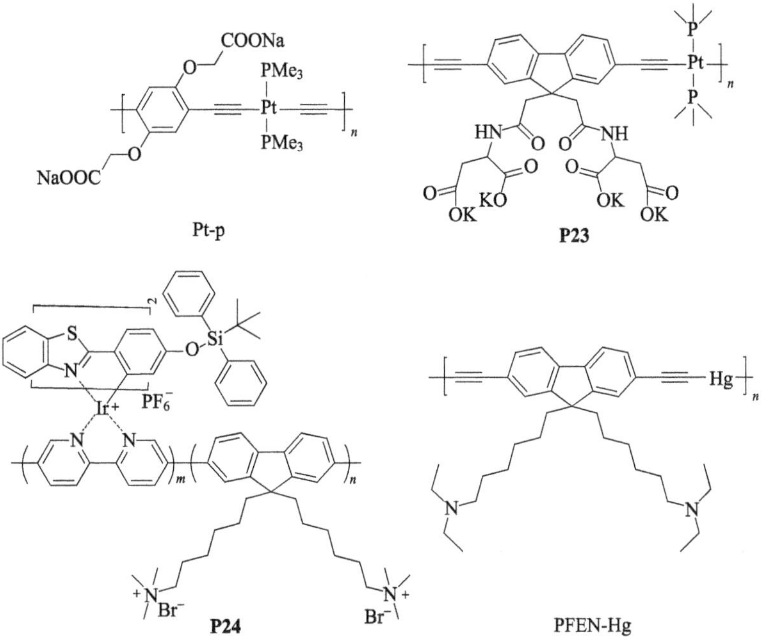

图 1-22　主链含金属型水醇溶共轭聚合物的结构式

Peng 等[118]通过维蒂希(Wittig)聚合制备了基于聚苯乙烯的超支化水醇溶共轭聚合物 WHPV(图 1-23)，通过分子动力学模拟发现侧链的磺酸盐烷基链处在超支化结构的空腔内。Seo 等[119]制备了阴离子型的超支化水醇溶共轭聚合物 **P25**(图 1-23)，发现磺酸基团和紫罗精阳离子之间存在静电相互作用，但是这种静电相互作用可以被氰根离子所破坏，与此同时也伴随着聚合物荧光的猝灭与恢复，因此 **P25** 有可能作为一种高灵敏度和高选择性的氰化钠检测试剂。Huang 等[120]制备了一种基于聚苯炔的超支化水醇溶共轭聚合物 HBP1′ 和 HBP2′(图 1-23)，发现其具有比线型共轭聚合物更好的溶解性和更高的荧光量子效率。此外，这种超支化水醇溶共轭聚合物还可以通过主客体相互作用与 DNA 相结合，有望在基因传递和 DNA 检测方面找到应用。

超支化型水醇溶共轭聚合物还可以作为电子传输材料用在有机电子器件中。Chen 等[121]合成了一种采用季铵化修饰的聚芴类三维水醇溶共轭聚合物 PSFNBr(图 1-23)，发现其具有比线型水醇溶共轭聚合物更好的性能。Lv 等[122]制备了一种基于三苯胺超支化水醇溶共轭聚合物 HBPFN(图 1-23)，发现其具有比线型水醇溶共轭聚合物更好的浸润性和更高的空穴迁移率。

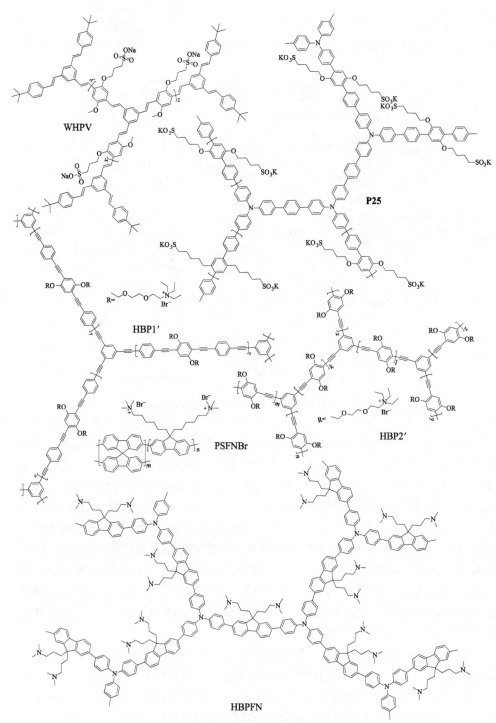

图 1-23 超支化型水醇溶共轭聚合物的结构式

12. 主链含离子型水醇溶共轭聚合物

主链含离子型水醇溶共轭聚合物是指离子基团分布在主链上的一类水醇溶共轭聚合物，其同样具有良好的水醇溶特性，在有机光电领域应用广泛。Izuhara 等[123]采用聚合物前驱体法合成了一系列主链含正离子的水醇溶共轭聚合物（**P26**、**P27**、**P28**）（图 1-24），并且通过对共聚单元进行调节可以实现对于聚合物能级和性能的调节。该类材料表现出较高的电子亲和能，从而表现出 n 型半导体的性质，其电导率最高可达 160 S/cm。此外，此类水醇溶共轭聚合物还可以作为一种电子受体，猝灭 p 型半导体的荧光。Rochat 和 Swager[124]采用类似的方法合成了一种主链含正离子水醇溶共轭聚合物 **P29**（图 1-24），可用于检测多种化学物质。**P29** 对咖啡因的检测灵敏度最高，检测浓度可以低至 25 μmol/L。

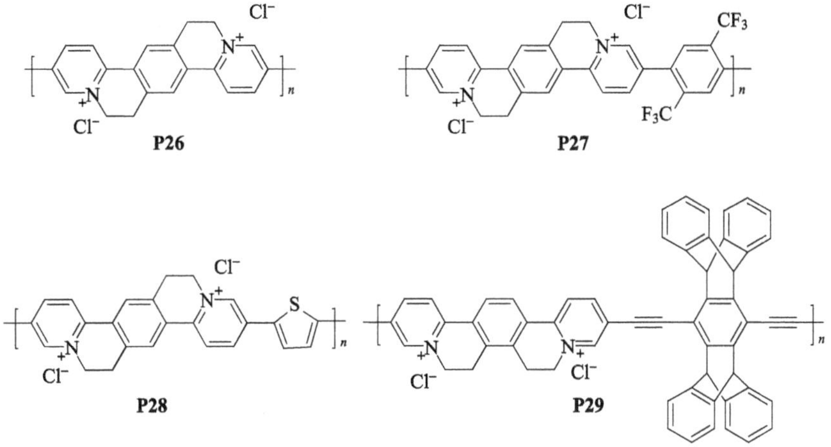

图 1-24　主链含离子型水醇溶共轭聚合物的结构式

1.4　水醇溶共轭聚合物的合成方法

得益于有机共轭聚合物近三十年的快速发展，水醇溶共轭聚合物的合成方法也越来越丰富。本节从水醇溶共轭聚合物主链、侧链的合成，含不同对离子水醇溶共轭聚合物的合成来阐述常用的水醇溶共轭聚合物的合成方法。

1.4.1　水醇溶共轭聚合物主链的构建

1. 电化学聚合

电化学聚合是在电场作用下在电极表面将单体进行聚合获得聚合物薄膜的一种聚合方法，具备简便易行、反应易于控制及所需单体量少等优点。另外，电化学聚合可以直接得到掺杂态的共轭聚合物。下面以聚噻吩类水醇溶共轭聚合物 **P30**[图 1-25(a)]的电化学合成为例来介绍电化学聚合方法在水醇溶共轭聚合物中的应用。将末端带有磺酸盐侧链的单体 **M1**(其中 **M** 是单体 monomer 的简写,后同)(图 1-25)分散在乙腈溶液中,通过在 ITO(氧化铟锡)电极表面施加 0.5～2.0 V 的氧化电位,分散的单体 **M1** 在反应过程中会逐渐溶解,聚噻吩逐渐在 ITO 表面沉积。待反应完成后,将 ITO 表面的沉积物溶解到水中即可得到聚噻吩类水醇溶共轭聚合物 **P30**。**P30** 的电导率可以高达 0.01 S/cm[81]。

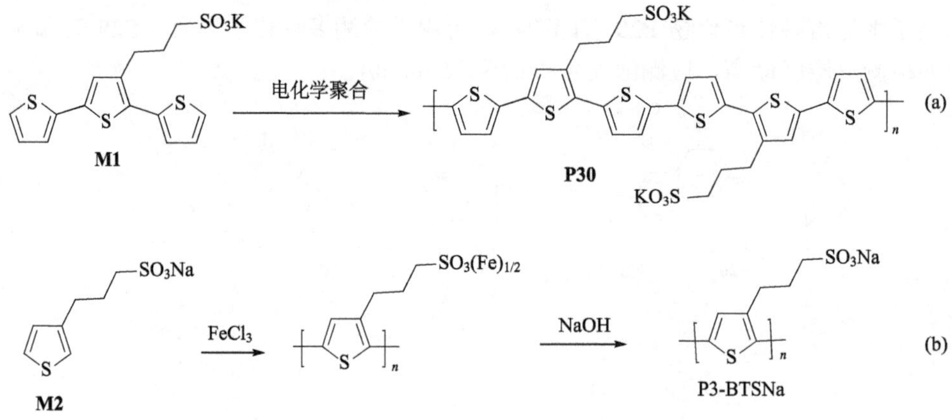

图 1-25 电化学聚合(a)和化学氧化聚合(b)制备噻吩类水醇溶共轭聚合物

电化学聚合方法不仅仅局限在聚噻吩类的共轭聚合物中,聚吡咯类、聚噻吩并环戊二烯类水醇溶共轭聚合物也都可以采用此方法来合成[125,126]。然而,电化学聚合也有缺陷,如电化学聚合规模效应小,仅适于制备小批量的样品,反应的影响因素较多。

2. 化学氧化聚合

化学氧化聚合是用氧化剂引发单体聚合的一种方式。化学氧化聚合条件温和,适合大规模工业化生产。以聚噻吩类水醇溶共轭聚合物 P3-BTSNa[图 1-25(b)]为例,通过将单体 **M2** 溶于水溶液,采用 $FeCl_3$ 为氧化剂,在常温下即可聚合得到对离子为二价铁离子的中间体,进一步采用 NaOH 处理可以得到对离子为钠离子的 P3-BTSNa,反应总产率超过 60 %[127]。

化学氧化聚合虽有一定的优点,但也有不足,如反应底物适应性不强,残留的氧化剂等杂质难以完全除去,聚合物主链中缺陷较多等。

3. 聚合物前驱体制备

前驱体制备共轭聚合物是一种使用相对较少的方法,但在某些特定聚合物的合成上具有重要的地位。例如,Wessling 前驱体合成法是一类广泛采用的合成聚对苯乙烯撑的方法。以聚对苯乙烯撑类水醇溶共轭聚合物 **P31** 和 **P32** 为例[128]，如图 1-26 所示，通过合成锍盐小分子 **M3**，在碱性条件下聚合得到非共轭的锍盐前驱体聚合物，然后进一步在水溶液中将侧链水解得到离子型侧链的前驱体聚合物。所得到的前驱体聚合物在溶液中或固体膜中可直接脱去锍盐得到主链为聚对苯乙烯撑的水醇溶共轭聚合物。

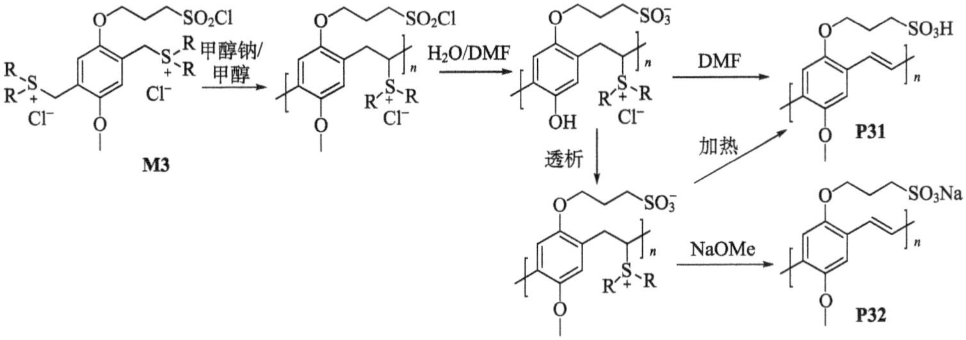

图 1-26 Wessling 前驱体合成法制备对苯乙烯撑类水醇溶共轭聚合物

聚合物前驱体合成法在主链含离子型水醇溶共轭聚合物的合成中起了至关重要的作用，具体合成方法可参阅文献[121]、[122]。

4. Wittig 合成法与 Gilch 合成法

Wittig 合成法是从醛或酮直接合成烯烃类共轭聚合物的一种重要的方法。该方法主要通过末端为 Wittig 试剂的单体与含双醛基单体进行缩合反应，其中 Wittig 试剂通过三苯基膦与卤甲基芳烃制得[129]。

以聚对苯乙烯撑类水醇溶共轭聚合物 **P33**（图 1-27）为例，首先将末端为双氯甲基的水醇溶单体 **M4** 与三苯基膦进行反应，得到了磷叶立德 **M5**，将其与含双醛基的单体在碱性条件下进行缩合可以得到末端为磺酸钾基团的水醇溶共轭聚合物 **P33**。

Gilch 合成法是合成含烯烃共轭聚合物的另一种重要的方法。与其他方法相比，Gilch 合成法具有合成步骤短、操作简单等优点。该方法主要过程为双卤甲基芳烃的单体 **M6** 在碱性条件下，通过脱卤化氢直接得到含烯烃的共轭聚合物。以聚对苯乙烯撑类水醇溶共轭聚合物 **P34**（图 1-27）为例，采用双氯甲基的水醇溶单体在叔丁醇钾的作用下可以直接得到 **P34**[130]。

5. 金属催化聚合

金属催化聚合是采用过渡金属催化剂促进碳—碳键生成，进而合成共轭聚合物的一种聚合方法。金属催化聚合具有底物适应性好、反应选择性高、反应条件温和、反应产率高等特点，已成为合成共轭聚合物最常见、应用最广泛的一种方法。最常见的金属催化聚合方法有以下几类。

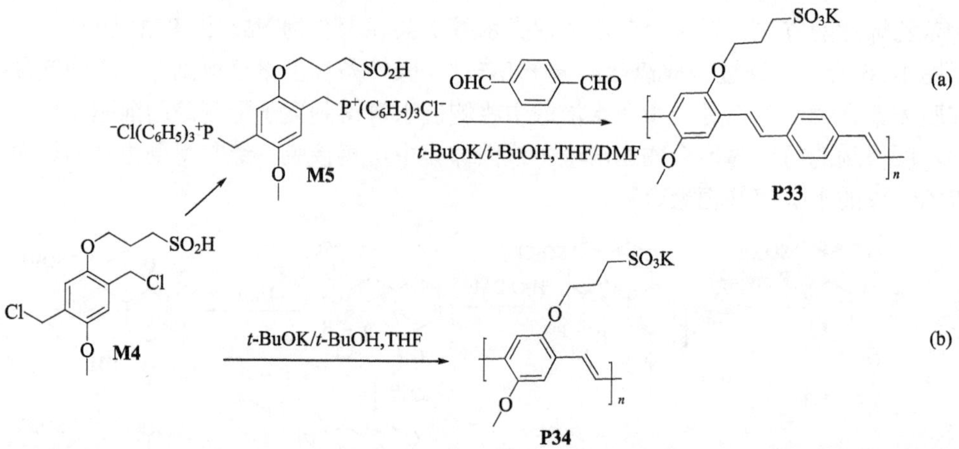

图 1-27　Wittig 合成法(a)和 Gilch 合成法(b)制备聚对苯乙烯撑类水醇溶共轭聚合物

1)Suzuki 聚合反应

铃木(Suzuki)聚合反应通常用金属钯(Pd)化合物作为催化剂，硼酸(酯)化芳香烃和卤代芳香烃作为底物。聚合反应过程中一般需要加入有机碱或无机碱水溶液，并且反应需要在无氧条件下进行。底物的活性和纯度都会对聚合产生较大的影响[131]。通常情况下，使用的底物卤代芳香烃可以为溴代芳香烃、碘代芳香烃等。在 Suzuki 聚合反应中，六元环硼酸(酯)化芳香烃(如苯、芴等)的使用显著多于五元环硼酸(酯)化芳香烃(如噻吩等)。以聚芴类水醇溶共轭聚合物 PFN 为例[16]，如图 1-28(a)所示，采用烷基链取代的硼酸酯单体 M6 与双溴取代的水醇溶单体 M7，在钯催化剂[如 Pd(PPh₃)₄]的作用下，反应温度控制在 95～100℃，可以顺利地制备聚合物 PFN。

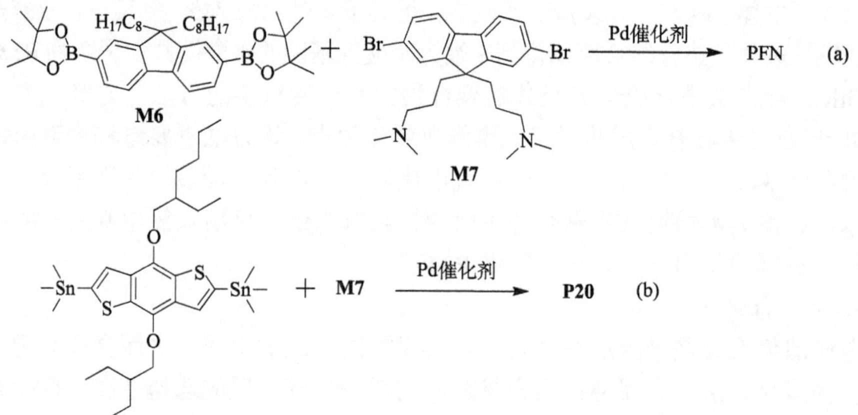

图 1-28　Suzuki 聚合反应(a)和 Stille 聚合反应(b)制备水醇溶共轭聚合物

2) Stille 聚合反应

与 Suzuki 聚合反应不同，Stille 聚合反应一般以有机锡取代的芳香烃和卤代芳香烃为底物，在无水无氧条件下进行。Stille 聚合反应的底物大多为有机锡取代的五元环芳香烃，一般为三甲基锡取代的芳香烃。由于三甲基锡的毒性较大，三丁基锡取代的芳香烃也常被使用，但是其反应活性相对较低一些。Stille 聚合在水醇溶共轭聚合物中的应用相比于 Suzuki 聚合较少一些。以水醇溶共轭聚合物 **P20** 的合成为例，如图 1-28(b) 所示，将三甲基锡取代的单体 **M8** 与双溴取代的水醇溶单体 **M7**，在甲苯/DMF 混合溶剂中，利用 Pd(PPh$_3$)$_4$ 为催化剂进行 Stille 聚合，反应温度控制在 110℃左右，可以顺利地合成水醇溶共轭聚合物 **P20**，其重均分子量为 17 800，分散度为 1.34[99]。

3) Sonogashira 聚合反应

Sonogashira 聚合反应在含炔烃共轭聚合物的合成中占有重要地位。一般以炔烃取代的芳香烃和卤代芳香烃为底物，在有机胺的存在下，采用金属钯催化剂和铜催化剂催化炔烃单体聚合而成。Sonogashira 聚合反应要求严格除氧，以避免炔烃自身氧化偶联反应。

Sonogashira 聚合反应主要用于构筑主链中含有炔烃结构的水醇溶共轭聚合物[131,132]。以聚苯炔类水醇溶共轭聚合物 **P35**(图 1-29)为例，采用双溴取代的单体 **M9** 和双炔取代的单体 **M10**，在钯类催化剂[如 Pd(PPh$_3$)$_4$ 或 Pd(PPh$_2$)Cl$_2$]和碘化亚铜的共同作用下，可以在较为温和的条件下制备得到水醇溶共轭聚合物 **P35**。

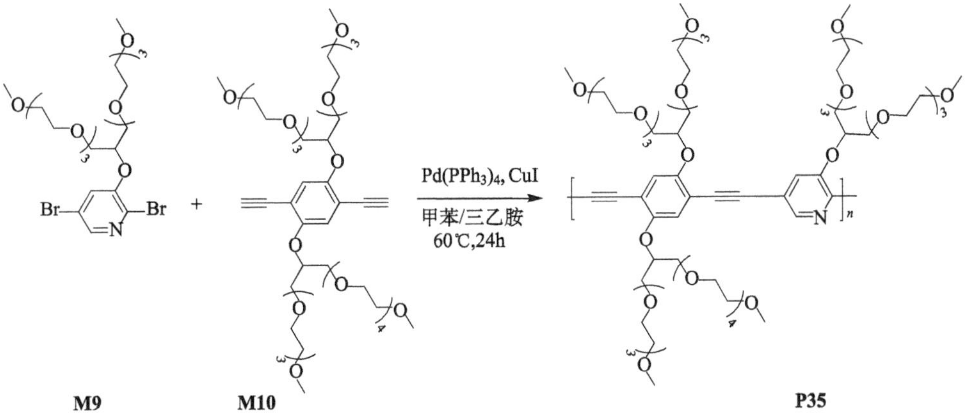

图 1-29　Sonogashira 聚合反应制备聚苯炔类水醇溶共轭聚合物

4) 金属催化制备超支化共轭聚合物

通常采用 A$_2$+B$_2$ 型单体共聚合成线型共轭聚合物，即两个单体中分别有官能团 A 和 B。超支化共轭聚合物的制备方法多种多样，如 A_2+B_3 型聚合方法(两个单体分别拥有两个官能团 A、三个官能团 B)，AB_2 型聚合方法(一个单体中同时拥有一个官能团 A、两个官能团 B)或者 $A_2+B_2+C_3$ 型聚合方法(三个单体分别拥有两个官能团 A、两个官能团 B、三个官能团 C)等。

Lv 等[122]采用 A_2+B_3 型聚合方法合成了超支化水醇溶共轭聚合物 HBPFN，采用双官能团硼酸酯单体与三官能团三苯胺单体进行 Suzuki 聚合，得到的水醇溶共轭聚合物的重均分子量为 21 900，分散度为 1.44。HBPFN 不溶于氯仿等有机溶剂，但是可以在乙酸的存在下溶于甲醇。Huang 等[120]采用 $A_2+B_2+C_3$ 型聚合方法制备了超支化水醇溶共轭聚合物 HBP2′的中性前驱体，然后采用季铵化反应得到了 HBP2′。如图 1-30 所示，单体 A_2 和 B_2 为双官能团，单体 C_3 为三官能团。所制备的 HBP2′的前驱体聚合物的重均分子量约为 7 500，分散度为 1.17。所得到的 HBP2′ 在水中具有较好的溶解性。

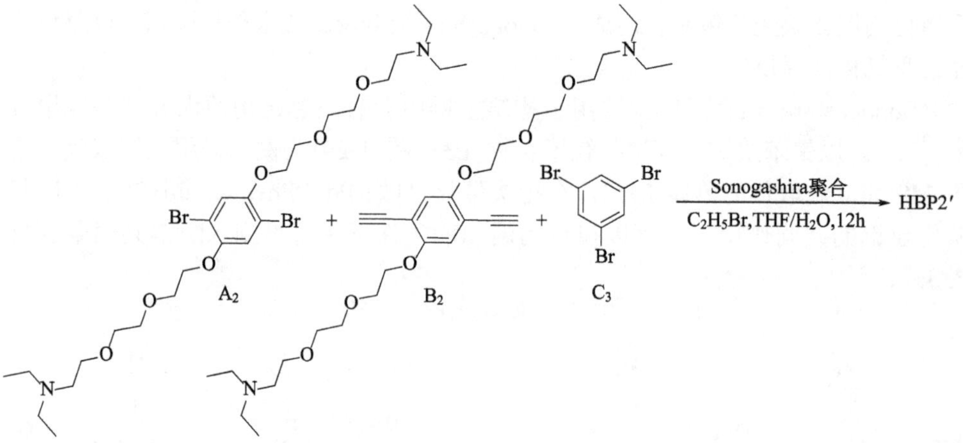

图 1-30　金属催化制备超支化水醇溶共轭聚合物

金属催化聚合反应仍然有一些问题需要改进。例如，Stille 聚合反应中有机锡试剂的毒性。基于此，碳氢活化偶联等反应在共轭聚合物中的应用也逐渐被开发出来并得到了一些应用。

1.4.2　水醇溶共轭聚合物侧链亲水性基团的引入

水醇溶共轭聚合物侧链亲水性基团按引入顺序可分为聚合前引入和聚合后引入。

1. 聚合前引入

聚合前引入亲水性基团须满足以下条件：①亲水性基团在聚合环境中不会遭

到破坏；②亲水性基团不会干扰聚合反应的进程。常见的离子型亲水基团，如羧酸钠、磺酸钠等在 Suzuki 聚合反应中可以保持稳定，因此可以先制备亲水性单体，然后采用 Suzuki 聚合反应制备水醇溶共轭聚合物。中性的磷酸酯类、醚类等在多种聚合条件下都相对稳定，可采用多种聚合方式制备水醇溶共轭聚合物。

2. 聚合后引入

对于某些在聚合反应中无法保持稳定，或者有可能干扰聚合反应进程的亲水性基团，一般采用在聚合物前驱体的基础上进行后处理来引入。此类常见的反应有以下两种。

1）季铵化反应

常见的阳离子型水醇溶共轭聚合物一般采用聚合后引入的方式来制备。以季铵盐型的水醇溶共轭聚合物为例，如图 1-31 所示，一般先合成中性的叔胺类前驱体聚合物，然后再在此基础上，通过侧链的季铵化反应，得到阳离子型的水醇溶共轭聚合物。此类反应还可以通过采用侧链末端为溴（碘）取代的前驱体聚合物进行制备。通过后续与胺类化合物发生季铵化反应，可以得到阳离子型的水醇溶共轭聚合物。此外，两性盐类、咪唑盐类、吡啶盐类的侧链大多采用这两种方案制备。

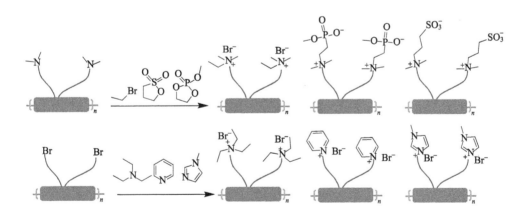

图 1-31　季铵化反应合成水醇溶共轭聚合物

2）水解和酸化反应

在中性前驱体聚合物上，通过在特定基团上发生水解反应是制备阴离子型水醇溶共轭聚合物的一种重要方法。以含羧酸盐类侧链的水醇溶共轭聚合物为例，如图 1-32 所示，在羧酸酯、磷酸酯取代的前驱体共轭聚合物上，采用碱水解，可以快速、高效地得到阴离子型水醇溶共轭聚合物。此外，大多数阴离子型共轭聚合物还可以在酸性条件下生成非离子型水醇溶共轭聚合物。

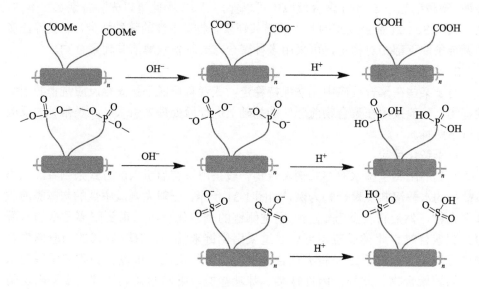

图 1-32　水解和酸化反应合成水醇溶共轭聚合物

1.4.3　不同对离子水醇溶共轭聚合物的合成

离子型水醇溶共轭聚合物中的对阴/阳离子对聚合物的性能有较大的影响。一般情况下，不同对离子水醇溶共轭聚合物合成采用离子交换法。离子交换法包括以下两种方法。

1. 溶液离子交换法

溶液离子交换法是指将离子型水醇溶共轭聚合物溶于水或醇类溶剂中，加入过量所需要对离子的化合物，通过溶液中与聚合物上离子浓度的差异，逐渐将聚合物上的对离子换成所需要的离子，然后再将聚合物在特定溶剂中沉淀出来[133]。该方法简单易行，对于绝大多数离子型水醇溶共轭聚合物都适用。

2. 离子交换树脂法

离子交换树脂分为阳离子交换树脂和阴离子交换树脂。采用离子交换树脂进行离子交换是一种简便且高效率的方法。进行离子交换之前，需要把离子交换树脂的对离子换成所需要的离子，然后将离子型水醇溶共轭聚合物溶液缓慢通过离子交换树脂。由于离子交换树脂内与聚合物上特定离子的浓度差异，可以很方便地将聚合物的离子交换成所需要的离子。

1.5　水醇溶共轭聚合物的化学反应

在水醇溶共轭聚合物的基础上继续进行化学反应是实现水醇溶共轭聚合物功能化的一种重要方法。一般，在水醇溶共轭聚合物引入特定功能的基团，通过后续化学反应，可以很容易地赋予水醇溶共轭聚合物一些新的性质。常见的基于水醇溶共轭聚合物的化学反应有以下两种：交联反应和热脱除反应。

1.5.1　交联反应

聚合物的交联反应是指在特定条件(如光、热或化学试剂)下对聚合物的特定基团进行反应生成新的共价键，形成网状或体型高分子的过程。交联后的聚合物一般在力学强度、抗溶剂性、结构稳定性方面具有较大的改进。

从化学的角度来看，在水醇溶共轭聚合物的基础上发生交联反应需要具备以下条件：反应过程快速，反应条件温和，反应过程不能引入有害杂质或对聚合物产生不利影响等。因此，基于聚合物的交联反应一般在光、热等条件下进行。Liu 等[134]合成了侧链含氧杂环丁烷基团的水醇溶共轭聚合物 PFN-OX(图 1-33)，PFN-OX 在少许酸催化的情况下可以进行热交联。交联后的 PFN-OX 具有良好的抗溶剂性，可以用作金属和金属氧化物的修饰材料，应用到高效的聚合物发光二极管和聚合物太阳电池中。Zhong 等[135]也制备了基于苯乙烯侧链的水醇溶共轭聚合物 PFN-S(图 1-33)，PFN-S 侧链的苯乙烯基团在加热到 180℃的条件下可以发生交联，生成高度交联的聚合物。Wang 等[136]开发了在紫外光条件下可以快速交联的聚合物 PFN-V(图 1-33)，通过添加少量辛二硫醇，烯键可以在紫外光条件下迅速地与硫醇发生点击化学(click chemistry)反应，生成高度交联并具有优良抗溶剂性能的交联聚合物。

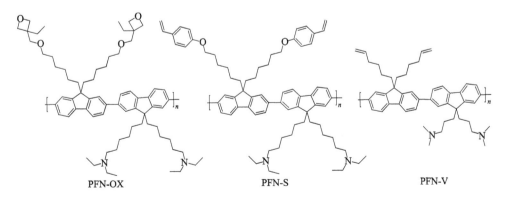

PFN-OX　　　　　　　PFN-S　　　　　　　PFN-V

图 1-33　可发生交联反应的水醇溶共轭聚合物

1.5.2　热脱除反应

热脱除反应是在聚合物成膜之后采用加热处理,进而脱去聚合物分子内某些特定基团。热脱除后处理可以使得聚合物具备一些特殊的性质。例如,采用热脱除反应增强聚合物分子链间的相互作用[137]。采用热脱除反应去掉聚合物链上的部分侧链,还可以使聚合物具有一定的抗溶剂性。Søndergaard 等[138]合成了水醇溶共轭聚合物 **P36**(图 1-34),将其加工成膜后,在约 200℃的条件下可脱去部分侧链,在约 300℃的条件下可脱去全部侧链,变成无侧链的聚噻吩 PT-不溶。通过热脱除处理的聚合物经历了从可溶到不溶的转变,利用这种方法可以使加工的薄膜具有良好的抗溶剂性,可以继续在其上加工其他薄膜,有利于制备多层薄膜的光电器件。

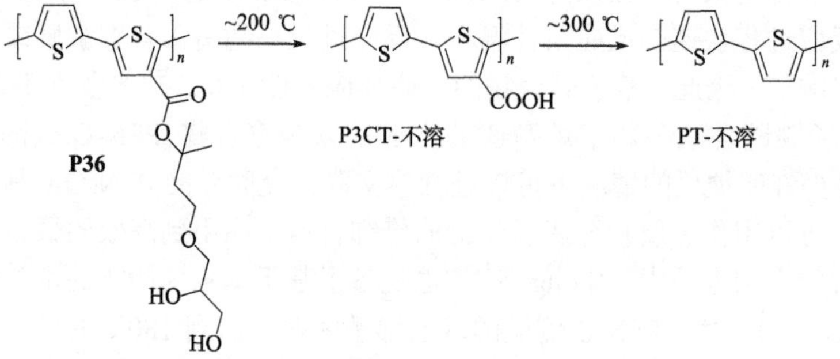

图 1-34　水醇溶共轭聚合物的热脱除反应

1.6　本章小结

水醇溶共轭聚合物具有与传统共轭聚合物不同的结构和功能。通过化学方式将亲水性基团连接到共轭聚合物主链或侧链上,可得到兼具半导体特性与水醇溶性的水醇溶共轭聚合物。水醇溶共轭聚合物的半导体特性使其具有光-电-热等转换特性,而水醇溶性使其具有良好的水醇加工性、生物兼容性等,从而实现多种功能与应用。通过对水醇溶共轭聚合物的主链及侧链进行调节,可以实现其功能与应用的调控。水醇溶共轭聚合物独特的结构与性能使其在生物/化学传感、生物成像、有机光电器件各个领域取得了广泛的应用,这些将在本书后面章节进行详述。

参 考 文 献

[1] Skotheim T A, Reynolds J R. Handbook of Conducting Polymers. Boca Raton: CRC Press, 2007.

[2] Liu B, Bazan G C. Conjugated Polyelectrolytes: Fundamentals and Applications. Weinheim: Wiley-VCH, 2013.

[3] Patil A O, Ikenoue Y, Wudl F, et al. Water soluble conducting polymers. J Am Chem Soc, 1987, 109: 1858-1859.

[4] Mcquade D T, Pullen A E, Swager T M. Conjugated polymer-based chemical sensors. Chem Rev, 2000, 100: 2537-2574.

[5] Zhu C L, Liu L B, Yang Q, et al. Water-soluble conjugated polymers for imaging, diagnosis, and therapy. Chem Rev, 2012, 112: 4687-4735.

[6] Duan C H, Zhang K, Zhong C M, et al. Recent advances in water/alcohol-soluble π-conjugated materials: new materials and growing applications in solar cells. Chem Soc Rev, 2013, 42: 9071-9104.

[7] He Z, Wu H, Cao Y. Recent advances in polymer solar cells: Realization of high device performance by incorporating water/alcohol-soluble conjugated polymers as electrode buffer layer. Adv Mater, 2014, 26: 1006-1024.

[8] 黄维, 密保秀, 高志强. 有机电子学. 北京: 科学出版社, 2011.

[9] Heeger A J, Sariciftci N S, Namdas E B. Semiconducting and metallic polymers. New York: Oxford University Press, 2011.

[10] Feng F, He F, An L, et al. Fluorescent conjugated polyelectrolytes for biomacromolecule detection. Adv Mater, 2008, 20: 2959-2964.

[11] Hoven C V, Garcia A, Bazan G C, et al. Recent applications of conjugated polyelectrolytes in optoelectronic devices. Adv Mater, 2008, 20: 3793-3810.

[12] Jiang H, Taranekar P. Conjugated polyelectrolytes: Synthesis, photophysics, and applications. Angew Chem Int Ed, 2009, 48: 4300-4316.

[13] Hu Z, Zhang K, Huang F, et al. Water/alcohol soluble conjugated polymers for the interface engineering of highly efficient polymer light-emitting diodes and polymer solar cells. Chem Commun, 2015, 46: 5572-5585.

[14] Liu B, Yu W L, Lai Y H, et al. Synthesis of a novel cationic water-soluble efficientblue photoluminescent conjugated polymer. Chem Commun, 2000, 7: 551-552.

[15] Fan Q L, Su L, Lai Y H, et al. Synthesis, characterization, and fluorescence quenching of novel cationic phenyl-substituted poly (p-phenylenevinylene) s. Macromolecules, 2003, 36: 6976-6984.

[16] Huang F, Wu H, Wang D, et al. Novel electroluminescent conjugated polyelectrolytes based on polyfluorene. Chem Mater, 2004, 16: 708-716.

[17] Wu H, Huang F, Mo Y, et al. Efficient electron injection from a bilayer cathode consisting of aluminum and alcohol-/water-soluble conjugated polymers. Adv Mater, 2004, 16: 1826-1830.

[18] Guan X, Zhang K, Huang F, et al. Amino N-oxide functionalized conjugated polymers and their

amino-functionalized precursors: New cathode interlayers for high-performance optoelectronic devices. Adv Funct Mater, 2012, 22: 2846-2854.

[19] Kuroda K, Swager T M. Synthesis of a nonionic water soluble semiconductive polymer. Chem Commun, 2003, 1: 26-27.

[20] Xue C, Donuru V R R, Liu H. Facile, versatile prepolymerization and postpolymerization functionalization approaches for well-defined fluorescent conjugated fluorene-based glycopolymers. Macromolecules, 2006, 39: 6863-6870.

[21] Huang F, Niu Y H, Zhang Y, et al. A conjugated, neutral surfactant as electron-injection material for high-efficiency polymer light-emitting diodes. Adv Mater, 2007, 19: 2010-2014.

[22] Huang F, Zhang Y, Liu M S, et al. Electron-rich alcohol-soluble neutral conjugated polymers as highly efficient electron-injecting materials for polymer light-emitting diodes. Adv Funct Mater, 2009, 19: 2457-2466.

[23] Lu H H, Ma Y S, Yang N J, et al. Creating a pseudometallic state of K$^+$ by intercalation into 18-crown-6 grafted on polyfluorene as electron injection layer for high performance PLEDs with oxygen- and moisture-stable Al cathode. J Am Chem Soc, 2011, 133: 9634-9637.

[24] Li Y L, Cheng Y S, Yeh P N, et al. Structure tuning of crown ether grafted conjugated polymers as the electron transport layer in bulk-heterojunction polymer solar cells for high performance. Adv Funct Mater, 2014, 24: 6811-6817.

[25] Traina C A, Nd B R, Bazan G C. Design and synthesis of monofunctionalized, water-soluble conjugated polymers for biosensing and imaging applications. J Am Chem Soc, 2011, 133: 12600-12607.

[26] Vandenbergh J, Dergent J, Conings B, et al. Synthesis and characterization of water-soluble poly(p-phenylene vinylene) derivatives via the dithiocarbamate precursor route. Eur Polym J, 2011, 47: 1827-1835.

[27] McCullough R D, Ewbank P C, Loewe R S. Self-assembly and disassembly of regioregular, water soluble polythiophenes: Chemoselective ionchromatic sensing in water. J Am Chem Soc, 1997, 119: 633-634.

[28] Kim I B, Ronnie Phillips A, Bunz U H F. Carboxylate group side-chain density modulates the pH-dependent optical properties of PPEs. Macromolecules, 2007, 40: 5290-5293.

[29] Qin C, Wu X, Tong H, et al. High solubility and photoluminescence quantum yield water-soluble polyfluorenes with dendronized amino acid side chains: Synthesis, photophysical, and metal ion sensing properties. J Mater Chem, 2010, 20: 7957-7964.

[30] Zhang K, Hu Z, Xu R, et al. High-performance polymer solar cells with electrostatic layer-by-layer self-assembled conjugated polyelectrolytes as the cathode interlayer. Adv Mater, 2015, 27: 3607-3613.

[31] Kim Y, Swager T M. Sensory polymers for electron-rich analytes of biological interest. Macromolecules, 2006, 39: 5177-5179.

[32] Atkins K M, Martínez F M, Nazemi A, et al. Poly(para-phenylene ethynylene)s functionalized with Gd(III) chelates as potential MRI contrast agents. Can J Chem, 2010, 89: 47-56.

[33] Huang F, Wang X, Wang D, et al. Synthesis and properties of a novel water-soluble anionic

polyfluorenes for highly sensitive biosensors. Polymer, 2005, 46: 12010-12015.

[34] Zhu X, Xie Y, Li X, et al. Anionic conjugated polyelectrolyte-wetting properties with an emission layer and free ion migration when serving as a cathode interface layer in polymer light emitting diodes (PLEDs). J Mater Chem, 2012, 22: 15490-15494.

[35] Qi X, Pu K Y, Zhou X, et al. Conjugated-polyelectrolyte-functionalized reduced graphene oxide with excellent solubility and stability in polar solvents. Small, 2010, 6: 663-669.

[36] Yamamoto T, Sakamaki M, Fukumoto H. p-Doping behaviour of water-soluble π-conjugated poly[3-(3′-sulfopropyl)thiophene]: Kinetic and spectroscopic studies. Synth Met, 2003, 139: 169-173.

[37] Xu B, Zheng Z, Zhao K, et al. A bifunctional interlayer material for modifying both the anode and cathode in highly efficient polymer solar cells. Adv Mater, 2015, 28: 434-439.

[38] Qin C, Cheng Y, Wang L, et al. Phosphonate-functionalized polyfluorene as a highly water-soluble iron(III) chemosensor. Macromolecules, 2008, 41: 7798-7804.

[39] Stokes K K, Karine Heuzé A, Mccullough R D. New phosphonic acid functionalized, regioregular polythiophenes. Macromolecules, 2003, 36: 7114-7118.

[40] Zhou G, Qian G, Ma L, et al. Polyfluorenes with phosphonate groups in the side chains as chemosensors and electroluminescent materials. Macromolecules, 2005, 38: 5416-5424.

[41] Zhou G, Geng Y, Cheng Y, et al. Efficient blue electroluminescence from neutral alcohol-soluble polyfluorenes with aluminum cathode. Appl Phys Lett, 2006, 89: 233501-233501-3.

[42] Zhao Y, Xie Z, Qin C, et al. Enhanced charge collection in polymer photovoltaic cells by using an ethanol-soluble conjugated polyfluorene as cathode buffer layer. Sol Energy Mater Sol C, 2009, 93: 604-608.

[43] Sun J, Zhu Y, Xu X, et al. High efficiency and high V_{oc} inverted polymer solar cells based on a low-lying HOMO polycarbazole donor and a hydrophilic polycarbazole interlayer on ITO cathode. J Phys Chem C, 2012, 116: 14188-14198.

[44] Wang H, Lu P, Wang B, et al. A water-soluble pi-conjugated polymer with up to 100 mg·mL^{-1} solubility. Macromol Rapid Comm, 2007, 28: 1645-1650.

[45] Yang T, Wang M, Duan C, et al. Inverted polymer solar cells with 8.4% efficiency by conjugated polyelectrolyte. Energy Environ Sci, 2012, 5: 8208-8214.

[46] Andersen T R, Dam H F, Hösel M, et al. Scalable, ambient atmosphere roll-to-roll manufacture of encapsulated large area, flexible organic tandem solar cell modules. Energy Environ Sci, 2014, 7: 2925-2933.

[47] Pu K Y, Cai L, Liu B. Design and synthesis of charge-transfer-based conjugated polyelectrolytes as multicolor light-up probes. Macromolecules, 2009, 42: 5933-5940.

[48] Yang R, Wu H, Cao Y, et al. Control of cationic conjugated polymer performance in light emitting diodes by choice of counterion. J Am Chem Soc, 2006, 128: 14422-14423.

[49] Hoven C, Yang R, Garcia A, et al. Ion motion in conjugated polyelectrolyte electron transporting layers. J Am Chem Soc, 2007, 129: 10976-10977.

[50] Garcia A, Brzezinski J Z, Nguyen T Q. Cationic conjugated polyelectrolyte electron injection layers: Effect of halide counterions. J Phys Chem C, 2009, 113: 2950-2954.

[51] Bondarev D, Zedník J, Sloufová I, et al. Synthesis and properties of cationic polyelectrolyte with regioregular polyalkylthiophene backbone and ionic-liquid like side groups. J Polym Sci Pol Chem, 2010, 48: 3073-3081.

[52] Zilberberg K, Behrendt A, Kraft M, et al. Ultrathin interlayers of a conjugated polyelectrolyte for low work-function cathodes in efficient inverted organic solar cells. Org Electron, 2013, 14: 951-957.

[53] Guan H, Min C, Lu C, et al. Label-free DNA sensor based on fluorescent cationic polythiophene for the sensitive detection of hepatitis B virus oligonucleotides. Luminescence, 2010, 25: 311-316.

[54] Henson Z B, Zhang Y, Nguyen T Q, et al. Synthesis and properties of two cationic narrow band gap conjugated polyelectrolytes. J Am Chem Soc, 2013, 135: 4163-4166.

[55] Worfolk B J, Hauger T C, Harris K D, et al. Organic photovoltaics: Work function control of interfacial buffer layers for efficient and air-stable inverted low-bandgap organic photovoltaics. Adv Energy Mater, 2012, 2: 361-368.

[56] Fang J, Wallikewitz B H, Gao F, et al. Conjugated zwitterionic polyelectrolyte as the charge injection layer for high-performance polymer light-emitting diodes. J Am Chem Soc, 2011, 133: 683-685.

[57] Duan C, Wang L, Zhang K, et al. Conjugated zwitterionic polyelectrolytes and their neutral precursor as electron injection layer for high-performance polymer light-emitting diodes. Adv Mater, 2011, 23: 1665-1669.

[58] Liu F, Page Z A, Duzhko V V, et al. Conjugated polymeric zwitterions as efficient interlayers in organic solar cells. Adv Mater, 2013, 25: 6868-6873.

[59] Gal T S, Jin S H, Park J W, et al. Synthesis and characterization of water-soluble ionic conjugated polyacetylene. Mol Cryst Liq Cryst, 2009, 530: 56-63.

[60] Ko Y G, Kwon W, Kim D M, et al. Electrically permanent memory characteristics of an ionic conjugated polymer. Poly Chem, 2012, 3: 2028-2033.

[61] Gal Y S, Gui T L, Jin S H, et al. Electro-optical properties of water-soluble conjugated polymer. Synth Met, 2003, 135-136: 353-354.

[62] Lee W, Mane R S, Min S K, et al. Nanocrystalline CdS-water-soluble conjugated-polymers: High performance photoelectrochemical cells. Appl Phys Lett, 2007, 90: 263503-263506.

[63] Langsdorf B L, Zhou X, Adler D H, et al. Synthesis and characterization of soluble, ionically functionalized polyacetylenes. Macromolecules, 1999, 32: 5512-5520.

[64] Gao L, Johnston D, Lonergan M C. Synthesis and self-limited electrochemical doping of polyacetylene ionomers. Macromolecules, 2008, 41: 4071-4080.

[65] Sirringhaus H, Brown P J, Friend R H, et al. Two-dimensional charge transport in self-organized, high-mobility conjugated polymers. Nature, 1999, 401: 685-688.

[66] Liao S H, Li Y L, Jen T H, et al. Multiple functionalities of polyfluorene grafted with metal ion-intercalated crown ether as an electron transport layer for bulk-heterojunction polymer solar cells: Optical interference, hole blocking, interfacial dipole, and electron conduction. J Am Chem Soc, 2012, 134: 14271-14274.

[67] Groenendaal L, Jonas F, Freitag D, et al. Poly (3, 4-ethylenedioxythiophene) and its derivatives: Past, present, and future. Adv Mater, 2000, 12: 481-494.

[68] Jönsson S K M, Birgerson J, Crispin X, et al. The effects of solvents on the morphology and sheet resistance in poly (3, 4-ethylenedioxythiophene) -polystyrenesulfonic acid (PEDOT-PSS) films. Synth Met, 2003, 139: 1-10.

[69] Louwet F, Groenendaal L, Dhaen J, et al. PEDOT/PSS: Synthesis, characterization, properties and applications. Synth Met, 2003, 135-136: 115-117.

[70] Cao Y, Yu G, Zhang C, et al. Polymer light-emitting diodes with polyethylene dioxythiophene-polystyrene sulfonate as the transparent anode. Synth Met, 1997, 87: 171-174.

[71] Sirringhaus H, Kawase T, Friend R H, et al. High-resolution inkjet printing of all-polymer transistor circuits. Science, 2000, 290: 2123-2126.

[72] Zeng W, Wu H, Zhang C, et al. Polymer light-emitting diodes with cathodes printed from conducting Ag paste. Adv Mater, 2007, 19: 810-814.

[73] Yip H L, Jen K Y. Recent advances in solution-processed interfacial materials for efficient and stable polymer solar cells. Energy Environ Sci, 2012, 5: 5994-6011.

[74] Jeng J Y, Chiang Y F, Lee M H, et al. $CH_3NH_3PbI_3$ perovskite/fullerene planar-heterojunction hybrid solar cells. Adv Mater, 2013, 25: 3727-3732.

[75] Gong X, Tong M, Xia Y, et al. High-detectivity polymer photodetectors with spectral response from 300 nm to 1450 nm. Science, 2009, 325: 1665-1667.

[76] Somasiri N L D, Macdiarmid A G. Polyaniline: Characterization as a cathode active material in rechargeable batteries in aqueous electrolytes. J Appl Electrochem, 1988, 18: 92-95.

[77] Wang F, Tang J, Jing X, et al. The study on soluble polyaniline. ACTA Polym Sin, 1987, 5: 384-387.

[78] Cao Y, Smith P, Heeger A J. Counter-ion induced processibility of conducting polyaniline and of conducting polyblends of polyaniline in bulk polymers. Synth Met, 1992, 48: 91-97.

[79] Wang X H, Geng Y H, Yu L, et al. Preparation and properties of water-based conducting polyaniline. Synth Met, 1999, 102: 1224-1225.

[80] Hua M Y, Su Y N, Chen S A. Water-soluble self-acid-doped conducting polyaniline: Poly (aniline-*co*-*N*-propylbenzenesulfonic acid-aniline). Polymer, 2000, 41: 813-815.

[81] Havinga E E, Horssen L W V, Hoeve W T, et al. Self-doped water-soluble conducting polymers. Polym Bull, 1987, 18: 277-281.

[82] Jang K S, Lee H, Moon B. Synthesis and characterization of water soluble polypyrrole doped with functional dopants. Synth Met, 2004, 143: 289-294.

[83] Wallow T I, Novak B M. In aqua synthesis of water-soluble poly (*p*-phenylene) derivatives. J Am Chem Soc, 1991, 113: 7411-7412.

[84] Harrison B S, Ramey M B, Reynolds J R, et al. Amplified fluorescence quenching in a poly (*p*-phenylene) -based cationic polyelectrolyte. J Am Chem Soc, 2000, 122: 8561-8562.

[85] Marks P, Redaram B, Levine M, et al. Highly efficient detection of hydrogen peroxide in solution and in the vapor phase via fluorescence quenching. Chem Commun, 2015, 51: 7061-7064.

[86] Lukman S, Aung K M M, Lim M G L, et al. Hybrid assembly of DNA-coated gold nanoparticles with water soluble conjugated polymers for studying protein-DNA interaction and ligand inhibition. RSC Adv, 2014, 4: 8883-8893.

[87] Fallahi A, Alahbakhshi M, Mohajerani E, et al. Cationic water-soluble conjugated polyelectrolytes/graphene oxide nanocomposites as efficient green hole injection layers in organic light emitting diodes. J Phys Chem C, 2015, 119: 13144-13152.

[88] Burroughes J H, Bradley D D C, Brown A R, et al. Light-emitting diodes based on conjugated polymers. Nature, 1990, 347: 539-541.

[89] Gettinger C L, Heeger A J, Drake J M, et al. The effect of intrinsic rigidity on the optical properties of PPV derivatives. Mol Cryst Liq Cryst, 1994, 256: 507-512.

[90] Chen L, Mcbranch D W, Wang H L, et al. Highly sensitive biological and chemical sensors based on reversible fluorescence quenching in a conjugated polymer. Proc Natl Acad Sci, 1999, 96: 12287-12292.

[91] Wang J, Wang D, Miller E K, et al. Photoluminescence of water-soluble conjugated polymers: Origin of enhanced quenching by charge transfer. Macromolecules, 2000, 33: 5153-5158.

[92] Fan C, Plaxco K W, Heeger A J. High-efficiency fluorescence quenching of conjugated polymers by proteins. J Am Chem Soc, 2002, 124: 5642-5643.

[93] Zhang Y, Yang Y, Wang C C, et al. Cationic water-soluble poly(p-phenylene vinylene) for fluorescence sensors and electrostatic self-assembly nanocomposites with quantum dots. J Appl Polym Sci, 110: 3225-3233.

[94] Schnablegger H, Antonietti M, Göltner C, et al. Morphological characterization of the molecular superstructure of polyphenylene ethynylene derivatives. J Colloid Interf Sci, 1999, 212: 24-32.

[95] Cho H N, Kim D Y, Kim J K, et al. Control of band gaps of conjugated polymers by copolymerization. Synth Met, 1997, 91: 293-296.

[96] Mwaura J K, Pinto M R, Witker D, et al. Photovoltaic cells based on sequentially adsorbed multilayers of conjugated poly(p-phenylene ethynylene)s and a water-soluble fullerene derivative. Langmuir, 2005, 21: 10119-10126.

[97] Duan X, Li Z, He F, et al. A sensitive and homogeneous SNP detection using cationic conjugated polymers. J Am Chem Soc, 2007, 129: 4154-4155.

[98] Thomas S W I, Joly G D, Swager T M. Chemical sensors based on amplifying fluorescent conjugated polymers. Chem Rev, 2007, 107: 1339-1386.

[99] Duan C, Zhang K, Guan X, et al. Conjugated zwitterionic polyelectrolyte-based interface modification materials for high performance polymer optoelectronic devices. Chem Sci, 2013, 4: 1298-1307.

[100] Kim H I, Bui T T, Kim G W, et al. A benzodithiophene-based novel electron transport layer for a highly efficient polymer solar cell. ACS Appl Mater Inter, 2014, 6: 15875-15880.

[101] Xu X, Cai W, Chen J, et al. Conjugated polyelectrolytes and neutral polymers with poly(2, 7-carbazole) backbone: Synthesis, characterization, and photovoltaic application. J Polym Sci Pol Chem, 2014, 4: 1263-1272.

[102] Zotti G, Zecchin S, Schiavon G, et al. Doping-induced ion-exchange in the highly conjugated

self-doped polythiophene from anodic coupling of 4-(4*H*-cyclopentadithien-4-yl) butanesulfonate. Chem Mater, 1997, 9: 2940-2944.

[103] Mai C K, Zhou H, Yuan Z, et al. Facile doping of anionic narrow-band-gap conjugated polyelectrolytes during dialysis. Angew Chem Int Ed, 2013, 52: 12874-12878.

[104] Zhou H, Zhang Y, Mai C K, et al. Conductive conjugated polyelectrolyte as hole-transporting layer for organic bulk heterojunction solar cells. Adv Mater, 2014, 26: 780-785.

[105] Mai C K, Schlitz R A, Su G M, et al. Side-chain effects on the conductivity, morphology, and thermoelectric properties of self-doped narrow-band-gap conjugated polyelectrolytes. J Am Chem Soc, 2014, 136: 13478-13481.

[106] Wu Z, Sun C, Dong S, et al. n-Type water/alcohol-soluble naphthalene diimide-based conjugated polymers for high-performance polymer solar cells. J Am Chem Soc, 2016, 138: 2004-2013.

[107] Liu Y, Page Z A, Russell T P, et al. Finely tuned polymer interlayers enhance solar cell efficiency. Angew Chem Int Ed, 2015, 54: 11485-11489.

[108] Zhao Z, He J, Wang J, et al. A water/alcohol-soluble copolymer based on fluorene and perylene diimide as a cathode interlayer for inverted polymer solar cells. J Mater Chem C, 2015, 3: 4515-4521.

[109] Tu G, Li H, Michael F, et al. Amphiphilic conjugated block copolymers: Synthesis and solvent-selective photoluminescence quenching. Small, 2007, 3: 1001-1006.

[110] Gutacker A, Lin C Y, Ying L, et al. Cationic polyfluorene-b-neutral polyfluorene "rod-rod" diblock copolymers. Macromolecules, 2012, 45: 4441-4446.

[111] Fang C, Zhao B, Lu H, et al. Size-controllable enhanced energy transfer from an amphiphilic conjugated−ionic triblock copolymer to CdTe quantum dots in aqueous medium. J Phys Chem C, 2008, 112: 7278-7283.

[112] Ying L Y, Zalar P, Collins S D, et al. All-conjugated triblock polyelectrolytes. Adv Mater, 2012, 24: 6496-6501.

[113] Haskins-Glusac K, Pinto M R, Tan C, et al. Luminescence quenching of a phosphorescent conjugated polyelectrolyte. J Am Chem Soc, 2004, 126: 14964-14971.

[114] Qin C, Wong W Y, Wang L. A water-soluble organometallic conjugated polyelectrolyte for the direct colorimetric detection of silver ion in aqueous media with high selectivity and sensitivity. Macromolecules, 2010, 44: 483-489.

[115] Zhao Q, Zhang C, Liu S, et al. Dual-emissive polymer dots for rapid detection of fluoride in pure water and biological systems with improved reliability and accuracy. Sci Rep, 2015, 5: 16420-16431.

[116] Liu S, Zhang K, Lu J, et al. High-efficiency polymer solar cells via the incorporation of an amino-functionalized conjugated metallopolymer as a cathode interlayer. J Am Chem Soc, 2013, 135: 15326-15329.

[117] Voit B, Albena L. Hyperbranched and highly branched polymer architectures-synthetic strategies and major characterization aspects. Chem Rev, 2009, 109: 5924-5973.

[118] Peng Q, Yang J, He Q, et al. Synthesis and characterization of a water-soluble hyperbranched

poly（*p*-phenylene vinylene）（WHPV）. Synth Met, 2003, 135-136: 163-164.

[119] Seo S, Kim D, Jang G, et al. Fluorescence turn-on detection of cyanide anion based on viologen-quenched water-soluble hyperbranched polymer. Polymer, 2013, 54: 1323-1328.

[120] Huang Y Q, Zhang R, Song C X, et al. Water-soluble hyperbranched poly (phenyleneethynylene)s: Facile synthesis, characterization, and interactions with dsDNA. Polymer, 2015, 59: 93-101.

[121] Chen Y, Jiang Z, Gao M, et al. Efficiency enhancement for bulk heterojunction photovoltaic cells via incorporation of alcohol soluble conjugated polymer interlayer. Appl Phys Lett, 2012, 5: 203304-203304-5.

[122] Lv M, Li S, Jasieniak J J, et al. A hyperbranched conjugated polymer as the cathode interlayer for high performance polymer solar cells. Adv Mater, 2013, 25: 6889-6894.

[123] Izuhara D, Swager T M. Poly (pyridinium phenylene)s: Water-soluble n-type polymers. J Am Chem Soc, 2009, 131: 17724-17725.

[124] Rochat S, Swager T M. Water-soluble cationic conjugated polymers: Response to electron-rich bioanalytes. J Am Chem Soc, 2013, 135: 17703-17706.

[125] Innis P C, Chen Y C, Ashraf S, et al. Electrohydrodynamic polymerisation of water-soluble poly((4-(3-pyrrolyl))butane sulfonate). Polymer, 2000, 41: 4065-4076.

[126] Zotti G, Zecchin S, Gilberto Schiavon A, et al. Electrostatically self-assembled multilayers of novel symmetrical rigid-rod polyanionic and polycationic polythiophenes on ITO/glass and gold electrodes. Chem Mater, 2004, 16: 2091-2100.

[127] Ikenoue Y, Saida Y, Kira M A, et al. A facile preparation of a self-doped conducting polymer. J Chem Soc Chem Commun, 1990, 23: 1694-1695.

[128] Shi S, Wudl F. Synthesis and characterization of a water-soluble poly (pphenylenevinylene) derivative. Macromolecules, 1990, 23: 2119-2124.

[129] Gu Z, Bao Y, Zhang Y, et al. Anionic water-soluble poly (phenylenevinylene) alternating copolymer: High-efficiency photoluminescence and dual electroluminescence. Macromolecules, 2006, 39: 3125-3131.

[130] Gu Z, Shen Q D, Zhang J, et al. Dual electroluminescence from a single-component light-emitting electrochemical cell, based on water-soluble conjugated polymer. J Appl Polym Sci, 2006, 100: 2930-2936.

[131] Miyaura N, Suzuki A. Palladium-catalyzed cross-coupling reactions of organoboron compounds. Chem Rev, 1995, 95: 2457-2483.

[132] Kai S, Bender M, Schwaebel S T, et al. Syntheses and characteristics of water-soluble, pyridine-based poly (aryleneethynylene)s. Macromolecules, 2014, 47: 7014-7020.

[133] Yang R, Wu H, Cao Y, et al. Control of cationic conjugated polymer performance in light emitting diodes by choice of counterion. J Am Chem Soc, 2006, 128: 14422-14423.

[134] Liu S, Zhong C, Zhang J, et al. A novel crosslinkable electron injection/transporting material for solution processed polymer light-emitting diodes. Sci China Chem, 2011, 54: 1745-1749.

[135] Zhong C, Liu S, Huang F, et al. Highly efficient electron injection from indium tin oxide/cross-linkable amino-functionalized polyfluorene interface in inverted organic light emitting devices. Chem Mater, 2011, 23: 4870-4876.

[136] Wang J, Lin K, Zhang K, et al. Crosslinkable amino-functionalized conjugated polymer as cathode interlayer for efficient inverted polymer solar cells. Adv Energy Mater, 2016, 6: 201502563.

[137] Liu C, Dong S, Cai P, et al. Donor-acceptor copolymers based on thermally cleavable indigo, isoindigo, and DPP units: Synthesis, field effect transistors, and polymer solar cells. ACS Appl Mater Inter, 2015, 7: 9038-9051.

[138] Søndergaard R, Helgesen M, Jørgensen M, et al. Fabrication of polymer solar cells using aqueous processing for all layers including the metal back electrode. Adv Energy Mater, 2011, 1: 68-71.

第 **2** 章

水醇溶共轭聚合物的溶液性质

2.1 引言

　　水醇溶共轭聚合物(图 2-1)最主要的特点是能够溶解于水或醇等强极性溶剂中。这种独特的溶解性质使得这类聚合物既能通过使用环境友好的溶剂来制备光电器件，又能在生物/化学传感等方面获得应用[1-7]。然而在该领域发展早期，水醇溶共轭聚合物在溶液中往往不能形成完全解离的聚合物链，而是以聚集体的形式存在[8-10]。这种易于聚集的特点对材料的本征光电性能(如荧光发射光谱和量子效率)会产生重要影响[11]，从而影响其在有机光电器件和传感中的应用。水醇溶共轭聚合物的一个独特优势是可以用水、醇等极性溶剂加工，在薄膜制备过程中不会对传统油溶半导体材料形成的疏水层薄膜造成破坏，从而可以通过 "正交"溶液法制备多层光电器件[1,7,12]。然而，如果水醇溶共轭聚合物的聚集特性过强，不能形成均相溶液，这种优越性就会大幅度降低。因此，在应用于光电器件中时必须降低水醇溶共轭聚合物在溶液中的聚集，这可以通过改变侧链极性等途径使聚合物在溶液中完全溶解[13]。而在另外一些应用场合，溶液中的聚集也有其独特的优越性。例如，聚集诱导的荧光猝灭可以作为一种高效的传感方式，提高检测的灵敏度[14,15]。此外，对于某些特殊的应用，还需要通过自组装方式获得具有纳米尺度精确结构的聚集体[16]。因此，探讨水醇溶共轭聚合物在溶液中的聚集特性、影响因素以及聚集行为的调控对于推动该领域的发展具有至关重要的意义。

2.2 水醇溶共轭聚合物的聚集体结构

　　在多种因素的影响下，水醇溶共轭聚合物的聚集体在溶液中呈现多种不同层

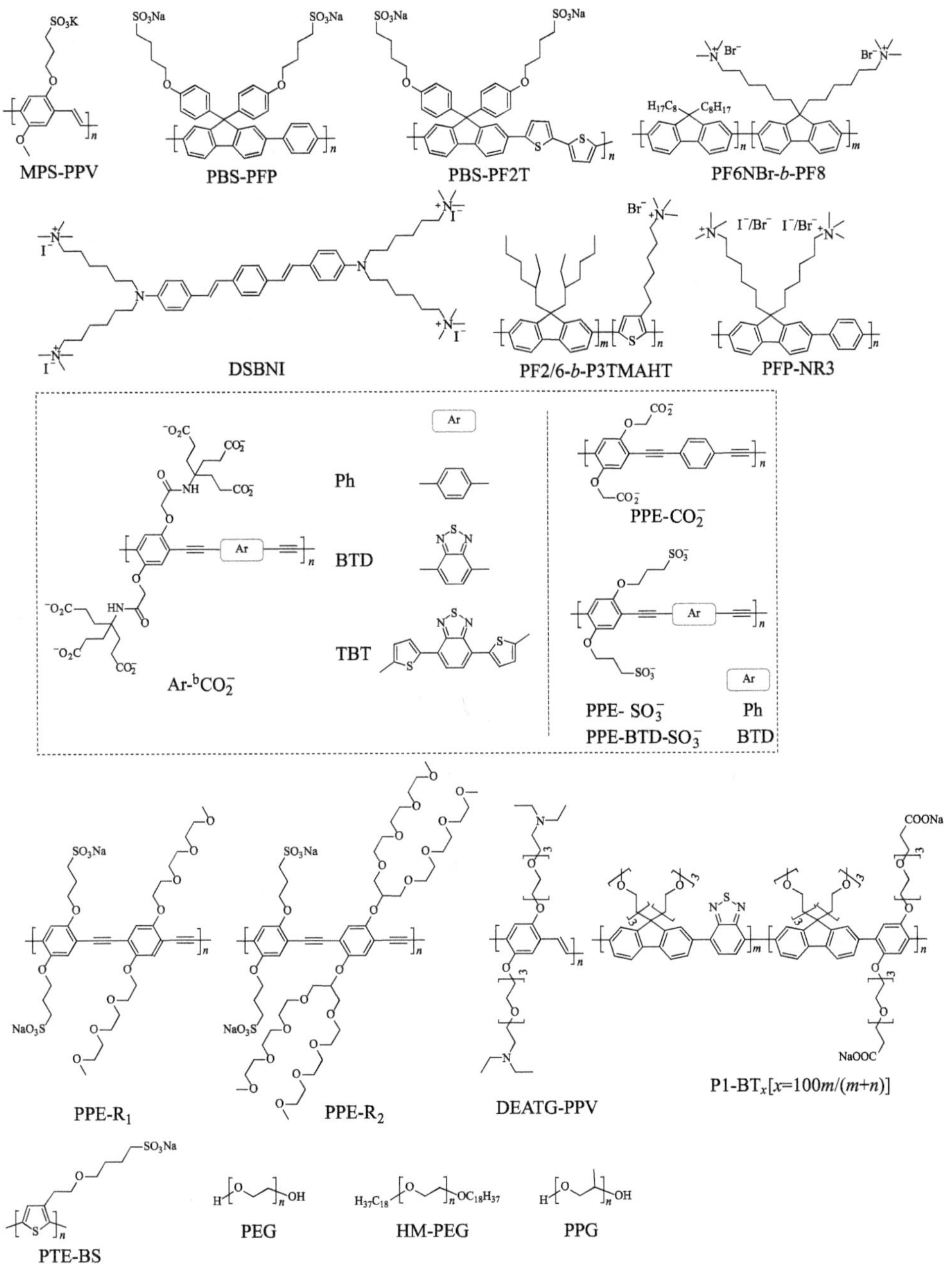

图 2-1 部分水醇溶共轭聚合物的结构式

次的结构。这些因素包括疏水共轭主链的化学结构、刚性/极性侧链与溶剂的相互作用、侧链与侧链之间的相互作用、排斥体积效应、静电吸引与排斥效应、对离子的尺寸，以及一些特殊的相互作用(如氢键和 π-π 堆积)等。聚集体结构包括从无序团簇到有序的胶束、向列液晶及高度有序的囊泡。本章将逐一对这些聚集体结构进行举例介绍，并在后面进行更详细的讨论。

早在 2000 年，就有文献报道水醇溶共轭聚合物在溶液中的聚集现象。研究发现，共轭聚电解质 MPS-PPV(图 2-1)在水溶液中的荧光非常微弱，但加入阳离子表面活性剂三甲基十二烷基溴化铵后，不仅荧光量子效率大大增加，而且荧光光谱上出现了精细的电子振动结构[17]。这些现象被认为是共轭骨架构象变化和链间相互作用变化所致。动态光散射(dynamic light scattering, DLS)实验结果进一步表明，MPS-PPV 无论在水中还是在 DMSO 中都形成了团聚结构。而且 MPS-PPV 在水中形成更有序的聚集体，聚合物链间的荧光猝灭效应更强，从而导致 MPS-PPV 在水中荧光量子效率比在 DMSO 中更低[18]。

相对于 PPV，基于芴的水醇溶共轭聚合物的主链骨架刚性更强。这种化学结构上的变化也给相应的聚合物在溶液中的行为带来影响。Burrows 等[19]研究了基于聚芴的阴离子共轭聚电解质 PBS-PFP(图 2-1)，发现该聚合物在纯水中形成的不是稳定溶液，而是亚稳态的悬浮液。进一步研究发现，这种悬浮液表现出一些与真溶液相似的行为，如其紫外-可见吸收光谱也遵守朗伯-比尔定律(Lambert-Beer law)，离子电导率也遵循科尔劳施方程(Kohlrausch equation)。但静置一段时间之后，该悬浮液出现沉淀。研究者认为，该体系形成的是有序的团簇而不是松散的无序聚集体。可能是由于该体系稳定性较低，他们没有进一步为团簇结构提供更精确的实验证据。随后，Burrows 等[20]用小角 X 射线散射(small angle X-ray scattering, SAXS)和小角中子散射(small angle neutron scattering, SANS)研究了 PBS-PF2T(图 2-1)的溶液性质。在质量分数为 0.1%～0.5%的稀溶液中，观察到厚度约为 2.5 nm、长度近 100 nm 的带状聚集体(图 2-2*)。

Bockstaller 等[21]结合光散射、中子散射、电子显微镜等多种手段研究了分子量和溶液浓度对阴离子聚对苯撑的聚集体结构的影响，发现在低浓度的水溶液中，高分子量(27 000，PPP27)和低分子量(12 000，PPP12)的聚合物形成长度不同但直径均为 3.4 nm 左右的圆柱形胶束。伴随着溶液浓度的增加，具有较高分子量的 PPP27 表现出了非常复杂的聚集行为。如图 2-3 所示，在增加浓度的初始阶段，溶液中可同时观察到圆柱状胶束和由胶束组成的具有类似溶质液晶取向的椭圆状团簇。进一步增加浓度之后，聚集体逐渐转变为向列液晶相。随着浓度的继续增加，聚集体最终转变成由圆柱状胶束组成的具有三角晶格的大圆柱结构[21]。

---

* 扫封底二维码可见本彩图，全书同。

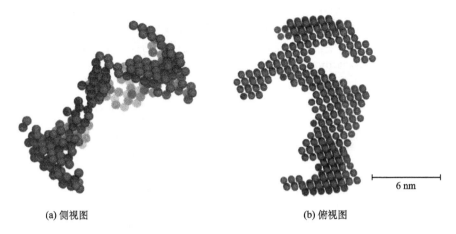

(a) 侧视图　　　　　　　　　　　　　(b) 俯视图

图 2-2　PBS-PF2T 在水中形成的带状聚集体的模拟结构[20]

图中比例尺表示实验中单一聚合物的长度。承美国化学会惠允，摘自 Burrows H D, et al., *ACS Appl. Mater. Inter.*, **1**, 864（2009）

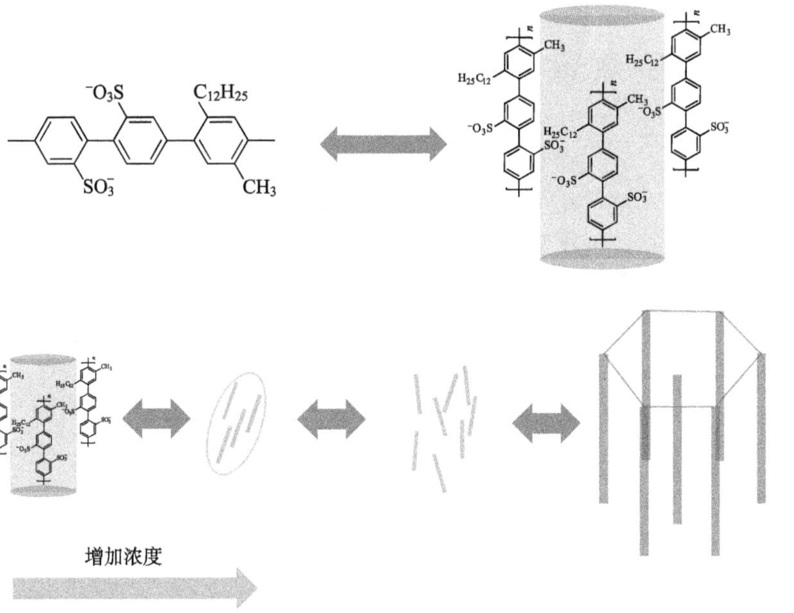

增加浓度

图 2-3　PPP27 的结构式及其在水溶液中随浓度变化形成的多层次聚集结构的示意图

　　含有水醇溶链段的嵌段共轭聚合物往往呈现出十分特殊的聚集结构。Gutacker 等[22]报道了一种由中性聚烷基芴和阳离子聚芴组成的二嵌段共轭聚合物 PF6NBr-*b*-PF8（图 2-1）。原子力显微镜（atomic force microscope, AFM）成像实验显示，该聚合物无论在甲醇还是四氢呋喃（THF）中都形成囊泡结构。如图 2-4 所示，在甲醇中，囊泡壁的内壳由疏水的非离子 PF8 嵌段组成，而外壳由亲水的离子型 PF6NBr 嵌段组成。在四氢呋喃中，PF6NBr-*b*-PF8 的聚集行为与在甲醇中相反，即囊泡壁的内壳由亲水的离子型 PF6NBr 嵌段组成，而外壳由疏水的非离子 PF8 嵌段组成。

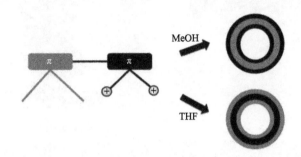

图 2-4　二嵌段水醇溶共聚物 PF6NBr-*b*-PF8 在甲醇和四氢呋喃中形成的囊泡结构的示意图[22]

承美国化学会惠允，摘自 Gutacker A, et al., *Macromolecules*, **45**, 4441 (2012)

2.3　水醇溶共轭聚合物聚集性质的研究方法

2.3.1　散射技术

各种散射技术被广泛用于聚合物的结构研究，也是研究水醇溶共轭聚合物溶液性质的有力工具。使用较多的主要有 SAXS 和 SANS，以及 SAXS 与 SANS 的联用，测量范围通常为 1～100 nm。利用这些散射技术可以获知溶液中形成的聚集体的大小和形状等信息。聚集体的大小可由 $2\pi/q$ 计算得到。式中，q 为散射矢量，与入射波长（λ）和散射角（θ）相关，即 $q = 4\pi\sin(\theta/2)/\lambda$。

Ortony 等[23]利用 SANS 详细研究了共轭低聚物电解质 DSBNI（图 2-1）在水溶液中的聚集行为。图 2-5（a）为不同浓度的 DSBNI 水溶液的 SANS 曲线，反映了散射强度与散射矢量 q 的关系，可以观察到三个斜率明显不同的区域，即 q^{-2}、q^{-1}、q^{-4} 三个区域。其中，q^{-1} 对应于圆柱形聚集体颗粒，q^{-4} 表示圆柱体曲率，而 q^{-2} 对应于由圆柱形聚集体形成的更大的聚集体网络，但是该网络没有拓展到宏观意义上的尺寸，而是旋转半径（R_g）大约为 50 nm 的团聚体。此外，从图 2-5（a）中还可观察到两个散射强度的相干极大值，其中，位于低矢量区的极大值对应于聚集体之间的间距，而位于高矢量区的极大值来自于聚集体内部。前者随着浓度的降低而往更低 q 值区移动直至消失，意味着聚集体间距的变大。与之相对应的是，相干长度（ξ）随溶液浓度增大而减小[图 2-5（b）]。而后者几乎不随溶液浓度发生变化，说明不同浓度下的圆柱形聚集体的结构非常相似。DSBNI 在水溶液中所形成的聚集体的结构模型图[图 2-5(c)]：聚集体的直径约为 3.5 nm，所形成的团聚体的尺寸约为 50 nm，聚集体之间的距离随浓度而变化。在圆柱形聚集体内部，DSBNI 分子有两种可能的堆砌方式[图 2-5(d)]，其中，图 2-5(d)的左侧图为可能性最大的分子取向模式。

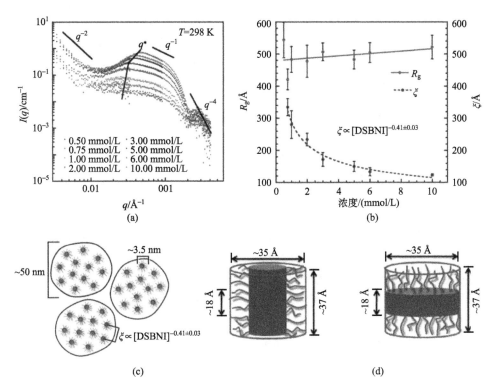

图 2-5　(a)室温下不同浓度的 DSBNI 水溶液的 SANS 曲线；(b) 旋转半径 R_g 和相干长度 ξ 与 DSBNI 浓度的关系图；(c) DSBNI 在水溶液中所形成的聚集体的结构模型图；(d) DSBNI 在圆柱形聚集体内部两种可能的分子取向模式[23]

承美国化学会惠允，摘自 Ortony J H, et al., *J. Am. Chem. Soc.*, **133**, 8380(2011)

2.3.2　显微镜技术

显微镜技术与散射技术相结合可以更好地观察水醇溶共轭聚合物所形成的聚集体结构。聚集体尺寸通常在 1～100 nm，普通的光学显微镜受限于其分辨率(可见光的半波长)而不具备观察能力。近年来，一些相关技术的进步已经将光学显微镜的分辨率提高到数十纳米。通常，可以使用透射电子显微镜(transmission electron microscope, TEM)和原子力显微镜(AFM)精确观察到水醇溶共轭聚合物聚集体的结构和形貌。Gutacker 等[24]用 AFM 研究了二嵌段共轭聚电解质 PF2/6-*b*-P3TMAHT(图 2-1)在水溶液中和甲醇溶液中形成的聚集体结构。从纯水中获得的 PF2/6-*b*-P3TMAHT 样品在云母表面形成分形结构,而从甲醇中获得的样品形成大的囊泡。也有报道利用 TEM 研究水醇溶共轭聚合物的聚集体结构,但需要使用低温 TEM 和冷冻溶液。通常的做法是把溶液快速冷却到极低温度使得溶剂玻璃化而不结晶,然后在低温下用 TEM 对样品进行研究。Burrows 等[25]研究了水溶液中阴离子聚电解质 PBS-PFP 与非离子表面活性剂形成的聚集体结构。低温 TEM 观察结果表明,聚集体为长圆柱形结构,与液相溶液中 SAXS 和 SANS 所获得的实验结果非常一致。

2.3.3 光谱学方法

由于聚集的发生,水醇溶共轭聚合物在溶液中的光物理性质也会不同于传统的中性共轭聚合物。聚合物链间的聚集会导致吸收光谱和荧光光谱的发生偏移,而荧光量子效率会因为聚集而降低。因此,光物理性质的表征也是研究水醇溶共轭聚合物溶液性质的重要方法。Davies 等[26]采用稳态与时间分辨荧光技术研究了三种主链具有不同共轭长度(重复单元数目为 6、12、100)的阳离子共轭聚电解质 [PFP-NR3$_{6(I)}$、PFP-NR3$_{12(Br)}$、PFP-NR3$_{100(Br)}$,图 2-1]的聚集状态对其光物理性质的影响。PFP-NR3 在溶液中的聚集效应导致了荧光量子效率的降低。当使用乙腈作为助溶剂时,其聚集状态会减弱,荧光量子效率、摩尔消光系数与发射寿命均有所增加(图 2-6)。由于 PFP-NR3 聚集体的链间能量转移产生的荧光去极化作用,其荧光各向异性也随着聚集的增加而降低。

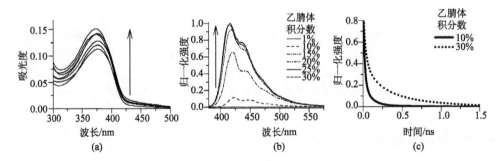

图 2-6 PFP-NR3$_{6(I)}$的吸收(a)和发射光谱(b)与乙腈浓度(1%、10%、15%、20%、25%、30% 乙腈水溶液)的变化,箭头方向表示乙腈浓度增加;(c)PFP-NR3$_{6(I)}$在 10∶90 的(实线)和 30∶70(虚线)乙腈/水混合物中的归一化衰减曲线[26]

承美国化学会惠允,摘自 Davies M L, et al., *J. Phys. Chem. B.*, **115**, 6885(2011)

2.3.4　电导率测量

离子电导率也能反映水醇溶共轭聚合物在溶液中的聚集行为。图 2-7 是齐聚共轭电解质 DSBNI 在水溶液中的电导率随溶液浓度的变化关系图。该图中有两个斜率明显不同的线性区域,这说明 DSBNI 水溶液的聚集行为存在两个不同的浓度区间。两个区间的临界点为 0.51 mmol/L,在该浓度以下电导率的增加随 DSBNI 的浓度变化较快,溶液浓度大于该临界点后,电导率的增加幅度变慢。由此可以判断,在该浓度以上,DSBNI 分子在溶液中逐渐聚集,这一结论与图 2-5 中 SANS 数据一致。

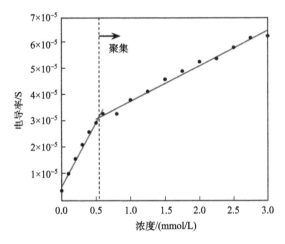

图 2-7　DSBNI 溶液的电导率随浓度的变化关系[23]

承美国化学会惠允,摘自 Ortony J H, et al., *J. Am. Chem. Soc.*, **133**, 8380 (2011)

2.3.5　核磁共振技术

核磁共振(nuclear magnetic resonance, NMR)也可用于研究水醇溶共轭聚合物的溶液聚集行为。聚合物的 NMR 谱图中,质子信号的裂分和谱线宽度受链内和链间相互作用的双重影响,发生聚集后,质子信号将变得非常宽泛,甚至完全无法观察到。Burrows 等[11]发现,在 ^{1}H-NMR 谱图中,当重水中只有 PBS-PFP 时,观察不到对应于其聚芴主链的质子信号(7.5～7.9 ppm)。这说明 PBS-PFP 在重水中发生了聚集,结合其他实验可知,形成了尺寸较大的有序团簇。但当向 PBS-PFP 的重水溶液中加入一定的非离子表面活性剂 $C_{12}E_{15}$ 后,该质子信号出现,但信号范围较宽,且裂分不甚清晰(图 2-8)。这说明,PBS-PFP 可能由尺寸较大的团簇解离成尺寸较小的聚集体,但由于聚集体及其内部的聚合物链运动受限,故不能观察到清晰的裂分。

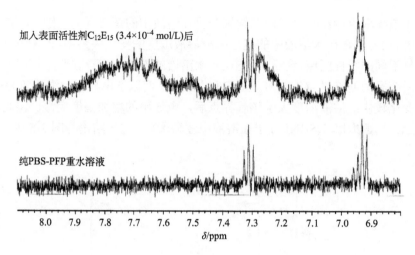

图 2-8　PBS-PFP 在重水溶液(0.152 mg/mL)中的 ^{1}H-NMR 谱图[11]

承美国化学会惠允，摘自 Burrows H D, et al., *Macromolecules*, **37**, 7425 (2004)

2.4　水醇溶共轭聚合物聚集行为的影响因素

2.4.1　化学结构的影响

化学结构是影响水醇溶共轭聚合物的溶液聚集行为的重要因素。共轭主链的共平面性、侧链极性或离子型基团的含量与枝化程度、嵌段共聚物中不同嵌段的相对长度、聚合物的分子量等都对聚集行为产生重要影响。Lee 等[27]研究了一系列由芳基乙炔与不同芳杂环共聚得到的聚电解质(Ph-^{b}CO$_2^-$、BTD-^{b}CO$_2^-$ 及 TBT-^{b}CO$_2^-$，图 2-1)的聚集行为。从这三个聚合物在不同溶剂(甲醇、甲醇/水混合物、纯水)中的吸收光谱和荧光发射光谱(图 2-9)中可以看出，随着溶剂极性的增大，光谱的红移非常有限。而类似情况下，具有相似共轭主链的 PPE-CO$_2^-$、PPE-SO$_3^-$ 及 PPE-BTD-SO$_3^-$ (图 2-1)等三个聚合物的光谱红移都在 30 nm 以上[28]。这说明前三者在不同溶液中的聚集都非常弱，主要可能是因为其极性侧链的枝化程度非常高、位阻大，从而聚合物链间的排斥效应很强。而后三者则随着溶剂极性的增大，聚集程度显著增强。Lee 等[13]则发现，在共轭聚电解质的重复单元中引入大体积的烷氧基链可以有效地抑制聚合物在水中的聚集：具有线型烷氧基侧链的 PPE-R$_1$(图 2-1)在水中表现出一定程度的聚集，而具有枝化烷氧基侧链的 PPE-R$_2$(图 2-1)则在水中完全解离成单链状态。此外，Vallat 等[29]发现，聚集体尺寸大小与聚合物分子量存在正相关性，SANS 实验中发现散射峰的位置不仅与溶液浓度有关，也与聚合物的分子量有关。如 2.3.2 节中所述，嵌段共轭聚电解质 PF2/6-*b*-P3TMAHT 在水中可以形成非常漂亮的分形结构，这种聚集形态在水醇溶共轭聚合物中非常少见[24]。

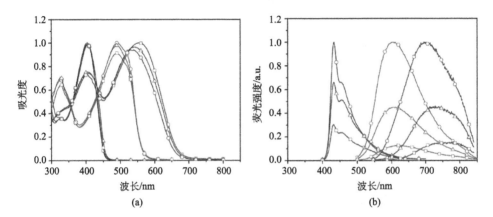

图 2-9　Ph-^{b}CO$_2^-$（蓝色）、BTD-^{b}CO$_2^-$（红色）及 TBT-^{b}CO$_2^-$（紫色）在甲醇（○）、甲醇/水（体积比 1∶1）（△）和纯水（□）中的吸收光谱（a）与荧光发射光谱（b）[27]

承美国化学会惠允，摘自 Lee S H, et al., *Macromolecules*, **44**, 4742（2011）

2.4.2　外部因素的影响

除了其本身化学结构，外部环境（如溶剂的性质、pH 值等）也是影响水醇溶共轭聚合物溶液聚集行为的重要因素。在良溶剂中，聚合物较容易溶解，也较易形成完全舒展的链构象。而在不良溶剂中，聚合物链则容易收缩，从而发生聚集。Satrijo 和 Swager[30]报道，掺杂有绿光发射单元——蒽的阴离子共轭聚电解质 anionic-PPE$_2$ 在溶液中的荧光发射性能强烈依赖于溶剂的性质。在纯乙醇中，anionic-PPE$_2$ 发出蓝色荧光。而在乙醇/正己烷（*v/v*）混合溶剂中，随着不良溶剂正己烷的加入，聚合物链逐渐聚集，随之发生光生激子到低带隙的蒽单元的能量转移，被激发的蒽单元发出绿光，且绿光发射强度随着聚集程度的增加而增加。因此，通过改变溶剂中环己烷的加入比例，实现了荧光颜色的逐渐转变（图 2-10）。

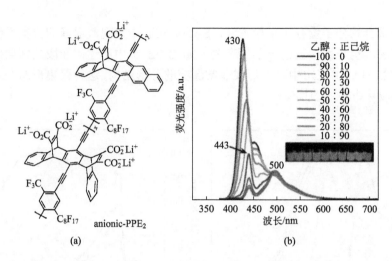

图 2-10　聚合物 anionic-PPE$_2$ 的结构式 (a) 及其在乙醇/正己烷 (体积比) 混合溶剂中的荧光发射光谱 (b)[30]

承美国化学会惠允，摘自 Satrijo A, et al., *J. Am. Chem. Soc.*, **129**, 16020 (2007)

Xu 等[31]研究了中性水醇溶共轭聚合物 DEATG-PPV (图 2-1) 在不同溶剂中的链构象、薄膜形貌及光学性质，发现该聚合物在不同极性的溶剂中形成不同的聚集形态 (图 2-11)。在氯仿中，DEATG-PPV 在稀溶液情况下形成完全舒展的链构象；增加溶液浓度后则形成松散堆集的平面聚集体；以浓溶液通过滴涂形成的薄膜则形成粗糙的层状结构。在甲醇溶液中，DEATG-PPV 形成线团结构；而在相应的薄膜下则形成非常均匀平滑的形貌。在低浓度的水溶液中，由于 DEATG-PPV 主链的疏水效应，聚合物链发生强烈收缩并形成柱状体胶束；在高浓度的水溶液和相应的薄膜中则形成紧密堆砌的聚集体。

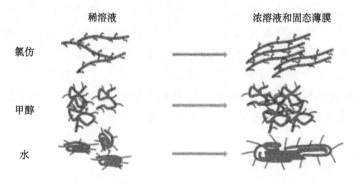

图 2-11　DEATG-PPV 在不同条件下形成的聚集结构[31]

图中红色长线条表示 PPV 主链，蓝色短线条表示烷氧基侧链。承美国化学会惠允，摘自 Xu Z, et al., *J. Phys. Chem. B*, **114**, 11746 (2011)

对共轭聚电解质而言，其溶液聚集行为也受 pH 值影响。对于阴离子共轭聚电解质，降低 pH 值会导致离子基团的质子化，往往伴随着共轭聚电解质从非聚集态到聚集态的转变；而对于阳离子共轭聚电解质，降低 pH 值则可以实现共轭聚电解质从聚集态到非聚集态的转变[27,32]。Wang 和 Bazan[32]发现，随着 pH 值的降低，阴离子共轭聚电解质 P1-BT$_x$（图 2.1）水溶液的荧光强度逐渐减弱，荧光发射峰也逐渐红移，说明聚合物随 pH 值的降低而逐渐聚集。与此同时，由于聚合物链间距离的缩小，从芴-苯蓝光发射单元到苯并噻二唑绿光发射单元的弗斯特（Förster）能量转移也更有效。

2.5　水醇溶共轭聚合物聚集行为的调控

2.5.1　表面活性剂调控

如前所述，水醇溶共轭聚合物在溶液中的聚集行为和薄膜形貌受化学结构、分子量、嵌段共聚物中各嵌段的相对长度等因素控制。此外，通过加入合适类型和浓度的表面活性剂也可以实现对聚集行为的有效控制。表面活性剂的加入可能导致两种不同的情况发生：水醇溶共轭聚合物的聚集体被破坏，并插入表面活性剂的胶束中；或者形成水醇溶共轭聚合物与表面活性剂的复合聚集体。

图 2-12(a) 为阴离子共轭聚电解质 PTE-BS（结构式见图 2-1）与带有相反电荷的表面活性剂季铵盐在溶液中的相互作用示意图[33]。在 PTE-BS 的溶液中加入低于临界胶束浓度的季铵盐后，聚合物形成更大的聚集体，相应的荧光强度变弱、光谱红移。这种较大聚集体的形成是表面活性剂中带正电荷的铵根离子与 PTE-BS 中带负电荷的磺酸根离子的库仑相互作用所致。增大表面活性剂的浓度后，大的聚集体又重新解聚成小尺寸的聚集体，同时 PTE-BS 链也开始舒展开来，相应的聚合物的荧光又重新增强。当表面活性剂的浓度增大到其临界胶束浓度后，PTE-BS 的聚集体完全解聚，并形成小尺寸的聚合物/表面活性剂的团簇，同时荧光强度也大大增强。此外，在临界胶束浓度以下，聚集行为也受表面活性剂疏水链段长度的影响。如图 2-12(b) 所示，长的疏水链可插入 PTE-BS 的疏水性聚噻吩骨架内部，破坏聚合物链间的 π-π 堆集，减少链内的缺陷，从而荧光发射增强。而相似浓度条件下，短疏水链的表面活性剂则不能破坏聚合物链间的 π-π 堆集[33]。

此外，水醇溶共轭聚合物与表面活性剂所带电荷的类型也对分子间相互作用有重要影响。带有同种电荷时，静电排斥效应的影响大于疏水相互作用，不利于形成水醇溶共轭聚合物/表面活性剂复合物[34]。对于水醇溶共轭聚合物/非离子表面活性剂体系，有文献报道在临界胶束浓度以下，表面活性剂与聚合物团簇结合

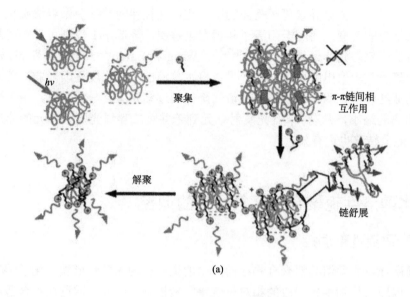

(a)

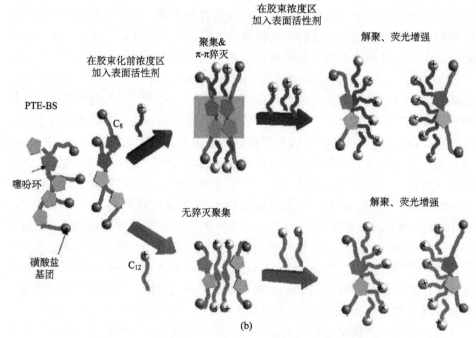

(b)

图 2-12 （a）PTE-BS 聚集体在溶液中与不同浓度的季铵盐相互作用示意图；（b）PTE-BS 在溶液中与具有不同疏水链长度的季铵盐相互作用示意图[33]

承美国化学会惠允，摘自 Laurenti M, et al., *Langmuir*, **24**, 13321 (2008)

在一起。在临界胶束浓度附近，电解质的团簇解体，取而代之形成由单一聚合物链与多个表面活性剂组成的复合物。而当表面活性剂浓度超过临界胶束浓度一定程度后，这些复合物则进一步聚集在一起，形成更大更长的结构[25]。

2.5.2 外加聚合物调控

溶液中加入其他聚合物也可实现对水醇溶共轭聚合物聚集行为的调控。具有相反电荷的共轭聚电解质会由于库仑力的吸引作用而形成聚电解质复合物，或者发生聚合物之间的离子缩合。此外，氢键、范德华力、疏水相互作用及偶极相互作用等也会对这种二元聚合物体系的溶液性质有重要影响。在低浓度的溶液中，通常形成尺寸很小的聚集体，而提高浓度则往往能促进聚集体尺寸的增大，甚至发生絮凝。

Burrows 等[25]研究了 PBS-PFP(结构式见图 2-1)与几种非离子水溶性聚合物(PEG、HM-PEG、PPG，结构式见图 2-1)在溶液中的相互作用。在各种 PEG 浓度下，溶液的荧光发射强度相差很小，发射峰位置也几乎不变，说明 PEG 不会破坏 PBS-PFP 的聚集特性。而对于用疏水性的长烷基链封端的 HM-PEG，随着其浓度的改变，PBS-PFP 的荧光发射峰发生显著蓝移，同时荧光量子效率的改变也有19 倍，说明随着 HM-PEG 的加入，PBS-PFP 的聚集体被破坏，这可能与 HM-PEG 的双亲性结构有关。当往 PBS-PFP 溶液中加入 PPG 后，也观察到 PBS-PFP 聚集体的解聚现象，这可能与 PPG 比 PEG 更疏水有关。

2.5.3 金属离子诱导聚集

多价金属阳离子可影响水醇溶共轭聚合物在溶液中的聚集形态。文献报道，二价阳离子(如 Ca^{2+} 和 Ba^{2+})等的存在导致共轭聚电解质链偶联，增大聚集体的尺寸[8,14,35,36]。主要原因是每个二价阳离子可以与两个阴离子配对，从而金属离子起到交联剂的作用。Jiang 等[14]在 $PPE\text{-}CO_2^-$ 甲醇溶液中加入 Ca^{2+} 后，吸收光谱发生红移，而荧光发射光谱的变化则更显著，最大发射峰的红移程度达到近 100 nm。而且，在加入高浓度的 Ca^{2+} 后，发射光谱变得非常宽泛。

2.6 本章小结

本章介绍了水醇溶共轭聚合物的溶液性质。由于结构上的双亲性特征，水醇溶共轭聚合物在溶液中不能形成分子水平分散的真溶液，而倾向于聚集。这种独特的溶液性质对水醇溶共轭聚合物在生物/化学传感或光电器件中的应用非常重要。在溶液中，水醇溶共轭聚合物可以表现出非常丰富的聚集形态，如胶束、囊泡、团簇、分形结构等。目前，已经建立了完善且成熟的研究聚集行为的方法，如散射技术、显微镜技术、光谱学方法、电导率测量等。借助这些方法，不仅可以研究水醇溶共轭聚合物在溶液中的聚集形态，还可以揭示影响聚集行为的因素，如水醇溶共轭聚合物的化学结构、分子量，溶剂性质等。在此基础上，还能对水醇溶共轭聚合物的聚集形态实施有效的调控，如加入表面活性剂或其他聚合物等。这些调控方法的建立，无疑会对水醇溶共轭聚合物的应用起到积极的推动作用。

参 考 文 献

[1] Hoven C V, Garcia A, Bazan G C, et al. Recent applications of conjugated polyelectrolytes in optoelectronic devices. Adv Mater, 2008, 20: 3793-3810.

[2] Jiang H, Taranekar P, Reynolds J R, et al. Conjugated polyelectrolytes: Synthesis, photophysics, and applications. Angew Chem Int Ed, 2009, 48: 4300-4316.

[3] Huang F, Wu H, Cao Y. Water/alcohol soluble conjugated polymers as highly efficient electron transporting/injection layer in optoelectronic devices. Chem Soc Rev, 2010, 39: 2500-2521.

[4] Duarte A, Pu K Y, Bazan G C, et al. Recent advances in conjugated polyelectrolytes for emerging optoelectronic applications. Chem Mater, 2011, 23: 501-515.

[5] Duan C, Zhang K, Zhong C, et al. Recent advances in water/alcohol-soluble π-conjugated materials: New materials and growing applications in solar cells. Chem Soc Rev, 2013, 42: 9071-9104.

[6] He Z, Wu H, Cao Y. Recent advances in polymer solar cells: Realization of high device performance by incorporating water/alcohol-soluble conjugated polymers as electrode buffer layer. Adv Mater, 2014, 26: 1006-1024.

[7] Hu Z, Zhang K, Huang F, et al. Water/alcohol soluble conjugated polymers for the interface engineering of highly efficient polymer light-emitting diodes and polymer solar cells. Chem Commun, 2015, 51: 5572-5585.

[8] Tan C, Pinto M R, Schanze K S. Photophysics, aggregation and amplified quenching of a water-soluble poly (phenylene ethynylene). Chem Commun, 2002, 5: 446-447.

[9] Lavigne J J, Broughton D L, Wilson J N, et al. "Surfactochromic" conjugated polymers: Surfactant effects on sugar-substituted PPEs. Macromolecules, 2003, 36: 7409-7412.

[10] Wang S, Bazan G C. Solvent-dependent aggregation of a water-soluble poly (fluorene) controls energy transfer to chromophore-labeled DNA. Chem Commun, 2004, 21: 2508-2509.

[11] Burrows H D, Lobo V M M, Pina J, et al. Fluorescence enhancement of the water-soluble poly {1, 4-phenylene-[9, 9-bis-(4-phenoxybutylsulfonate)]fluorene-2,7-diyl}copolymer in *n*-dodecylpentaoxyethylene glycol ether micelles. Macromolecules, 2004, 37: 7425-7427.

[12] Zhong C, Duan C, Huang F, et al. Materials and devices toward fully solution processable organic light-emitting diodes. Chem Mater, 2011, 23: 326-340.

[13] Lee K, Cho J C, Deheck J, et al. Synthesis and functionalization of a highly fluorescent and

completely water-soluble poly(*para*-phenyleneethynylene) copolymer for bioconjugation. Chem Commun, 2006, 18: 1983-1985.

[14] Jiang H, Zhao X, Schanze K S. Amplified fluorescence quenching of a conjugated polyelectrolyte mediated by Ca^{2+}. Langmuir, 2006, 22: 5541-5543.

[15] Xie D, Parthasarathy A, Schanze K S. Aggregation-induced amplified quenching in conjugated polyelectrolytes with interrupted conjugation. Langmuir, 2011, 27: 11732-11736.

[16] Garcia A, Nguyen T Q. Effect of aggregation on the optical and charge transport properties of an anionic conjugated polyelectrolyte. J Phys Chem C, 2008, 112: 7054-7061.

[17] Chen L, Xu S, McBranch D, et al. Tuning the properties of conjugated polyelectrolytes through surfactant complexation. J Am Chem Soc, 2000, 122: 9302-9303.

[18] Smith A D, Shen C K F, Roberts S T, et al. Ionic strength and solvent control over the physical structure, electronic properties and superquenching of conjugated polyelectrolytes. Res Chem Intermed, 2007, 33: 125-142.

[19] Burrows H D, Lobo V M M, Pina J, et al. Interactions between surfactants and {1, 4-phenylene-[9, 9-bis(4-phenoxy-butylsulfonate)]fluorene-2,7-diyl}. Colloids Surf A Physicochem Eng Aspects, 2005, 270-271: 61-66.

[20] Burrows H D, Tapia M J, Fonseca S M, et al. Aqueous solution behavior of anionic fluorene-*co*-thiophene-based conjugated polyelectrolytes. ACS Appl Mater Inter, 2009, 1: 864-874.

[21] Bockstaller M, Köhler W, Wegner G, et al. Characterization of association colloids of amphiphilic poly(*p*-phenylene)sulfonates in aqueous solution. Macromolecules, 2001, 34: 6353-6358.

[22] Gutacker A, Lin C Y, Ying L, et al. Cationic polyfluorene-*b*-neutral polyfluorene "rod-rod" diblock copolymers. Macromolecules, 2012, 45: 4441-4446.

[23] Ortony J H, Chatterjee T, Garner L E, et al. Self-assembly of an optically active conjugated oligoelectrolyte. J Am Chem Soc, 2011, 133: 8380-8387.

[24] Gutacker A, Koenen N, Scherf U, et al. Cationic fluorene-thiophene diblock copolymers: Aggregation behaviour in methanol/water and its relation to thin film structures. Polymer, 2010, 51: 1898-1903.

[25] Burrows H D, Tapia M J, Fonseca S M, et al. Solubilization of poly{1,4-phenylene-[9, 9-bis (4-phenoxy-butylsulfonate)]fluorene-2,7-diyl} in water by nonionic amphiphiles. Langmuir, 2009, 25: 5545-5556.

[26] Davies M L, Douglas P, Burrows H D, et al. Effect of aggregation on the photophysical properties of three-fluorenephenylene-based cationic conjugated polyelectrolytes. J Phys Chem B, 2011, 115: 6885-6892.

[27] Lee S H, Kömürlü S, Zhao X, et al. Water-soluble conjugated polyelectrolytes with branched polyionic side chains. Macromolecules, 2011, 44: 4742-4751.

[28] Zhao X, Pinto M R, Hardison L M, et al. Variable band gap poly(arylene ethynylene) conjugated polyelectrolytes. Macromolecules, 2006, 39: 6355-6366.

[29] Vallat P, Catala J M, Rawiso M, et al. Flexible conjugated polyelectrolyte solutions: A small

angle scattering study. Macromolecules, 2007, 40: 3779-3783.

[30] Satrijo A, Swager T M. Anthryl-doped conjugated polyelectrolytes as aggregation-based sensors for nonquenching multicationic analytes. J Am Chem Soc, 2007, 129: 16020-16028.

[31] Xu Z, Tsai H, Wang H L, et al. Solvent polarity effect on chain conformation, film morphology, and optical properties of a water-soluble conjugated polymer. J Phys Chem B, 2010, 114: 11746-11752.

[32] Wang F, Bazan G C. Aggregation-mediated optical properties of pH-responsive anionic conjugated polyelectrolytes. J Am Chem Soc, 2006, 128: 15786-15792.

[33] Laurenti M, Rubio-Retama J, Garcia-Blanco F, et al. Influence of the surfactant chain length on the fluorescence properties of a water-soluble conjugated polymer. Langmuir, 2008, 24: 13321-13327.

[34] Tapia M J, Burrows H D, Valente A J M, et al. Interaction between the water soluble poly{1, 4-phenylene-[9,9-bis(4-phenoxy butylsulfonate)]fluorene-2,7-diyl} copolymer and ionic surfactants followed by spectroscopic and conductivity measurements. J Phys Chem B, 2005, 109: 19108-19115.

[35] Kroeger A, Belack J, Larsen A, et al. Supramolecular structures in aqueous solutions of rigid polyelectrolytes with monovalent and divalent counterions. Macromolecules, 2006, 39: 7098-7106.

[36] Hardison L M, Zhao X, Jiang H, et al. Energy transfer dynamics in a series of conjugated polyelectrolytes with varying chain length. J Phys Chem C, 2008, 112: 16140-16147.

第 3 章

水醇溶共轭聚合物的光物理性质

3.1 发光基本原理简介

光化学和光物理性质是指分子吸收一个或多个光子后，该分子的化学和物理行为及性质的变化。分子吸收一个或多个光子的过程称为光吸收过程，也是基态（ground state）分子吸收光能后形成激发态（excited state）的过程。随后激发态分子将伴随着光辐射的衰减，这个过程被称为光发射，即发光过程。为了与受激发射的激光发射过程相区别，这种发光过程也通常被称为自发辐射。发光是光吸收的逆过程，和光吸收有着相同的自旋和对称选择规则。自旋允许的辐射跃迁形式称为荧光；而自旋不允许的跃迁形式则称为磷光。当分子激发态经荧光或磷光发射及其他非辐射跃迁形式释放能量，回到分子基态时，激发态分子并未发生化学变化，称为光物理衰变过程。相反，如果衰变的过程中伴随着化学变化，形成了与初始分子不同的新化学物种，这种过程称为光化学衰变过程。这些光物理和光化学的衰变过程对理解有机分子，包括水醇溶共轭聚合物的发光性质有着重要的实际意义，下面简单介绍其发光的基本原理。

3.1.1 激发态的形成与衰变

当基态分子中最高占据分子轨道上的电子，因吸收能量而被激发到高能级最低未占据分子轨道时，分子的激发态形成。激发态分子和基态分子在化学和物理性质上存在着明显的不同，主要表现在接受电子和给出电子能力的变化，与不同电荷离子的反应性及发生反应时对称限制和能量限制的变化等。另外，激发态分子与基态分子相比，分子内轨道的占有态会发生变化，分子的能量更大，分子键特征发生变化，进而引起分子几何构型的变化或者分子内电荷密度分布发生变化，导致电子自旋和轨道对称性发生变化等。

1. 激发态的形成(光吸收过程)

激发态的形成一般伴随着能量的吸收，而能量的吸收一般有辐射激发(光激发)、电子碰撞激发、碰撞能量转移及化学反应等几种途径。其中，辐射激发是指分子吸收光子能量而引起分子内电子跃迁形成激发态的激发方式，一般可以用能级或能态描述，如图 3-1 所示。光是具有相同相位和振幅的电磁波，由在相互垂直的平面内振动的电场和磁场向量所构成。因此，当光和物质分子作用时，仅有光子能量与分子的态间带隙匹配，且与分子跃迁矩的方向平行的光矢量才能被物质分子所吸收。共轭分子和聚合物的光吸收范围(通常也称为基态吸收)可通过紫外-可见吸收光谱(UV-visible absorption spectrum)测量获得。

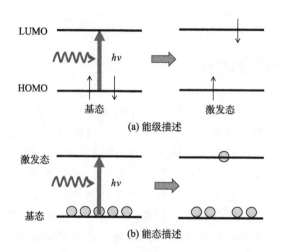

图 3-1　光吸收形成激发态的两种描述方式

2. 激发态的衰减过程(辐射跃迁和非辐射跃迁过程)

分子激发态是一种高能量的非稳定状态，这种非稳定状态产生后会在分子内或者分子间产生各种形式的电子跃迁，并伴随着各种能量的转移、衰减和恢复到基态。能量耗散过程一般分为两种：辐射跃迁过程和非辐射跃迁过程。辐射跃迁过程是指激发态分子以发光形式耗散能量的过程，如以发射荧光或磷光的跃迁方式完成基态恢复；非辐射跃迁过程是指以激发态分子通过分子间或分子内能量转移的形式引起另一种物质的激发，或者以通过发生光化学反应而产生新的化学物质恢复到基态的过程。这些过程通常可以采用雅布隆斯基(Jablonski)能级图来描述，如图 3-2 所示。基态分子 S_0 在吸收光子后发生电子跃迁，形成激发单重态 S_1 或更高的激发态 S_2。处于 S_2 激发态的分子会迅速通过内转换(internal conversion, IC)过程和振动弛豫(vibration relaxation)过程衰减到 S_1 态的零振动能级，发射荧光回到基态 S_0。另外，在同一位置 S_1 态也可能发生了系间窜越(inter-system crossing, ISC)而进入激发三重态 T_1，然后经过弛豫到达 T_1 态的零振动能级发射磷光回到基态 S_0，或又吸收第二个光子实现 T-T 跃迁，进入高能阶的 T_2 态。

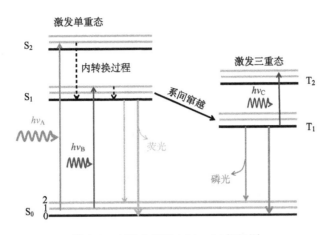

图 3-2　有机分子的 Jablonski 能级图

其中，S_0 为基态能级；S_1、S_2 和 T_1、T_2 分别为第一、第二激发态的单重态和第一、第二激发态的三重态能级

上述过程可以总结为：

(1)辐射跃迁过程。

荧光：发生在第一激发单重态的最低振动能级→基态，弛豫时间一般为 10^{-9}～10^{-7}s。

磷光：发生在第一激发三重态的最低振动能级→基态，一般易在含有重原子(如溴、碘等)的分子中发生，弛豫时间一般为 10^{-4}～10 s。

(2)非辐射跃迁过程。

内转换：相同多重态的电子能级间的等能级的无辐射跃迁。

振动弛豫：同一电子能级中，以热能量交换形式由高振动能级至低相邻振动能级间的跃迁。

外转换：激发态分子与溶剂或其他溶质分子之间碰撞引起的转移能量的非辐射跃迁，常发生在 $S_1{\rightarrow}S_0$ 或 $T_1{\rightarrow}S_0$，外转换使荧光或磷光减弱或者"猝灭"。

系间窜越：激发态的电子发生自旋反转从而使分子的多重性发生变化的非辐射跃迁，一般发生在激发单重态和激发三重态之间，伴随着自旋转换。

3.1.2　有机分子的吸收光谱和发射光谱

吸收光谱、荧光或磷光发射光谱的应用在有机分子的激发态形成和衰变等过程的研究中起到了关键作用。不同化合物的吸收光谱和发射光谱提供了大量分子水平的信息，如对化合物吸收和发光强度的测定，可以对化合物的摩尔吸收系数、荧光量子效率等有所了解。另外，吸收峰和发射峰对应的波长，对分子的带隙宽度、不同发色团性质、分子间电荷转移过程、溶质和溶剂相互作用、溶质分子聚集和缔合等问题提供了非常丰富的信息。

　　如图3-3中荧光素（fluorescein）的吸收光谱和荧光光谱所示，吸收光谱和荧光光谱通常为镜像对称关系（mirror-image rule），并且荧光光谱相对于吸收光谱有所红移。原因可以从图3-2所示的Jablonski能级图清楚地看出，荧光发射一般是从零振动能级发出，所以发射的能量小于吸收的能量，导致荧光光谱相对于吸收光谱发生红移。这种现象在1852年首先被剑桥大学Stokes发现，被称为斯托克斯位移（Stokes shift）。斯托克斯位移的大小和分子激发态与基态间核构型的变化程度有关，变化越大，斯托克斯位移越大。由于分子在不断振动，所以吸收和荧光光谱上每一个电子能级有可能叠加了一系列振动能级。一般来说，吸收光谱振动的精细结构比荧光光谱明显，这是由于吸收是由比较稳定的基态开始，其精细结构反映了基态分子中不同的振动能级，而荧光光谱由不稳定的激发态开始，非常容易失去这些振动精细结构。需要指出的是，有些情况下荧光光谱失去了与吸收光谱镜像对称的特征，这反映了激发态分子与周围环境较强的相互作用。

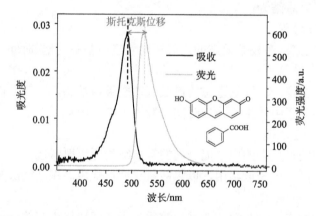

图3-3　荧光素分子在水中（pH=11.0）的吸收光谱和荧光光谱

　　在共轭分子体系中，如图3-4所示，其吸收峰随着共轭链长度的增加而发生红移。这是由于随着共轭链长度的增加，π轨道增加，根据量子力学理论推导分子HOMO和LUMO能级越来越靠近，能级差越小，所以共轭分子光吸收的电子跃迁所需能量减小，吸收峰红移。

3.1.3 荧光量子效率和荧光寿命

除了吸收和荧光光谱特征外,有机分子的荧光强度和荧光寿命对于理解激发态行为及其在光电器件中的应用也同样重要,对提高光电器件效率和揭示器件机理有着重要的指导作用。由于共轭聚合物及小分子化合物在发光的基本原理上并无不同,本小节将简单介绍荧光量子效率和荧光寿命的基本概念和计算方法。

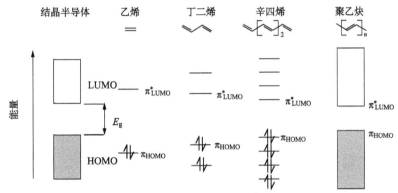

图 3-4　不同长度的 π 共轭分子的能级结构

随着共轭链的增长,能级差减小

高能激发态衰减回到基态有两个重要的过程:以荧光发射形式的辐射跃迁过程和非辐射跃迁过程,如图 3-5 所示,这两个过程的速率常数分别以 k_r 和 k_{nr} 表示。荧光量子效率(QY)被定义为发射光子数和吸收光子数的比值,用于衡量分子发光能力的强弱。由于吸收光子分别以 k_r 和 k_{nr} 衰减,发射光子只有以 k_r 衰减的荧光发射光子贡献,那么荧光量子效率 QY 可以表示为

$$QY = \frac{k_r}{k_r + k_{nr}} \tag{3-1}$$

假设所有的非辐射跃迁速率一样,如果 $k_r \gg k_{nr}$,则 QY$\approx$1。

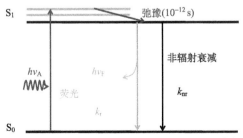

图 3-5　简化的 Jablonski 能级图,用于解释荧光量子效率和荧光寿命

荧光寿命一般为指数函数，一般被定义为速率的函数，即

$$\tau = \frac{1}{k_r + k_{nr}} \tag{3-2}$$

从式(3-2)可以看出，如果非辐射跃迁过程加快(k_{nr}增大)或在原基础上多几个过程，那么荧光寿命缩短，这通常是衡量分子内或分子间发生能量转移或电子转移的一个间接证据。另外，值得指出的是，如果没有非辐射跃迁过程(k_{nr}=0)，荧光寿命为

$$\tau = \frac{1}{k_r} \tag{3-3}$$

这个寿命被称为荧光分子的自然寿命或本征寿命，原则上它可以通过分子的吸收光谱、消光系数和发射光谱计算得到的，这里不再赘述。

3.1.4 分子内和分子间能量转移

非辐射跃迁过程的研究对于了解激发态行为同样重要，特别是在太阳电池等不以发光为应用的光电器件中。非辐射跃迁过程主要表现在内转换、外转换、振动弛豫和系间窜越等过程，而这些过程中一般都伴随着能量转移和电子转移的发生。这些过程的研究对于理解分子的发光机制或光电器件的工作机理尤为重要。

能量转移分为分子内和分子外的能量转移。分子内能量转移主要包括以上讨论的分子激发态非辐射衰变中的物理部分：内转换和系间窜越等。其机制是处于激发态的分子快速弛豫，通过自旋和轨道的耦合，过量的电子能量转换为振动能等。内转换过程涉及轨道组态的变化，一般不改变自旋状态；而系间窜越涉及自旋和轨道的耦合，一般发生在单重态和三重态之间。但是不管怎样，在态与态的振动跃迁(如 S_2 和 S_1、S_1 和 T_1、T_1 和 S_0 等)中，都存在着振动能级之间的重叠问题，重叠的大小决定了态与态之间的振动跃迁概率。不同激发分子振动跃迁重叠程度又与化合物分子基态和激发态势能曲线的形状和其间的带隙大小相关。一般来说，分子势能曲线几何形状相似和较小的带隙，以及势能曲线几何形状有很大不同和较大的带隙，有较好的重叠特征，其分子内能量转移过程比较快。相反，如果势能曲线重叠越少，带隙越大，能量转移过程越慢。

分子间能量转移主要涉及电子给体(donor，D)和电子受体(accepter，A)，通常可以用公式表示为

$$D + h\nu \longrightarrow D^* \text{(光吸收过程)}$$

$$D^* + A \longrightarrow D + A^*$$

带星号上标的表示相应分子的激发态,上式中表现为激发态 D* 能量转移到激发态 A* 的过程。

激发态能量的衰减(即能量转移)一般分为辐射跃迁和非辐射跃迁。如果能量转移以辐射跃迁的形式耗散,机制可以表示为

$$D^* \longrightarrow D + h\nu \text{ (给体发射过程)}$$

$$h\nu + A \longrightarrow A^* \text{(受体光吸收过程)}$$

通过给体 D 的发光被受体 A 吸收之后引起受体激发,完成两者之间的能量传递。实现这个过程就要求给体 D 的发射光谱和受体 A 的吸收光谱有良好的光谱重叠。值得指出的是,只要满足辐射跃迁的选择规则,这种能量传递机制可以长距离有效进行。但是,如果能量转移以非辐射跃迁的形式耗散,机制则较为复杂,其能量转移过程既有可能为长距离有效,也有可能为短距离有效。下面将分为不同的转移机理:弗斯特(Förster)能量转移机制和德克斯特(Dexter)能量转移机制进行介绍。

1. Förster 能量转移机制

Förster 共振能量转移(Förster resonance energy transfer, FRET)机制是指通过激发态 D* 与基态 A 之间的偶极共振而引起的能量转移,如图 3-6 所示。实现 Förster 能量转移机制需要两个必要条件:①给体 D 发光,并且其发射光谱要与受体 A 吸收光谱有重叠;②受体 A 分子需要有较大的吸收系数,这是由于给受体之间的能量传递主要是通过偶极共振模式引起的,也就是只有频率相同的态发生共振才能实现能量传递。这种偶极-偶极相互作用为主要机制的共振能量转移过程的速率与激发态 D* 和基态 A 的距离直接相关,其速率常数 k_{ET} 可以表示为

$$k_{ET} \propto k_D \left(\frac{R^0}{R}\right)^6 = \frac{1}{\tau_D}\left(\frac{R^0}{R}\right)^6 \tag{3-4}$$

其中,τ_D 为实际寿命;k_D 为 τ_D 的倒数;R 为 D* 和 A 中心间的距离;R^0 为临界距离。那么,能量转移效率表示为

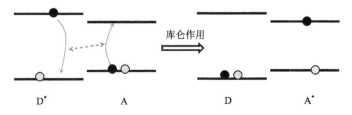

图 3-6　Förster 能量转移机制示意图

$$\phi_{ET} \propto \left(\frac{R^0}{R} \right)^6 \tag{3-5}$$

实验证明，Förster 能量转移机制的有效距离一般在 100 Å 以内[1]。

2. Dexter 能量转移机制

Dexter 共振能量转移主要通过激发态 D*与相邻基态 A 之间的双电子交换实现能量转移，这种能量转移机制又称为电子交换或碰撞机制，如图 3-7 所示。实现 Dexter 能量转移机制需要三个必要条件：①能量给体 D 和受体 A 相关分子轨道的电子云需要互相重叠，以保证较大的耦合作用和较短的距离；②与 Förster 能量转移机制不同，给体 D 发射光谱和受体 A 吸收光谱仅需要有一定程度上的重叠；③电子跃迁需要满足自旋守恒规则。Dexter 能量转移速率常数 k_{ET} 一般可以通过式(3-6)计算：

$$k_{ET} = K \cdot J(\lambda) \cdot \exp\left[-2R_{DA}/L \right] \propto \exp(-R_{DA}) \tag{3-6}$$

其中，K 为轨道作用力参数；R_{DA} 为给体 D 和受体 A 之间的距离；L 为给体 D 与受体 A 范德华半径的和，一般是与实验测定量相关联的常数；$J(\lambda)$ 为给体发射光谱与受体吸收光谱的重叠积分。从式(3-6)可以看出，Dexter 能量转移机制的转移速率常数 k_{ET} 随着距离的增加，以指数趋势降低。所以相较于 Förster 能量转移机制，Dexter 能量转移机制对距离的依赖性更加强，有效传递距离较短，通常在 10～15 Å 的范围内[2]。

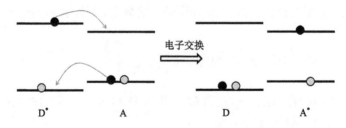

图 3-7 Dexter 能量转移机制示意图

3.1.5 激发态的电子转移：Marcus 理论

电子转移一般是指局域的电子给体 D 与局域的电子受体 A 之间发生的电子转移。电子转移在化学、物理和生物学中都占有极其重要的地位，一般表述为

$$D + h\nu \longrightarrow D^* \text{（光吸收过程）}$$

$$D^* + A \longrightarrow [D^*, A] \longrightarrow [D^+A^-] \longrightarrow D + A^*$$

其中，[D*, A]、[D⁺A⁻] 为络合物，电子转移一般在络合物的中间体内发生。经典的马库斯(Marcus)理论是最早描述电子转移的理论。由于电子和原子核之间存在强烈的耦合作用，所以电子运动受限于原子核的运动。根据经典的 Marcus 理论，原子核运动可以看成沿一般化学反应的广义坐标，以具有相同频率的反应物 DA 和产物 D⁺A⁻的谐振振荡来描述，广义坐标方向与电子转移的方向相关，如图 3-8 所示的反抛物线。

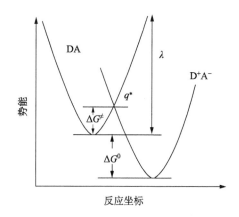

图 3-8　反应物 DA 与产物 D⁺A⁻在广义坐标的非绝热势能面

根据富兰克-康顿(Franck-Condon)原理，由于质量的差别，组成分子的原子核的运动比电子的运动慢得多，电子跃迁一般在 10^{-15} s 内完成。因此，当反应物 DA 和产物 D⁺A⁻发生电子转移时，原子核可以视为是静止的。只有反应物 DA 和产物 D⁺A⁻的电子能级处于共振时，体系在非绝热势能面上的运动才能使电子得以传递(在图 3-8 中两条反抛物线的交叉点，这个交叉点也被称为过渡态)。在图 3-8 中纵坐标的差值 $\Delta G^{\neq}$为反应活化能，ΔG^0 为转变过程的吉布斯(Gibbs)自由能，λ 为重组能。重组能主要是指体系从平衡的反应物态转变到平衡的产物态，分子内核的位置变化(包括化学键长或键角的变化)而引起的能量变化，以及周围溶剂分子因电子转移而引起的能量变化。根据 Marcus 理论，当 Gibbs 自由能 ΔG^0 等于重组能 λ 时，反应速率位于极大值[3-5]。

3.1.6　传统共轭聚合物的发光特性

共轭聚合物是主链含有连续共轭双键的高分子，一般由三个或三个以上互相平行的 p 轨道形成大 π 键，具有很强的光捕获能力，被广泛用于有机光电器件，细胞和动物水平的荧光成像及生物医学领域。共轭聚合物的发光过程与有机共轭分子的发光过程类似，其激发态的辐射跃迁过程基本一致。一般，刚性结构的共轭聚合物(如稠环芳烃等)和具有共轭结构的分子内电荷转移化合物(图 3-9)都有良好的发光性能，其辐射跃迁主要来源于 π 和 n 轨道的能级跃迁。富集 π 电子的共轭主链具有分子导线的功能，允许电子或能量在整条共轭主链上自由流动，所以每个聚合物单元所吸收的光能能够以集合的形式传递，产生荧光信号倍增的效应。

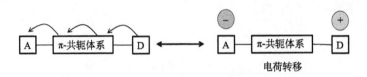

图 3-9 基于 π 共轭体系的电荷转移化合物

基于 π-共轭体系的电荷转移化合物(图 3-9)在分子两端存在着推电子基团(D)和拉电子基团(A)，在主链中引入受阻基团、桥键或刚性平面结构，共轭聚合物的骨架构象会发生变化，进而影响主链电子云的排布，引起光学性质的变化。而且，推电子基团和拉电子基团在基态条件下可形成具有一定极性的偶极分子，且在激发条件下这种极性会有所增强。分子内电荷分离程度的大小或偶极的强弱，对激发分子的发光光谱和峰值位置均有影响。随着分子极化程度的变化，发光峰的位置会发生偏移。一般来说，电荷转移程度越大，红移的程度也越大。

通常，增加共轭链长度可使发光波长发生红移；在分子上引入惰性空间位阻较大的取代基可使发光分子变成非平面结构，从而降低发光的浓度猝灭过程，但对发光波长和荧光量子效率影响甚微；具有吸电子和给电子功能的取代基团能够与分子中离域的电子相互作用，进而改变电荷的分布，改变发光分子的发射波长(吸电子取代基蓝移、给电子取代基红移)；分子内部同时具有给电子基团和吸电子基团，其空间电荷转移程度同样会影响荧光量子效率。

共轭聚合物发光特性的调制方式[6]：

(1)通过化学或物理方法直接改变共轭聚合物带隙，实现发射光谱的红移或蓝移。化学方法改变带隙主要通过设计不同化学结构的聚合物分子、改变主链的共轭长度、引入电荷转移体系，改变共轭聚合物侧基的电子推拉性能等。物理方法改变带隙主要是通过改变链的构象或聚集态结构等。

(2)在共轭聚合物体系中掺杂窄带隙物质，通过能量转移实现发射波长的红移。这种方式主要是通过实现分子内或分子间的能量转移改变发光波长，利用3.1.3 节所阐述的 Förster 或 Dexter 能量转移机制使电子给体 D 的发光转变为电子受体 A 的发光，从而实现发射波长的红移。

(3)共轭聚合物的电荷转移特性可以通过改变聚合物取代基、溶剂极性或激发方式来调节。通过这些手段可以实现对聚合物分子内电荷转移程度的精细调节，从而实现发光性质的调控。

共轭聚合物的非线性光学特性也受到越来越多的关注。具有电子推拉基团的共轭聚合物在基态条件下就可形成一定极性的偶极分子，结合分子结构的中心不对称性，可以得到很高的二阶或三阶超极化率，从而具有优良的双光子吸收非线性光学性质[7]。

3.2　共轭聚合物的荧光猝灭

荧光猝灭现象主要是指荧光分子与溶剂分子或猝灭剂之间发生相互作用从而引起荧光强度降低的现象(图 3-10)。荧光猝灭现象在生物化学中有着重要应用，广泛应用于生物成像和生物传感器。值得指出的是，在共轭聚合物中，共轭骨架允许电子或能量在整条链上自由流动，使得猝灭剂有一定的放大作用，被称为高效荧光猝灭效应，也被称为超猝灭(super quenching)效应[8-10]。造成这种信号放大的主要原因在于电子沿共轭链的能量传递和分子间的相互作用等，其中分子间的能量传递只有在分子间的距离缩小到一定程度才能实现，即当共轭聚合物在

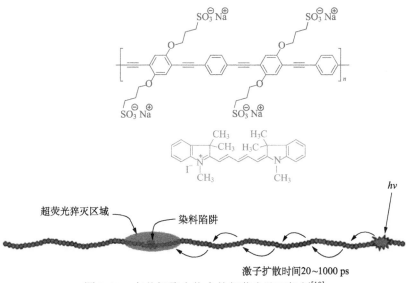

图 3-10　在共轭聚合物中的超荧光猝灭机制[10]

1 ps=10^{-12} s。承美国化学会惠允，摘自 Tan C, et al., *J. Am. Chem. Soc.*, **126**, 13685(2004)

溶液中聚集或薄膜状态下才有可能发生。或是当加入与共轭聚合物相反的电荷时，相反电荷的存在会使得共轭聚合物原有的静电斥力减弱，加上共轭聚合物主链的疏水作用，引起共轭聚合物的聚集，出现超荧光猝灭效应。

3.2.1 动态猝灭和静态猝灭

理解共轭聚合物的荧光猝灭机制需要对一般的荧光猝灭机制有一定的认识。荧光猝灭一般有两种机制（图 3-11）：动态猝灭（dynamics quenching）和静态猝灭（static quenching），下面简单介绍这两种机制。

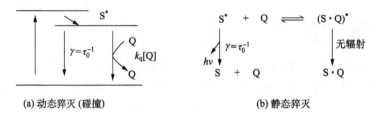

(a) 动态猝灭 (碰撞)   (b) 静态猝灭

图 3-11　动态猝灭和静态猝灭的示意图

动态猝灭不生成新的物质，表示为

$$S^* + Q \longrightarrow S + Q \quad （Q 为猝灭剂）$$

而静态猝灭一般伴随着新物质的产生，是指发光团与猝灭剂接触后生成一种新的不发光的物质[S·Q]，表示为

$$S^* + Q \longrightarrow [S \cdot Q]$$

在现实的荧光猝灭体系中，动态猝灭和静态猝灭是同时发生的。对于碰撞猝灭，其猝灭效率可用 Stern-Volmer 公式表示：

$$\frac{\phi_0}{\phi} = \frac{\tau_0}{\tau} = 1 + k_q \tau_0 [Q] = 1 + K_D [Q] \tag{3-7}$$

其中，ϕ_0 和 ϕ 分别为无猝灭剂和有猝灭剂加入的荧光分子强度或荧光量子效率；k_q 为分子间的猝灭常数；τ_0 为荧光分子的本征寿命，即没有猝灭剂存在下的荧光寿命；τ 为加入猝灭剂后荧光分子的寿命；$[Q]$ 为猝灭剂的浓度。一般来说，对于动态猝灭，Stern-Volmer 常量表示为 K_D，而其他情况则用 K_{SV} 来表示。按照纵坐标为 $\frac{\phi_0}{\phi}$，横坐标为 $[Q]$ 作图，一般随着猝灭剂的浓度变化，动态猝灭效率是呈线性关系变化的。值得指出的是，静态猝灭的 Stern-Volmer 曲线也有可能是线性关系，并且有可能新产生的物质与原荧光分子的寿命一致，出现 $\tau = \tau_0$ 的现象。

所以，Stern-Volmer 曲线是否呈线性关系并不是区分动态猝灭和静态猝灭的直接证据。但可通过测量不同温度、黏度下曲线的改变，或通过不同环境下的寿命测试来区分。例如，动态猝灭的 Stern-Volmer 曲线斜率与温度的依赖关系不同，一般其斜率随着温度的升高而变大，静态猝灭的斜率随着温度的升高而变小。其主要原因在于温度的升高有利于分子扩展，从而提高动态猝灭的可能性。另外，温度的升高也会导致[S·Q]的分解，使静态猝灭减弱。

除了加入猝灭剂引起的荧光猝灭外，通过共振能量转移(resonance energy transfer)或电子交换也可以造成荧光强度的衰减。前者主要是指加入猝灭剂后，在分子内解除荧光发射，光能转换为热的形式耗散；后者则通过减弱电子给体荧光强度，并把能量或电子传递给电子受体形式的猝灭荧光，电子受体可以是发光物质也可以是非发光物质。共振能量转移导致的荧光猝灭机制可参考 Förster 共振能量转移理论。在此猝灭机制中，发光分子体积大小、电子给体与电子受体之间的距离都是影响猝灭效率的关键因素。一般，造成猝灭的机制有内转换效应、电子交换、光诱导电子转移和能量转移等。

3.2.2　荧光猝灭的机制

1. 内转换效应引起荧光猝灭

内转换效应造成荧光猝灭，主要是受重原子效应，如卤素原子、氧原子等的影响。如图 3-12 所示，当猝灭剂加入后，发光分子遇到重原子或三重态氧分子时，容易从激发单重态通过内转换效应转变为激发三重态。激发三重态的寿命相当长，而且易与空气中的氧气发生反应，以非辐射跃迁的衰减形式或热能形式回到基态，从而导致荧光猝灭。

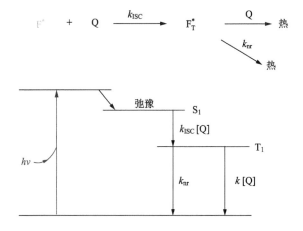

图 3-12　内转换效应导致的荧光猝灭机制

2. 电子交换引起荧光猝灭

能量转移或电子交换，也称为 Dexter 相互作用或 Dexter 转移，造成的荧光猝灭一般都发生在电子给体和电子受体之间。两者非常接近，都是能量从电子给体传递给电子受体。3.1.3 节介绍了 Förster 和 Dexter 能量转移，在这节将简单介绍电子交换引起的荧光猝灭机制。不同于共振能量转移的给体发射光谱和受体吸收光谱的重叠要求，电子交换对光谱重叠没有要求。同时，电子交换要求电子给体和受体体系之间的距离足够短，所以共振能量转移一般发生在较低浓度的溶液中，而电子交换在浓度比较高的溶液中比较明显。例如，对一个没有共价键连接的给体和受体体系中，在溶液浓度大约为 10^{-2} mol/L 时，给受体之间的距离大约为 30 Å，当溶液浓度接近 1 mol/L 时，给受体之间的距离为 6.5 Å。

3. 光诱导电子转移引起荧光猝灭

光诱导电子转移一般可以表示为[11]

$$D + A + hv \longrightarrow D^* + A (\text{或} D + A^*) \longrightarrow (D^+ \cdot A^-)^* \longrightarrow \text{热或激基复合物发射}$$

荧光猝灭是指光诱导生成的激基复合物 $(D^+ \cdot A^-)^*$ 以热能等非辐射跃迁形式回到基态。从公式可看出，对于光诱导的电子转移，光激发的荧光分子可以是电子给体 D 也可以是电子受体 A，电子转移的方向仅取决于基态和激发态的氧化还原势能。但是在共振能量转移中，一般光激发的荧光分子为电子给体 D。

3.3　水醇溶共轭聚合物的发光行为调控

相较于传统的共轭聚合物，水醇溶共轭聚合物中的极性侧链基团可使其在水或醇等极性溶剂中有良好的溶解性。它独特的光化学与光物理性能赋予了其在有机光电、生物传感与成像等领域的广泛应用，因此水醇溶共轭聚合物的发光等行为研究也引起了越来越多的关注。通常，水醇溶共轭聚合物的光学性能由其共轭主链骨架的化学和电子结构决定，其侧链主要用于调节溶解性。理论上，对于聚合物主链骨架相同而含有不同侧链基团的传统共轭聚合物和水醇溶共轭聚合物而言，其吸收和荧光光谱通常是类似的。但由于水醇溶共轭聚合物的两亲性特征(疏水性主链和亲水性侧链)，使其在水溶液或其他极性溶剂中更倾向于聚集，这使得水醇溶共轭聚合物的光物理性能具有较强的溶剂效应。影响水醇溶共轭聚合物发光行为的因素可分为化学结构因素和环境因素两大类。

3.3.1　主链结构

和传统共轭聚合物一样，主链结构的不同对聚合物的光化学与光物理等诸多性能有着决定性的影响。主链共轭结构单元决定共轭聚合物的光学带隙，进而影响吸收和荧光光谱。Jiang 等[12]在聚(对苯撑乙炔基)上引入不同的芳香基团侧链，合成了一系列不同带隙的水醇溶共轭聚合物，其结构式如图 3-13 所示。

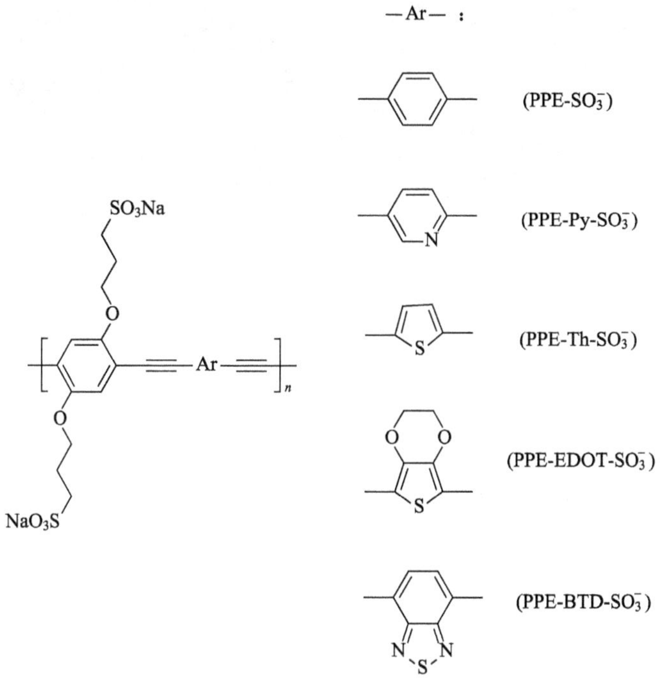

图 3-13　含不同芳香基的聚(对苯撑乙炔基)水醇溶共轭聚合物的结构式

当主链中的 Ar 基团依次从苯环(Ph)、吡啶(Py)、噻吩(Th)、二乙氧基噻吩(EDOT)变化到苯并噻二唑(BTD)单元时，其水醇溶共轭聚合物的光学带隙会依次变小，吸收峰则依次从 400 nm 红移到 550 nm，最大荧光发射峰则从 440 nm 红移到 600 nm。将这些水醇溶共轭聚合物的甲醇溶液在紫外灯照射下，可以看见明显不同的荧光颜色，如图 3-14 所示。即水醇溶共轭聚合物的发光行为可以通过引入不同的主链结构单元，而得到明显的不同发射光谱特征。根据不同的电子给体能力和受体能力，改变主链结构的空间电荷转移程度，引起光学性质的变化。一般，引入吸电子取代基发光峰出现蓝移，引入给电子取代基发光峰出现红移。

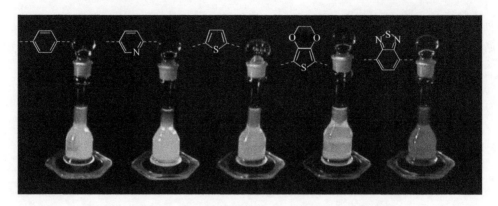

图 3-14　PPE-Ar- SO_3^- 的甲醇溶液在紫外灯照射下的色彩图片[12]

从左到右依次为 PPE- SO_3^-、PPE-Py- SO_3^-、PPE-Th- SO_3^-、PPE-EDOT- SO_3^- 和 PPE-BTD- SO_3^-。承美国化学会惠允，摘自 Jiang H, et al., *ACS Appl. Mater. Inter.*, **1**, 381 (2009)

3.3.2　对离子

对于主链结构相同的水醇溶共轭聚合物而言，不同的侧链离子除了影响溶解性外，对其发光行为也有一定的影响。Yang 等[13]通过离子交换的方式制备得到相同主链结构、不同侧链离子基团的水醇溶共轭聚合物，其结构式如图 3-15 所示。通过离子交换将侧链含 Br^- 的水醇溶共轭聚合物的 Br^- 分别交换成 BF_4^-、$CF_3SO_3^-$、PF_6^-、BPh_4^- 和 $BArF_4^-$，这些离子的尺寸依次变大。对这些不同侧链离子的水醇溶共轭聚合物的光学性质研究发现：随着侧链离子的尺寸增大，聚合物的链间相互作用减弱、聚集减弱，从而聚合物薄膜的荧光量子效率得到实质性的提高。

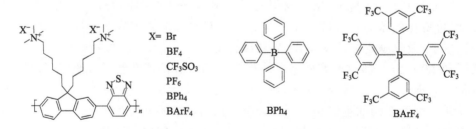

图 3-15　含不同侧链离子基团的水醇溶共轭聚合物的结构式

Hodgkiss 等[14]通过时间分辨荧光光谱和瞬态吸收光谱研究了水醇溶共轭聚合物发光行为的物理机制。通常情况下，水醇溶共轭聚合物在薄膜状态下发光很微弱，原因在于这些聚合物在薄膜聚集状态下产生堆积，易发生电荷转移，并且电荷转移态可以被其对离子的库仑力稳定住，表现为其薄膜的荧光猝灭效应。这和 Yang 等[13]的报道相互验证。Yang 等的研究中 Br^- 和 BF_4^- 的水醇溶共轭聚合物的薄膜荧光量子效率分别为 5% 和 8%，$CF_3SO_3^-$、PF_6^- 和 BPh_4^- 的水醇溶共轭聚合物的薄膜荧光量子效率也都在 12% 左右，而具有最大尺寸的对离子 $BArF_4^-$ 的水醇溶共轭聚合物的薄膜荧光量子效率则达到了 41%。这些结果均表明，侧链对离子的尺寸大小对水醇溶共轭聚合物的发光行为有一定的影响，特别是对固态发光行为。

3.3.3　溶剂

不同溶剂对水醇溶共轭聚合物的发光行为有较大的影响。在不同的溶剂中，由于水醇溶共轭聚合物的溶解和聚集的状态不同，其发光行为会存在一定的差异。Tan 等[9]将 $PPE\text{-}SO_3^-$ 溶解在甲醇和水中，由于在甲醇中的溶解性优于水，因此溶于水中则表现出更多的聚集，在甲醇溶液中分子链更加分散，从而表现为聚合物在水溶液中的荧光猝灭，在甲醇溶液中具有较强的荧光。

3.3.4　表面活性剂

表面活性剂是调节水醇溶共轭聚合物发光行为的一种简单方法。对水醇溶共轭聚合物外加一定的表面活性剂可形成复合物。利用不同浓度的表面活性剂，可以使复合物表现出不同的大小、化学组成和构型，从而调控聚合物的发光行为。如图 3-16 所示，在带有正负两种相对电荷的水醇溶共轭聚合物和表

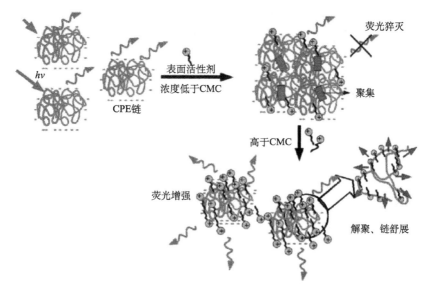

图 3-16　不同浓度下含相反电荷表面活性剂和水醇溶共轭聚合物相互作用的模型图[15]
承美国化学会惠允，摘自 Burrows H D, et al., *J. Phys. Chem. B*，**111**，4401 (2007)

面活性剂体系中，表面活性剂浓度很低时，水醇溶共轭聚合物表现出明显聚集，从而具有强的静态荧光猝灭效应。表面活性剂浓度高于其临界胶束浓度（critical micelle concentration，CMC）时，聚合物从最初的较强聚集状态变成较弱的聚集状态，同时形成表面活性剂分子分散聚合物链的新构象，使水醇溶共轭聚合物的荧光增强[15, 16]。

3.3.5　溶液 pH 值

　　水醇溶共轭聚合物，特别是含弱电离离子的水醇溶共轭聚合物，其溶液发光行为受溶液 pH 值的影响较大。Pinto 等[17]报道了一种含有磷酸酯侧链的水醇溶聚（对苯撑乙炔）衍生物（PPE-PO₃⁻），其结构式如图 3-17（a）所示。PPE-PO₃⁻ 的水溶液在不同 pH 值下的吸收和荧光绘在图 3-17（b）中，从图中可以看出，在中性水溶液中 PPE-PO₃⁻ 的聚集更加明显，从而使得其表现出强的吸收肩峰和荧光猝灭，在 pH 值从 7.5 增加到 12.0 时，其吸收肩峰明显降低直至完全消失，同时溶液的荧光明显增强。

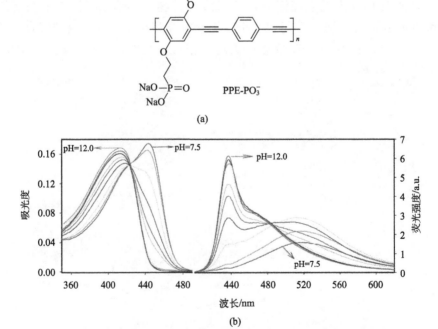

(a)

(b)

图 3-17　（a）PPE-PO₃⁻ 的结构式；（b）不同 pH 值下的 PPE-PO₃⁻ 水溶液的吸收（左）和荧光（右）图，pH 值从 7.5（每隔 0.5）增加到 12.0[17]

承美国化学会惠允，摘自 Pinto M R, et al., *Langmuir*, **19**, 6523（2003）

3.3.6 溶液温度

溶液温度会对聚合物分子链的聚集状况产生影响，从而使发光行为有一定的差异。如图 3-18 所示，Kaur 等[18]报道了一种含磺酸钠侧链的水醇溶共轭聚合物 PP2。PP2 水溶液从室温加热到 90℃，溶液的吸收肩峰完全消失，冷却 9 h 后又有微小的肩峰出现。PP2 荧光发射图中升温使得其短波方向的发射峰明显增强，同时长波方向的发射峰明显减弱，冷却 9 h 后其长波发射峰会有增强的趋势。这表明，升高溶液温度使 PP2 聚合物主链的聚集发生解聚，冷却后这种聚合物链的聚集又会发生一定程度的恢复。

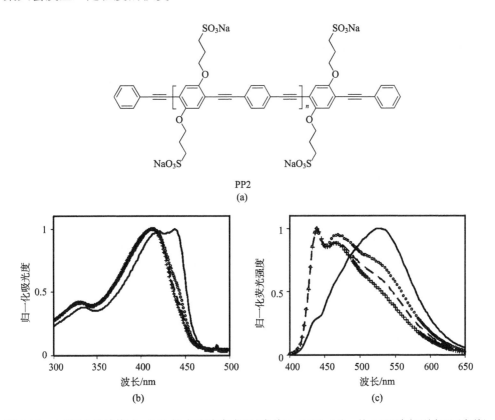

图 3-18 (a) PP2 的结构式；PP2 的水溶液在室温(实线)、90℃ (+)、从 90℃冷却到室温(虚线)和 9h 后(o)的归一化吸收(b)和归一化荧光光谱(c)[18]

承美国化学会惠允，摘自 Kaur P, et al., *J. Phys. Chem. B*, **111**, 8589 (2007)

3.4 本章小结

水醇溶共轭聚合物具有与传统共轭聚合物不同的光物理性质。了解水醇溶共轭聚合物荧光猝灭、荧光恢复和荧光放大的基本机制对于发展其光电应用具有重要意义。改变化学结构和外部环境可以实现对于水醇溶共轭聚合物的光物理性质的有效调节，从而实现其在生物传感、生物成像和光电器件中的多方面的应用，这些将在本书后面章节进行详述。

参 考 文 献

[1] Parini V P. Organic charge-transfer complexes. Russ Chem Rev, 1962, 31: 408-417.

[2] Dexter D L. A theory of sensitized luminescence in solids. J Chem Phys, 1953, 21: 836-850.

[3] Closs G L, Miller J R. Intramolecular long-distance electron transfer in organic molecules. Science, 1988, 240: 440-447.

[4] Marcus R A. Electron transfer reactions in chemistry: Theory and experiment. Rev Mod Phys, 1993, 65: 599-610.

[5] Marcus R A, Sutin N. Electron transfers in chemistry and biology. BBA-Rev Bioenerg, 1985, 811: 265-322.

[6] Allen N S. Photochemistry and Photophysics of Polymeric Materials. New Jersey: John Wiley & Sons, 2010.

[7] He G S, Tan L S, Zheng Q, et al. Multiphoton absorbing materials: Molecular designs, characterizations, and applications. Chem Rev, 2008, 108: 1245-1330.

[8] Chen L, McBranch D W, Wang H L, et al. Highly sensitive biological and chemical sensors based on reversible fluorescence quenching in a conjugated polymer. Proc Natl Acad Sci, 1999, 96: 12287-12292.

[9] Tan C, Pinto M R, Schanze K S. Photophysics, aggregation and amplified quenching of a water-soluble poly (phenylene ethynylene). Chem Commun, 2002, 5: 446-447.

[10] Tan C, Atas E, Müller J G, et al. Amplified quenching of a conjugated polyelectrolyte by cyanine dyes. J Am Chem Soc, 2004, 126: 13685-13694.

[11] Lakowicz J R. Principles of Fluorescence Spectroscopy. Springer Science & Business Media, 2013.

[12] Jiang H, Zhao X, Shelton A H, et al. Variable-band-gap poly (arylene ethynylene) conjugated polyelectrolytes adsorbed on nanocrystalline TiO$_2$: Photocurrent efficiency as a function of the band gap. ACS Appl Mater Inter, 2009, 1: 381-387.

[13] Yang R, Garcia A, Korystov D, et al. Control of interchain contacts, solid-state fluorescence quantum yield, and charge transport of cationic conjugated polyelectrolytes by choice of anion. J Am Chem Soc, 2006, 128: 16532-16539.

[14] Hodgkiss J M, Tu G, Albert-Seifried S, et al. Ion-induced formation of charge-transfer states in conjugated polyelectrolytes. J Am Chem Soc, 2009, 131: 8913-8921.

[15] Burrows H D, Tapia M J, Silva C L, et al. Interplay of electrostatic and hydrophobic effects with binding of cationic gemini surfactants and a conjugated polyanion: Experimental and molecular modeling studies. J Phys Chem B, 2007, 111: 4401-4410.

[16] Laurenti M, Rubio-Retama J, Garcia-Blanco F, et al. Influence of the surfactant chain length on the fluorescence properties of a water-soluble conjugated polymer. Langmuir, 2008, 24: 13321-13327.

[17] Pinto M R, Kristal B M, Schanze K S. A water-soluble poly(phenylene ethynylene) with pendant phosphonate groups. Synthesis, photophysics, and layer-by-layer self-assembled films. Langmuir, 2003, 19: 6523-6533.

[18] Kaur P, Yue H, Wu M, et al. Solvation and aggregation of polyphenylethynylene based anionic polyelectrolytes in dilute solutions. J Phys Chem B, 2007, 111: 8589-8596.

第**4**章

水醇溶共轭聚合物的半导体特性与界面特性

4.1 水醇溶共轭聚合物的半导体特性

在半导体物理理论中，大量原子集合在一起时，不同原子的电子云会出现一定程度的重叠，这使得体系的电子不再完全局限在单一原子，而可以离域到相邻的原子上，因而电子可以在整个体系中运动，这种现象称为电子的共有化。根据泡利不相容原理(Pauli exclusion principle)，每个电子必须有各自独立的量子数，不能重复。这就使得本来处于同一能量状态的电子会产生微小的能量差异以避免量子数重复，进而与其相对应的能级扩展为能带。由于无机半导体通常具有高度有序的晶体结构，因此载流子可以在晶体能带内高速传输。而在有机半导体中，分子或聚合物链段之间主要依靠范德华力相互作用，这种相互作用很弱，不足以在有机半导体内形成长程有序的三维晶体结构，相邻分子的前线分子轨道无法通过强相互作用而形成具有明确结构的能带。因此，电荷在非晶有机半导体中的传输，主要通过在不同分子之间的"跳跃"而非能带传输来实现，其宏观表现为：电荷在有机半导体中的截流子迁移率通常低于无机半导体。此外，弱范德华力相互作用也使有机半导体容易产生明显的结构和能级缺陷。有机半导体材料中存在的结构和能级的缺陷将直接影响电荷的输运，最终影响有机半导体器件的性能。缺陷的来源包括合成上的缺陷或杂质的引入，或者是由聚合物链段的扭曲引起。这也是有机半导体载流子迁移率低于无机半导体的重要原因。

4.1.1 水醇溶共轭聚合物的本征特性

和传统的油溶性共轭聚合物一样，水醇溶共轭聚合物的载流子传输特性对于聚集态、链构象和形貌十分敏感。尤其是水醇溶共轭聚合物极性侧链间的静电相互作用也会影响聚合物的聚集状态，这使水醇溶共轭聚合物的载流子传输特性受多种因素的影响，因此研究其本征特性具有较大的难度。开展水醇溶共轭聚合物的载流子传输特性的研究，对其在有机光电器件中的应用具有重要指导意义。

1. 水醇溶共轭聚合物载流子迁移的测量方法

目前，关于水醇溶共轭聚合物的合成及应用有很多报道，但有关其载流子的迁移特性却鲜有报道。这主要是因为通常使用的测量有机半导体载流子迁移率的方式都是在稳态电压下进行的，如单载流子器件、场效应晶体管器件等。然而在水醇溶共轭聚合物中，特别是水醇溶共轭聚电解质中，存在着大量可自由移动的离子。当在测试器件两端施加稳态电压时，材料本征的载流子在电场作用下迁移会产生电流，而自由移动的离子在电场作用下也会发生定向迁移而形成离子电流(图 4-1)，当离子迁移和材料本征载流子的迁移相互耦合后，就无法通过稳态电压测试而获得材料的真实本征迁移率特性。此外，对单载流子器件而言，在电场下移动的离子还会在器件内部产生电场屏蔽层(本章节后面部分将会详细介绍)而降低界面的载流子注入势垒，帮助电极与活性层形成欧姆接触，增加载流子的注入，这使得单载流子器件无法阻挡载流子

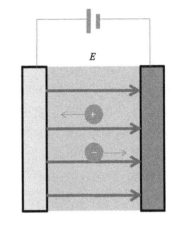

图 4-1　带电离子在平板电场中的运动

的注入而出现同时注入空穴和电子的情况，最终在单载流子器件中观察到电子-空穴复合发光现象(这也是发光电化学池最常见的特征)而无法准确测量材料本征载流子迁移特性。由于离子电流和载流子电流的耦合，所测试的电流密度-电压曲线还会出现迟滞现象(图 4-2)。因此，无法用稳态单载流子器件准确分析测试材料自身的载流子迁移特性。

虽然水醇溶共轭聚电解质的离子和载流子在电场作用下都会出现定向移动，但是离子和载流子的时间响应特性，即迁移速度，却存在着明显的差别。根据测试环境的不同，共轭聚合物的载流子响应时间通常都在微秒量级，而离子的电场响应时间可以从微秒量级到分钟量级[1,2]。离子迁移的响应时间远长于材料自身载流子迁移的响应时间[3-5]。因此，可以利用此差别将离子和载流子特性在时间尺度上进行剥离而单独研究其载流子特性。为了将离子迁移和载流子迁移区分开，研究人员设计了一种新的测量方式——脉冲电压测试法。在脉冲电压测试法中，一个完整的电流-电压扫描过程包括两部分：一个时间尺度较短的开态电压和一个时间尺度较长的关态电压，在整个过程中一直保持对电流的测量。由于开态电压持续时间极短(毫秒量级)，共轭聚电解质中的离子在如此短的时间尺度内来不及发生移动，材料本征的载流子却能在这个时间内发生移动而形成电流，随着不断增

加脉冲电压的幅值，被测聚合物表现出不同的电流值。采集电压和电流信号即可获得材料本征载流子的迁移信息。这种测量方式可以有效避免稳态电压测试法中引起离子移动而导致的材料本征载流子特性和离子特性耦合无法区分的问题。

脉冲电压的开态时间和关态时间对测量的准确程度有十分重要的影响。如果开态时间过长或关态时间过短，离子就有足够的时间移动而产生电流迟滞。需要注意的是，脉冲电压的开态时间随共轭聚电解质种类的不同而稍有差别。此外，脉冲电压的幅值对测量值也有影响，较小的电压幅值产生的电场较小，对离子移动的驱动不强，不容易观测到电流迟滞；而较大的电压幅值产生的电场较大，对离子移动的驱动很强，容易观测到电流迟滞。因此，为了准确测量共轭聚电解质的本征迁移特性，在用脉冲电压测试法时需要全面考虑开态电压和关态电压的持续时间及电压幅值的选取等。

Garcia 和 Nguyen[6]在测量水醇溶共轭聚电解质载流子迁移率时将稳态电压改为脉冲电压，有效屏蔽了离子在稳态电场下移动对载流子测量造成的影响。在测试器件两端施加高频电压脉冲信号，使其频率快于离子的响应时间以减小离子运动对器件内部电场分布的影响。脉冲测试所使用的器件为常用的单空穴器件 ITO/CPE/Au。扫描过程中所使用的脉冲电压信号为 500 ms 关态-5 ms 开态（0 V-4 V-0 V，电压步长为 0.2 V），所获得的电流密度-电压（J-V）曲线如图 4-2 所示。

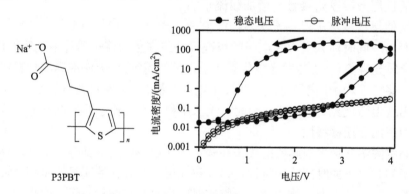

图 4-2 P3PBT 的结构式及其在稳态和脉冲电压下的电流密度-电压扫描特性曲线[6]

承美国化学会惠允，摘自 Garcia A, et al., *J. Phys. Chem. C.*, **112**, 7054 (2008)

如图 4-2 所示，单空穴器件在稳态电压扫描条件下，J-V 曲线出现了很大的电流迟滞现象，同时电流密度远大于脉冲电压下的电流密度。在正向和反向电压扫描情况下，J-V 曲线电流迟滞的产生是因为：共轭聚电解质中的离子在稳态电场作用下会产生缓慢的移动，从而产生离子在聚合物本体内部及聚合物/电极界面的重新分布。在稳态正向扫描过程中，离子的移动所产生的电流会对总电流产生贡献；此外，离子移动会在聚合物/电极界面之间形成双电层（electric double layer，EDL）而降低载流子的注入势垒，因此能观察到快速的电流密度增加（约 2.5 V 时）。而在稳态反向扫描过程中，除了离子移动产生的电流贡献外，在聚合物/电极界面聚集了大量自由移动的离子，形成了双电层，降低了电子注入势垒，导致反向扫描电流密度较正向扫描的大。此外，在稳态扫描过程中，阴、阳离子的定向移动，使得器件两侧电极分别形成空穴的有效注入和电子的有效注入，进而在聚合物内部复合发光，这也是器件电流密度迅速增加的原因。而在脉冲扫描的 *J-V* 曲线中，电流密度较稳态扫描有数量级上的降低，同时未观察到电流迟滞及可见光发出。这是因为在脉冲电压条件下，离子来不及移动到聚合物/电极界面处形成电化学掺杂而降低载流子注入势垒，因此聚合物/电极界面处的高电子注入势垒限制了电子的注入，也未能观察到发光现象。

2. 对离子选择对迁移率的影响

如前所述，影响水醇溶共轭聚合物本征载流子迁移特性的因素很多，其中对离子是一个重要的影响因素。Garcia 等[7]设计了一系列具有相同共轭主链，但带有不同对离子侧链的共轭聚电解质 PFN$^+$F$^-$、PFN$^+$Cl$^-$、PFN$^+$Br$^-$和 PFN$^+$I$^-$（图 4-3）以研究对离子对于材料本征迁移率的影响。所有共轭聚电解质的 HOMO 能级均为–5.8 eV，而 LUMO 能级均为–2.4 eV，这说明极性侧链对共轭主链的能级结构的影响有限。脉冲电压法测试表明，这四种共轭聚电解质的迁移率为 PFN$^+$Cl$^-$[6.7×10^{-5} cm^2/(V·s)]> PFN$^+$I$^-$[5.7×10^{-5} cm^2/(V·s)]> PFN$^+$F$^-$[3.0×10^{-5} cm^2/(V·s)]>PFN$^+$Br$^-$[1.2×10^{-5} cm^2/(V·s)]，但未出现数量级的差别。

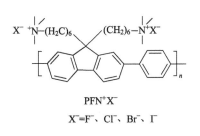 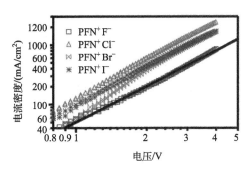

图 4-3　阳离子共轭聚电解质 PFN$^+$X$^-$的结构式及 Al/PFN$^+$X$^-$/Ba/Al 单电子器件的空间电荷限制电流特性曲线[7]

承美国化学会惠允，摘自 Garcia A, et al., *J. Phys. Chem. C.*, **113**, 2950（2009）

由于这四种材料的不同之处仅在于自由移动的对离子，因此材料迁移率的差别首先需要考虑的是对离子半径的影响。F$^-$、Cl$^-$、Br$^-$和 I$^-$的离子半径依次为1.36Å、1.81Å、1.82Å 和 2.06 Å。从离子半径来看，这四种离子的半径大小与所对应的共轭聚电解质的迁移率并没有对应关系[7]。这有可能是因为所选同一族离子的半径差别较小，对共轭聚电解质的影响也较小。为了进一步验证这个假设，另一项研究选用了对离子半径具有明显差别的共轭聚电解质 PFN^+F^- 和 $PFN^+BIm_4^-$。在这两种共轭聚电解质中，BIm_4^- 的离子半径远大于 F^- 的离子半径。电子迁移率测试结果表明，以 BIm_4^- 为对离子的共轭聚电解质的电子迁移率只有 $8.3×10^{-7}$ $cm^2/(V·s)$，比 $PFN^+F^-[3.0×10^{-5}$ $cm^2/(V·s)]$低了近 2 个数量级。这说明，离子半径大的 BIm_4^- 能够明显地将共轭主链相互隔离开，阻碍了载流子在不同共轭主链之间的跳跃传输。这一结论同时得到了荧光量子效率的证实：由于 BIm_4^- 能够将共轭主链相互隔离开，有效避免了激子的聚集猝灭，因此 $PFN^+BIm_4^-$ 的荧光量子效率达到 0.43，而 PFN^+F^- 的荧光量子效率因为部分猝灭而只有 0.20[8]。此外，Garcia 等[9]考察了材料的带电性质对材料电子迁移率的影响。实验中选取了阴离子共轭聚电解质 $PFSO_3^-Na^+$ 和阳离子共轭聚电解质 PFN^+Br^-（图 4-4）。这两种共轭聚电解质有着相同的共轭主链，而对离子分别为带不同电性的离子。阴离子共轭聚电解质 $PFSO_3^-$ Na^+ 的电子迁移率为 $1.5×10^{-7}$ $cm^2/(V·s)$，而阳离子共轭聚电解质 PFN^+Br^- 的电子迁移率为 $1.2×10^{-5}$ $cm^2/(V·s)$，高出阴离子共轭聚电解质 2 个数量级，表明侧链对离子和极性基团的电性对共轭聚电解质的电子迁移率有很大的影响。

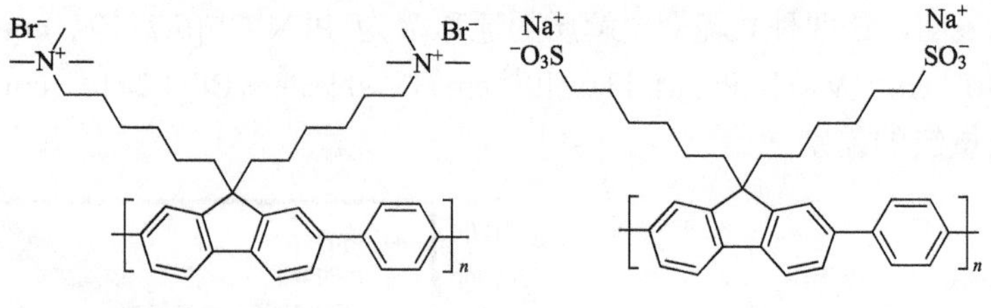

图 4-4　阳离子共轭聚电解质 PFN^+Br^- 和阴离子共轭聚电解质 $PFSO_3^-Na^+$ 的结构式

此外，Yang 等用导电原子力显微镜获得 PFBT-Br 和 $PFBT-BAr_4^F$ 的空间电荷限制电流区，进而计算其空穴迁移率[10]。计算结果表明，由空间电荷限制电流(SCLC)法计算得出 PFBT-Br 和 $PFBT-BAr_4^F$ 的空穴迁移率分别为 $3.4×10^{-4}$ $cm^2/(V·s)$ 和 $1.1×10^{-5}$ $cm^2/(V·s)$。PFBT-Br 的空穴迁移率高出 $PFBT-BAr_4^F$ 的空穴迁移率近 1 个数量级。这主要是因为聚电解质的对离子在共轭主链的聚集态中起着隔离作用，将共轭主链相互隔离开，进而降低了共轭主链的共轭特性，降低了空穴迁移率，这与瞬态电压测试法获得的结论是一致的。

3. 共轭主链对迁移率的影响

除了离子侧链，水醇溶共轭聚合物的主链对其本征迁移率也有重要影响。

Garcia 等[9]采用 Al/CPE/Ba/Al 结构的单电子器件比较了 PFN$^+$Br$^-$、PFBTN$^+$Br$^-$
(图 4-5)两类材料的电子迁移率。向单电子器件施加正常稳态电压,如 0.5 V/s 的
步进电压时,可以观察到器件的可见光发射,而在脉冲电压测试条件下,未观察
到发光现象。这表明,在稳态电压测试中空穴可以注入聚电解质中,从而在材料
内发生电子和空穴的复合。经 SCLC 模型拟合后,计算的 PFN$^+$Br$^-$ 和 PFBTN$^+$Br$^-$
的电子迁移率分别为 1.2×10^{-5} cm^2/(V·s) 和 1.1×10^{-6} cm^2/(V·s)。出乎意料的是,
PFN$^+$Br$^-$ 的电子迁移率高出 PFBTN$^+$Br$^-$ 一个数量级。而 PFN$^+$Br$^-$ 和 PFBTN$^+$Br$^-$ 的
前驱体 PFN 和 PFBTN 分别为 p 型半导体和 n 型半导体。这可能是由于 PFBTN$^+$Br$^-$
中芴环与苯并噻二唑环共聚后,结构的共平面性遭到破坏,分子链内和分子链间
的电子耦合减弱,而在 PFN$^+$Br$^-$ 中,芴环和苯环的共平面性更好,不过这一假设
需要进一步验证[9]。

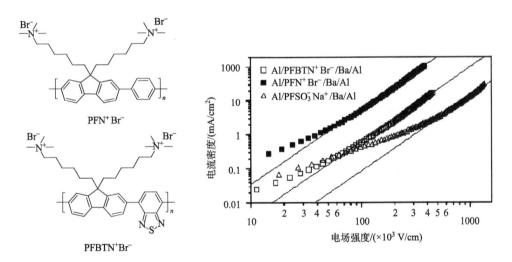

图 4-5　阳离子共轭聚电解质 PFN$^+$Br$^-$ 和 PFBTN$^+$Br$^-$ 的结构式及 Al/CPE/Ba/Al 单电子器件的空
间电荷限制电流特性曲线[9]

承美国物理学会惠允,摘自 Garcia A, et al., *Appl. Phys. Lett.*, **91**, 153502(2007)

4.1.2　水醇溶共轭聚合物的掺杂特性

有机半导体和无机半导体一样,可以通过掺杂来获得高导电性。有机半导体
的掺杂是通过 π 电子的氧化或还原分别实现 p 型或 n 型掺杂。由于掺杂体系中不
能存在未补偿的电荷,因此对离子常被用来插入有机半导体结构中以保持体系的
电中性。然而有机半导体的掺杂程度和掺杂机理同无机半导体晶体相差甚远。
PEDOT∶PSS(图 4-6)是一类应用最为广泛的掺杂型水醇溶共轭聚合物,在结构上

是由聚(3,4-乙撑二氧噻吩)(PEDOT)和 PSS 构成。PEDOT：PSS 在合成过程中，首先 EDOT 被氧化失电子后形成带正电荷的氧化型 PEDOT，然后加入带有负电荷的聚阴离子 PSS 形成聚离子复合物，PSS 的加入可以起到稳定 PEDOT 并增加其溶解性的作用。此外，PEDOT：PSS 的电导率还可以通过不同掺杂浓度和掺杂方式进行调控[11]。除了 PEDOT：PSS，关于窄带隙共轭聚电解质的掺杂也有报道。Mai 等[12,13]设计合成了一类窄带隙共轭聚电解质 PCPDTBTSO$_3$K，这类材料在水中透析纯化的过程中会发生 p 型自掺杂。掺杂前 PCPDTBTSO$_3$K 的电导率低于 10^{-12} S/cm，掺杂后电导率提高到 1.5×10^{-3} S/cm，达到 PEDOT：PSS 的电导率水平（2.7×10^{-3} S/cm）。进一步在盐酸中透析处理后，PCPDTBTSO$_3$K 的电导率可以提高到 1.2 S/cm。这类材料有潜力作为 PEDOT：PSS 的替代品，应用到各类有机光电器件中。在 n 型共轭聚电解质的掺杂方面，Wu 等[14]开发了一类基于 NDI 的共轭聚电解质 PNDIT-F$_3$N-Br，发现这类聚电解质具有 n 型自掺杂特性，相对于未掺杂态，掺杂态的这类材料表现出更好的电荷传输性能。

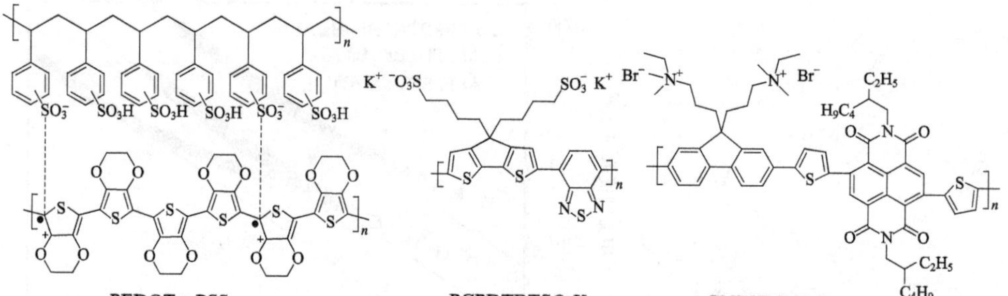

PEDOT：PSS   PCPDTBTSO$_3$K   PNDIT-F$_3$N-Br

图 4-6   几种掺杂共轭聚电解质的结构式

4.2 水醇溶共轭聚合物的界面特性

水醇溶共轭聚合物非常独特的一个优势是可以作为有机光电器件的界面材料，有效调节金属/金属氧化物基板的功函数，进而改善有机光电器件的性能，并且在有机发光二极管、太阳电池等光电器件中得到了成功应用，极大地推动了相关领域的发展（详见第 5～7 章）。关于界面材料为什么能引起基板材料功函数的变化，有多种理论解释，其中界面偶极作用获得了广泛的认同。然而，关于界面偶极形成的驱动力来自何处却一直存在争论，有诸多模型，如镜像电荷理论、电荷转移理论、离子移动理论、物理吸附理论等。本节对目前研究比较多的几种理论分别加以介绍。

Park 等[15]用 X 射线近吸收边精细结构(near edge X-ray absorption fine structure，NEXAFS)研究了一系列带有不同对离子的阳离子共轭聚电解质在不同基板上的分子排列情况。从吸收谱中解离出的水醇溶共轭聚电解质主链与对离子的体积比总结在表 4-1 中。由表可知，共轭聚电解质在不同基板表面具有不同的取向排列行为。当共轭聚电解质旋涂于中性共轭聚合物 MEH-PPV 上时，共轭聚电解质的主链会和 MEH-PPV 主链发生 π-π 相互作用，使共轭聚电解质取向性排列在 MEH-PPV 表面，连接主链的极性侧链基团也跟随一起排列在 MEH-PPV 表面，而对离子则被排斥到远离 MEH-PPV 的表面，形成了极性侧链基团靠近MEH-PPV，自由移动对离子远离 MEH-PPV 的取向排列。当共轭聚电解质旋涂于ITO 基板上时，排列方式则相反，自由移动的对离子会优先排列在 ITO 表面，进而形成对离子靠近 ITO，共轭主链远离 ITO 的取向排列。整个自发取向排列过程很快，在旋涂共轭聚电解质的过程中就已经发生。在这项研究中，自由移动的对离子的存在对取向排列起着关键作用。Liu 等[16]用 NEXAFS 研究两性盐共轭聚电解质时发现，虽然不存在可以自由移动的对离子，但两性盐共轭聚电解质的极性侧链基团仍然能在 ITO 基板表面形成取向排列。这些研究从实验上证实了分子的取向排列，但仍没有对取向排列的驱动力做出合理的解释。

表 4-1　PF 主链及其对离子分别在 ITO 和 MEH-PPV 基板表面的体积比

薄膜	PF 主链	对离子
ITO/PF-OTf	0.815±0.003	0.185±0.003
ITO/MEH-PPV/PF-OTf	0.799±0.003	0.201±0.003
ITO/PF-BIm$_4$	0.604±0.002	0.396±0.002
ITO/MEH-PPV/PF-BIm$_4$	0.512±0.004	0.488±0.004
ITO/PF-BAr$_4^F$	0.288±0.002	0.710±0.002
ITO/MEH-PPV/PF-BAr$_4^F$	0.233±0.002	0.766±0.002

Lee 等[17]合成了一系列共轭聚电解质用以进一步研究不同离子浓度和不同界面层厚度对基板功函数的影响。研究结果表明，共轭聚电解质侧链离子浓度越高，其降低基板功函数的效果越明显。例如，当共轭聚电解质侧链的相对离子浓度(每个聚合物链节侧链所含离子数)为 2 时，ITO 的功函数由 4.9 eV 降到了 4.4 eV；而当侧链的相对离子浓度线性增加时，ITO 的功函数也线性降低，直到共轭聚电解质的相对离子浓度达到 6，ITO 的功函数降到 3.9 eV。他们将这一现象归因为离子在 ITO 表面的覆盖度逐渐增加。在合成的系列阳离子共轭聚电解质中，阴离子未通过共价键连接到侧链而可以自由移动。在旋涂共轭聚电解质成膜过程中，由

于 ITO 基板由紫外臭氧处理后其表面张力会增加，因此阴离子可以选择性地富集到 ITO 表面。此后，由阳离子修饰的共轭聚电解质侧链会因为阴阳离子之间的静电相互作用而吸附到阴离子表面，从而形成由 ITO 指向共轭聚电解质的偶极。偶极的存在诱导界面处的真空能级漂移，最后使得基板的功函数降低。在这种情况下，由于共轭聚电解质具有比较高的介电常数，因此固定阴离子附着在 ITO 上的作用力来自于阴离子与其在 ITO 侧镜像电荷的相互作用。通常情况下，阳离子聚电解质由于含可自由移动的对阴离子，能够形成由 ITO 指向界面层的偶极而降低基板的功函数；而阴离子聚电解质由于含可自由移动的对阳离子，能够形成由界面层指向 ITO 的偶极而增加基板的功函数。因此，共轭聚电解质的相对离子浓度越大，就有越多的自由阴离子移动靠近 ITO 侧，从而与侧链的阳离子形成越强的偶极，进而更大幅度降低 ITO 的功函数。

这一解释能够很好地说明这一系列共轭聚电解质在有机太阳电池中的表现，但无法解释在 PLED 中观察的部分现象。首先，在纯 Al 电极 PLED 中，用共轭聚电解质作为电子传输层，通常的最优厚度为 20～30 nm，器件的性能优于以 Ca 为电子传输层的器件。然而，用偶极理论无法解释为什么共轭聚电解质能够促进电子从 Al 电极向发光层注入。通常来说，Al 电极的功函数在 4.3 eV 左右，而发光材料的 LUMO 能级为 2～3 eV，两者存在着至少 1.3 eV 的能级差，电子很难直接由 Al 电极注入发光层的 LUMO。但使用共轭聚电解质后，电子可以从 Al 电极高效地注入发光层内部，器件的性能甚至优于以 Ca（功函数为 2.9 eV）为电子传输层的器件。这说明，共轭聚电解质修饰后的 Al 电极获得了比 Ca 更低的功函数。因此，共轭聚电解质在 PLED 中可能还存在其他工作机理。Hoven 等[18,19]认为：共轭聚电解质在 PLED 中工作时，共轭聚电解质中的离子会重新排布形成阴离子靠近电极，阳离子靠近活性层的双电层。这种双电层的存在会有效屏蔽共轭聚电解质内部的电场，从而使得活性层内部电场强度增加，进而获得高效的电子注入。虽然电场屏蔽作用被用来解释共轭聚电解质在有机太阳电池和 PLED 中的性能差异，但是关于离子如何移动并形成双电层仍没有一个准确的说法。有两种模型来解释离子的移动：一种是离子迁移模型，另一种是分子取向模型。这两种模型的不同之处在于对离子的运动行为不同。在离子移动模型中，对离子在外电场的作用下可以自由移动到相应的电极而形成双电层；而在分子取向模型中，由于自由移动的对离子和离子侧链之间存在强烈的静电吸引，因此只有和电极紧邻的离子侧链才能在外电场作用下取向形成双电层，如图 4-7 所示。按此推论，假设离子移动模型更合理，那么在外电场作用下移动越多的离子就越有利于在金属/聚电解质界面处形成屏蔽外电场的双电层，从而越有利于降低电子的注入势垒。因此，使用离子密度高的共轭聚电解质越有利于获得高的器件效率。然而在 Lee 等的实验结果中，PLED 的器件效率和共轭聚电解质的离子浓度并没有很好的比例关系。

这说明离子移动模型缺乏合理性。而分子取向模型却能很好地解释所观察的实验结果：在电场作用下，不存在长程的离子移动，而是邻近电极的离子侧链进行取向排列而形成双电层降低电子注入势垒。然而当离子侧链的浓度过高时，侧链结构变得复杂，空间位阻变大，阻碍了离子侧链的运动而不能再进行取向，因此器件性能不升反降。Garcia 等[20]也报道了类似的实验结果：由于离子移动受到限制，密排的共轭聚电解质主链会导致器件性能的降低，同时增加器件的响应时间。

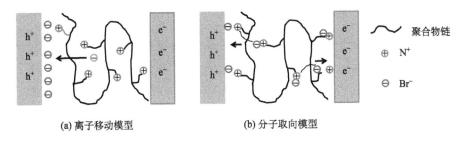

(a) 离子移动模型　　　　　　　　(b) 分子取向模型

图 4-7　离子移动模型和分子取向模型的示意图

除了离子移动模型，镜像电荷相互作用也是一类研究较为广泛的模型。van Reenen 等[21]将一系列具有横向对比意义的界面材料，包括水醇溶共轭聚合物，分别涂覆于导体、半导体和绝缘体基板上，并用开尔文探针台仔细研究了不同基板功函数的变化情况。当用 PFN 涂覆于不同的导体基板上时，从高功函数的 PEDOT($\varPhi = 5$ eV)到低功函数的 Ca($\varPhi = 3$ eV)，导体的功函数平均降低了 0.7 eV，并且这一数值和基板自身的功函数无关。而当 PFN 涂覆于有机半导体表面时，功函数也有 0.4 eV 的降低。进一步研究发现，PFN 降低金属功函数的值与材料的厚度无关。另一项研究表明，将不同厚度的 PFN 涂覆于基板上时，基板功函数的变化趋向于一个固定值，如 Au 改变了 0.7 eV± 0.1 eV、SY-PPV 改变了 0.22 eV± 0.1 eV。对于这一系列实验数据，镜像电荷理论的解释为：水醇溶共轭聚合物的功函数调节能力只是单纯的界面作用。材料内部可移动的带电基团或离子更容易与电极发生直接接触。当带电基团或离子分布到聚合物/电极界面处时，正离子和负离子将与其各自诱导产生的镜像电荷相互作用，此时由于正离子和负离子的移动能力差别，如正离子比负离子移动速度快，那么正离子将更加靠近于基板形成一个"双偶极"梯度而增加电极的功函数。同理，如果负离子的移动能力强于正离子，那么负离子将更加靠近于基板而形成降低电极功函数的"双偶极"梯度。这一理论可以解释水醇溶剂加工的 PFN 对基板的功函数调节现象：PFN 在水醇溶剂中会质子化，产生游离的 OH⁻，而自身侧链形成共价键连接的 —NH₃⁺。由于自由移动的 OH⁻ 比—NH₃⁺ 具有更强的移动能力，因此会比—NH₃⁺ 更靠近电极而与其镜像电荷相互作用，从而产生 OH⁻→—NH₃⁺ 的双偶极层，最终降低基板的功函数。同样，阳离子共轭聚电解质降低基板功函数，阴离子共轭聚电解质增加基板功函数的现象也可以得到很好的解释。然而对某些体系而言，正离子和负离子具有相同的移动能力，或均无法移动，如两性盐共轭聚电解质，该理论则认为功函数的降低是由离子侧链与电极的相互作用而取向，或离子侧链在电场作用下取向所致。由于双偶极层的产生需要移动离子与其镜像电荷相互作用，因此这种作用只在聚合物/电极界面处存在，与聚合物的厚度无关。这种相互作用降低功函数的绝对值与基板自身功函数无关，但是对导体的作用大于半导体，而对绝缘体几乎无作用。该理论认为，离子的几何尺寸和移动能力决定了哪种电荷可以向基板移动，并导致偶极指向或背向基板，最终改变基板的功函数。

镜像电荷(图 4-8)理论很好地解释了共轭聚电解质对基板功函数的修饰，但是同样无法很好地解释无离子存在的中性水醇溶共轭聚合物对基板功函数的修饰。此外，其观察到的"降低功函数的绝对值与基板自身功函数无关"这一现象也与其他研究工作不一致。

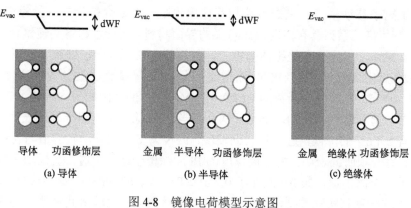

图 4-8　镜像电荷模型示意图

⚪⚪：分子；⚪○：偶极分子。E_{vac} 代表真空能级；dWF 代表功函数差

整数电荷转移(integer charge-transfer, ICT)模型也是一类接受度比较高的理论模型[22]。该模型认为水醇溶共轭聚合物与基板接触后，如果基板的功函数(Φ_{SUB})大于(小于)共轭聚合物材料的正(负)电荷转移能时，靠近界面处的共轭聚合物主链上的 π 电子可以与基板之间发生电荷转移：电荷以整数的形式转移到共轭聚合物的主链上。其中，正电荷转移能指将电子从水醇溶共轭聚合物主链上拿走需要的能量(E_{ICT+})；负电荷转移能指将电子加入水醇溶共轭聚合物主链上需要

的能量（E_{ICT^-}）。水醇溶共轭聚合物与基板接触时，电荷转移的发生与否与基板的功函数密切相关。如果基板的功函数大于水醇溶共轭聚合物的正整数电荷转移能（$\varPhi_{SUB} > E_{ICT^+}$），当将基板和水醇溶共轭聚合物接触时，电子将自发地从聚合物转移到基板。随着电子转移的进行，聚合物所带正电荷量也逐渐增加，而基板所带负电荷也增加，由此在界面处产生由基板指向聚合物的界面偶极而降低基板的真空能级。当电子转移获得平衡后，聚合物和基板之间不再存在电荷的转移过程。因此，只要 $\varPhi_{SUB} > E_{ICT^+}$，基板的费米能级将钉扎到电子传输层的正电荷转移能级上，电荷转移平衡时基板的功函数 $\varPhi_{SUB}$ 就等于 E_{ICT^+}，并且不会随着基板功函数的增加而发生变化。如果基板的功函数大于水醇溶共轭聚合物的负电荷转移能而小于正电荷转移能（$E_{ICT^-} < \varPhi_{SUB} < E_{ICT^+}$），聚合物不会与基板之间发生任何电荷转移。因为，当基板的功函数小于正电荷转移能，将电荷从聚合物主链移除需要的能量大于基板接受电荷所释放的能量，因此从聚合物向基板的自发电子转移不会发生；而又由于基板的功函数大于负电荷转移能，将电子从基板移除需要的能量大于聚合物接受电子所释放的能量，所以从基板向聚合物的自发电子转移也不会发生。因此，由于在聚合物与基板之间没有自发的电荷转移，也就没有真空能级的移动发生，基板的功函数在聚合物覆盖前后不会发生变化。如果基板的功函数小于水醇溶共轭聚合物的负电荷转移能（$\varPhi_{SUB} < E_{ICT^-}$），电子将自发地从基板向聚合物发生转移。随着电子转移的进行，基板所带正电荷量逐渐增加，而聚合物所带负电荷也逐渐增加，由此在界面处产生由聚合物指向基板的界面偶极而增加基板的真空能级。当电子转移获得平衡后，聚合物和基板之间不再存在电荷的转移过程。因此，只要 $\varPhi_{SUB} < E_{ICT^-}$，费米能级将钉扎到电子传输层的负电荷转移能级上，电荷转移平衡时基板的功函数就等于 E_{ICT^-}，并且不会随着基板功函数的增加而发生变化[22,23]。Bao 等[23]分别选用了一系列水醇溶共轭聚合物，包括 PFN 和 P3CBT，将其旋涂于不同功函数的基板上，测试了旋涂前基板功函数（$\varPhi_{el}$）和旋涂后基板功函数（$\varPhi_{CE/el}$）的变化。对于 PFN 薄膜，当 $\varPhi_{el}$ 大于 3.95 eV 时，费米能级将钉扎在 3.8 eV。当 $\varPhi_{el}$ 小于 3.95 eV 时，$\varPhi_{CE/el}$ 将等于（$\varPhi_{el}$–0.15）eV。类似的数值关系在 TQm8-N 体系中测得。而 PFNBr 和 P(NSO$_3$)$_2$ 的这一数值分别为–0.21 eV 和–0.42 eV。从实验上证明了整数电荷转移模型的合理性[23,24]。需要注意的是，整数电荷转移模型只适用于水醇溶共轭聚合物与基板之间不存在强相互作用的情况，如杂化作用、化学键作用等。此外，整数电荷转移模型也无法解释非共轭聚电解质表现出来的界面修饰能力。

4.3 有机光电器件中的水醇溶共轭聚合物

4.3.1 水醇溶共轭聚合物在有机发光二极管中的工作机理

当用作阴极界面修饰层时，水醇溶共轭聚合物可以有效降低有机发光二极管器件的电子注入势垒。如上所述，电子注入势垒的降低有两种机理可以给予解释。一种机理是基于离子在电子传输层内部的重新分布，形成对外电场的屏蔽，进而使得电子从高功函数的金属电极高效地注入发光层内部。这一工作机理通常在电子传输层较厚的情况下才能观察到。另一种机理是基于水醇溶共轭聚合物和电极之间形成界面偶极作用，偶极的存在可以有效降低电子从电极注入发光层的势垒，进而增加电子的注入。

为了研究厚膜电子传输层条件下水醇溶共轭聚合物的工作机理(图 4-9)，Hoven 等[19]制备了基于不同厚度 $PFN^+BIm_4^-$ 电子传输层的聚合物发光二极管器件。器件工作时，阴离子 BIm_4^- 在外加电场作用下向发光层(emissive layer, EML)和阴极电子传输层处移动而形成电场屏蔽，进而促进电子从电极向活性层的注入。使用共轭聚电解质导致的电场屏蔽还可以通过电吸收(electroabsorption)谱进行验证。实验中，交流电压和直流电压同时施加到器件上，同时测量器件的吸收/透射光谱。离子移动模型可以经由此法得到进一步验证，当脉冲电压而非稳态电压施加到器件上时，对器件进行常规的 $J\text{-}V$ 测试。在聚合物发光二极管两端分别施加稳态电压和脉冲电压(5 ms 开态，500 ms 关态)。由于脉冲电压压制了离子在电子传输层内部的移动，离子来不及在极短的时间内发生移动，无法在电子传输层内形成有效的电场屏蔽作用，因此器件的性能差于稳态电压下的器件。

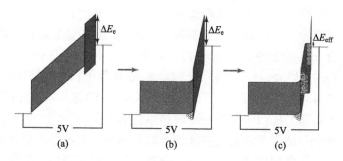

图 4-9　结构为阳极/EML/ETL/阴极的 PLED 在 5V 偏压下的响应示意图[9]

(a) 器件内部电场达到平衡；(b) 正极注入的空穴在 EML/ETL 电子传输层聚集，屏蔽了作用到电子传输层的电场；(c) 离子重新分布以屏蔽作用到两个电子传输层界面的电场。承美国物理学会惠允，摘自 Hoven C, et al., *Appl. Phys. Lett.*, **94**, 033301 (2009)

为了探寻界面偶极作用在电子传输层和电极之间的重要性，需要减少离子移动对器件的影响。霍夫曼消除(Hoffmann elimination)反应可以通过加热来降低离子的浓度，这为设计实验来分别研究离子移动和界面偶极两种电子注入机理提供了可行的方法[25]。烷基化的季铵盐在高温加热的情况下会脱除季铵盐而生成水、三甲基胺、氢卤酸。以 PFN$^+$F$^-$(图 4-3)为例，在 180℃下加热 30 min 后，会生成中性聚合物、三甲基胺和氟化氢。当以 PFN$^+$F$^-$ 为电子传输层制备结构为 ITO/PEDOT/MEH-PPV/PFN$^+$F$^-$/Al 的器件时，热处理对器件性能会产生较大的影响。但是厚膜(约 20 nm)电子传输层和薄膜(约 3 nm)电子传输层在热处理后表现出的器件性能又存在部分差别。对于薄膜电子传输层，永久性的界面偶极在促进电子高效注入方面起着决定性的作用，相反地，在厚膜电子传输层中，相对于界面偶极作用，离子移动将起主导作用。因此，通过热处理使离子官能团脱除对薄膜电子传输层器件的影响将比厚膜电子传输层的影响小，因为在厚膜电子传输层中离子移动起降低电子注入势垒的关键性作用。此外，在蒸镀金属电极前、后进行热处理也有助于研究离子种类的影响：蒸镀金属电极前热处理，脱除的三甲基胺和氟化氢将从薄膜中逃逸出来；蒸镀金属电极后热处理，脱除产物很难透过金属电极而释放出来。因此在蒸镀金属前热处理，器件的启亮电压将会大幅度升高；而在蒸镀金属后热处理，器件的启亮电压将会小幅度升高。当薄膜电子传输层用在 ITO/PEDOT/MEH-PPV/PFN$^+$F$^-$/Al 器件中时，蒸镀金属前热处理电子传输层使得器件启亮电压从 2.0 V 增加到 4.1 V，而在蒸镀金属后热处理电子传输层则使启亮电压增加到 3.1 V。当厚膜电子传输层用在同样的器件中时，无论是蒸镀金属前还是蒸镀金属后热处理电子传输层都使器件启亮电压从 2.3 V 增加到 5.7 V。在薄膜电子传输层器件中，蒸镀金属后热处理使得器件有较小的启亮电压增加，主要是因为由离子存在引起的电子注入势垒降低作用在薄膜电子传输层器件中不明显。在厚膜电子传输层器件中，热处理导致的启亮电压增加大于薄膜电子传输层器件(3.4 V vs 1.1 V)。这一现象证明，在厚膜电子传输层器件中，界面偶极的存在对器件性能的提升作用很小。

使用水醇溶共轭聚合物作为有机发光二极管的电子传输层时，不利的一个特性在于电子注入势垒的降低部分是由离子移动引起的，而离子移动需要较长的时间，器件性能上的表现为器件不是"瞬"间启亮的。此外，由外加电场诱导移动的离子会在外加电场去除后，又弛豫到其最初的状态，弛豫时间可以长达数个小时，并在下一次施加电压时再经历同样的离子移动过程。因此，基于这类电子传输材料的有机发光二极管器件通常存在着一定的启亮延迟，使得这类器件无法满足高速动态显示器件的要求。为了克服器件启亮延迟的问题，可以采用有电子传输性能的中性水醇溶共轭聚合物(不含离子)或两性盐共轭聚电解质(含有离子，但离子通过共价键连接而无法移动)，或者没有可自由移动的离子，作为电子传输层，电子注入机理则主要是靠形成规整取向的界面偶极。Fang 等[26]合成了共价键连接 SO_3^- 和 N^+ 的两性盐共轭聚电解质 $F(NSO_3)_2$(图 4-10)。由于 SO_3^- 和 N^+ 通过共价键连接,不存在可以在电场下自由移动的离子,而极性的侧链基团通过取向排列形成界面偶极而大幅度降低电子的注入势垒。以 $F(NSO_3)_2$ 作为电子传输层的聚合物发光二极管器件,其性能优于以 Ca 作为电子传输层的器件。更为重要的是,由于分子中不存在可以自由移动的离子,在外加电场下器件不需要长时间的离子移动取向,因此器件的响应速度极快,达到了约 10 μs,与金属电子传输层器件相当。在同一时期,Duan 等[27,28]也独立报道了类似的研究工作。

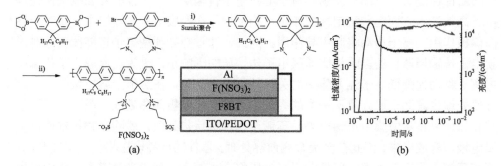

图 4-10　(a)两性盐共轭聚电解质 $F(NSO_3)_2$ 的结构式;(b)图示结构的 PLED 器件在幅值为 4.9 V、频率为 1 Hz 方波脉冲电压下的电流密度-时间、亮度-时间关系曲线[26]

承美国化学会惠允,摘自 Fang J, et al., *J. Am. Chem. Soc.*, **133**, 683 (2011)

另一种克服启亮延迟的方法是将电场下移动的离子固定在界面处,避免其在退电场后弛豫到平衡态,再次施加电压到器件就不会存在离子移动的问题,器件启亮时间减少。Garcia 等[20]设计了一类含离子导体 PEO 链段的阴离子聚电解质 $PF_{PEO}CO_2Na$。PEO 可以促进离子的传输而增加离子电导率,常被用在发光电化学池和固态电池中。因此,PEO 引入是为了促进电解质上的离子在电场下的移动以减少器件的响应时间。稳态下,在结构为 ITO/PEDOT/MEH-PPV/ETL/Al 的器件中,$PF_{PEO}CO_2Na$ 表现出了和 Ba 类似的性能(1.4 cd/A *vs* 0.9 cd/A,在 200 mA/cm 时)。但是,基于 $PF_{PEO}CO_2Na$ 的器件的响应时间却特别长:当外加电压为+3.2 V 时,20 nm $PF_{PEO}CO_2Na$ 电子传输层的器件,其响应时间达到了 46 s。研究者将这一现象归因于密排的 PEO 链段减缓了离子的移动,因此才会出现较长的响应时间。而只有当温度高于 PEO 的玻璃化转变温度或熔点,才能保证 PEO 链段具有足够的柔性来允许离子的移动。为了将自由移动的离子"锁"定在理想位置,需先将聚电解质加热到其熔点之上以保证分子链有足够的自由度可以允许离子的移动,然后对器件施加一恒定电压以完成自由离子的移动,最后当器件的电流密度达到最大值后，在保持偏压的情况下对器件进行降温以"冻"住或"锁"住已经完成移动的离子。离子固定后，其器件表现出与稳态下的器件一样的性能。然而更为重要的是，经过离子"锁"定，器件的响应时间大大缩短，从 46 s 降低到约 200 μs，提高了约 10^5 倍。经过一周时间的存放，"锁"定的离子并未弛豫回到初态，因此器件的响应时间也并未产生变化，表明离子确实被"锁"定在界面处无法在电场下移动。

4.3.2　水醇溶共轭聚合物在有机太阳电池中的工作机理

水醇溶共轭聚合物在有机太阳电池中主要是作为阴极电子传输层，可以有效提高电池器件的短路电流密度(short circuit current density, J_{sc})、开路电压(open circuit voltage, V_{oc})和填充因子(fill factor, FF)，最终大幅度提升器件的能量转换效率(PCE)。此外，水醇溶共轭聚合物独特的环境友好溶剂加工特性、机械柔性、可加工多层器件等特点，使其成为一种在有机太阳电池中普遍使用的阴极电子传输层材料。然而，关于水醇溶共轭聚合物在有机太阳电池中的工作机理，却还没有定论。

水醇溶共轭聚合物在有机太阳电池中的最优厚度通常约为 5 nm，属于薄层电子传输层，因此界面偶极理论被首先用来解释水醇溶共轭聚合物在有机太阳电池中的工作机理。与水醇溶共轭聚合物在有机发光二极管中的作用类似，该理论认为极性侧链基团与金属电极存在着强烈的相互作用而形成界面偶极(图 4-11)。界面偶极的存在可以导致电极的真空能级发生漂移、能带出现弯曲，这使得有机太阳电池的内建电势增加，进而增加器件的开路电压[29]。更进一步地，由于有机半导体材料中载流子的迁移通常与电场强度相关，因此通过增加内建电势而提高内建电场的强度，有助于提高活性层中载流子的迁移。活性层载流子迁移的提高又可以导致填充因子和短路电流密度的增加。在倒置有机太阳电池器件中，界面偶极理论同样被用来解释水醇溶共轭聚合物的工作机理[30]。这一理论得到了紫外光电子能谱(UPS)和扫描开尔文探针显微镜(SKPM)测量结果的证实。采用不同的水醇溶共轭聚合物修饰 ITO，ITO 的功函数可以出现 0.3～0.6 eV 的降低。简而言之，水醇溶共轭聚合物的引入不仅增强了内建电势，而且在界面处引入了强电场。这些电学特性的引入对电子的抽取和传输有着极大的影响。因为内建电势的增加不会直接改变活性层的能级和带隙，也不会影响活性层的吸收，因此，不会存在开路电压与短路电流的竞争关系，可以获得开路电压、短路电流和填充因子的同时改善。

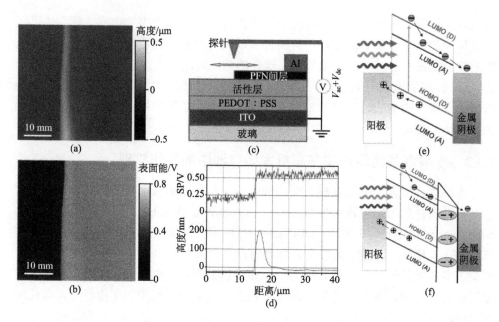

图 4-11 扫描开尔文探针显微镜测试的 PFN 电子传输层电偶极矩。活性层与电子传输层接触面的形貌(a)和表面电势(b);(c)实验所采用的器件结构;(d)形貌和表面电势的横截面线;短路情况下器件无电子传输层(e)和有界面(f)时的能级结构[29]

承 Wiley-VCH 出版社惠允,摘自 He Z, et al., *Adv. Mater.*, **23**, 4636 (2011)

虽然界面偶极理论能够解释在有机太阳电池中观察到的大部分现象,但是仍然无法解释水醇溶共轭聚合物能同时提高有机发光二极管和有机太阳电池的性能。因为在这两种器件中,电子的运动方向相反:在有机发光二极管中,电子是从电极注入发光层内部;而在有机太阳电池中,电子是从活性层内部抽取到电极。而界面偶极理论指出的界面偶极在有机发光二极管和有机太阳电池中具有相同方向,无法同时实现电子的高效注入和抽取。因此,水醇溶共轭聚合物界面材料在有机发光二极管和有机太阳电池中的工作机理肯定存在着差异。进一步的研究发现,水醇溶共轭聚合物与富勒烯之间存在的电荷转移可以对富勒烯实现 n 型掺杂,而掺杂可以有效提高材料的电荷传输性能,有助于电子的抽取和传输[31]。Li 等[32,33]观察到从季铵盐阴离子向富勒烯有效的电荷转移过程,转移后的电荷能够对富勒烯 n 型掺杂而提高其电导率。Duan 等[34]也观察到在中性叔胺与富勒烯之间存在着电荷转移复合物,这一结果得到了 UPS 的证实。综上所述,水醇溶共轭聚合物能够提高 ITO 从活性层抽取电子的能力是以下三个方面的共同作用:水醇溶共轭聚合物修饰 ITO 表面导致 ITO 功函数降低;水醇溶共轭聚合物可以对 PCBM 进行掺杂;水醇溶共轭聚合物自身的电子传输/空穴阻挡作用[35]。

4.4　本章小结

理解水醇溶共轭聚合物在有机光电器件中的载流子传输特性和作用机理，对于新材料的设计具有重要的指导意义。与油溶性共轭聚合物相比，水醇溶共轭聚合物最大的不同在于具有强极性的侧链基团，这使得其具有独特的水醇溶特性。同时，水醇溶共轭聚合物的特性除了受共轭主链结构的影响外，还受其极性侧链的长短、对离子等因素的影响，这也为水醇溶共轭聚合物的性能调控提供了多种途径。水醇溶共轭聚合物的极性侧链和对离子的存在也通常会使得材料的离子特性和电子特性相互耦合，这给研究材料本征的电子特性增加了难度。通过脉冲电压测试的方式可以将离子特性和电子特性有效的去耦合，对于单独研究材料的电子特性有着重要意义。目前，水醇溶共轭聚合物作为电子传输层材料用在有机发光二极管和有机太阳电池中的工作机理还存在争议，学术界提出了许多模型和理论来解释水醇溶共轭聚合物在有机发光二极管和有机太阳电池中表现出来的部分现象，但目前还没有一个理论模型可以很好地解释观察到的全部现象。

参 考 文 献

[1] Pinner D J, Friend R H, Tessler N. Transient electroluminescence of polymer light emitting diodes using electrical pulses. J Appl Phys, 1999, 86: 5116-5130.

[2] Wang J, Sun R G, Yu G, el al. Transient electroluminescence from polymer light emitting diode. Synth Met, 2003, 137: 1009-1010.

[3] Pei Q, Yu G, Zhang C, el al. Polymer light-emitting electrochemical cells. Science, 1995, 269: 1086-1088.

[4] Cao Y, Yu G, Heeger A J, el al. Efficient, fast response light-emitting electrochemical cells: Electroluminescent and solid electrolyte polymers with interpenetrating network morphology. Appl Phys Lett, 1996, 68: 3218-3220.

[5] Yu G, Cao Y, Zhang C, et al. Complex admittance measurements of polymer light-emitting electrochemical cells: Ionic and electronic contributions. Appl Phys Lett, 1998, 73: 111-113.

[6] Garcia A, Nguyen T Q. Effect of aggregation on the optical and charge transport properties of an anionic conjugated polyelectrolyte. J Phys Chem C, 2008, 112: 7054-7061.

[7] Garcia A, Brzezinski J Z, Nguyen T Q. Cationic conjugated polyelectrolyte electron injection layers: Effect of halide counter ions. J Phys Chem C, 2009, 113: 2950-2954.

[8] Steuerman D W, Garcia A, Dante M, et al. Imaging the interfaces of conjugated polymer optoelectronic devices. Adv Mater, 2008, 20: 528-534.

[9] Garcia A, Yang R, Jin Y, et al. Structure-function relationships of conjugated polyelectrolyte electron injection layers in polymer light emitting diodes. Appl Phys Lett, 2007, 91: 153502.

[10] Yang R, Garcia A, Korystov D, et al. Control of interchain contacts, solid-state fluorescence

quantum yield, and charge transport of cationic conjugated polyelectrolytes by choice of anion. J Am Chem Soc, 2006, 128: 16532-16539.

[11] Heywang G, Jonas F. Poly (alkylenedioxythiophene) s-new, very stable conducting polymers. Adv Mater, 1992, 4: 116-118.

[12] Mai C K, Zhou H, Zhang Y, et al. Facile doping of anionic narrow-band-gap conjugated polyelectrolytes during dialysis. Angew Chem Int Ed, 2013, 52: 12874-12878.

[13] Mai C K, Arai T, Liu X, et al. Electrical properties of doped conjugated polyelectrolytes with modulated density of the ionic functionalities. Chem Commun, 2015, 51: 17607-17610.

[14] Wu Z, Sun C, Dong S, et al. n-Type water/alcohol-soluble naphthalene diimide-based conjugated polymers for high-performance polymer solar cells. J Am Chem Soc, 2016, 138: 2004-2013.

[15] Park J, Yang R, Hoven C V, et al. Structural characterization of conjugated polyelectrolyte electron transport layers by NEXAFS spectroscopy. Adv Mater, 2008, 20: 2491-2496.

[16] Liu F, Page Z A, Duzhko V V, et al. Conjugated polymeric zwitterions as efficient interlayers in organic solar cells. Adv Mater, 2013, 25: 6868-6873.

[17] Lee B H, Jung I H, Woo H Y, et al. Multi-charged conjugated polyelectrolytes as a versatile work function modifier for organic electronic devices. Adv Funct Mater, 2014, 24: 1100-1108.

[18] Hoven C V, Yang R, Garcia A, et al. Electron injection into organic semiconductor devices from high work function cathodes. Proc Nati Acad Sci, 2008, 105: 12730-12735.

[19] Hoven C V, Peet J, Mikhailovsky A, et al. Direct measurement of electric field screening in light emitting diodes with conjugated polyelectrolyte electron injecting/transport layers. Appl Phys Lett, 2009, 94: 033301.

[20] Garcia A, Bakus R C, Zalar P, et al. Controlling ion motion in polymer light-emitting diodes containing conjugated polyelectrolyte electron injection layers. J Am Chem Soc, 2011, 133: 2492-2498.

[21] van Reenen S, Kouijzer S, Janssen R A J, et al. Origin of work function modification by ionic and amine-based interface layers. Adv Mater Inter, 2014, 1: 1400189.

[22] Braun S, Salaneck W R, Fahlman M. Energy-level alignment at organic/metal and organic/organic interfaces. Adv Mater, 2009, 21: 1450-1472.

[23] Bao Q, Liu X, Wang E, et al. Energetics at conjugated electrolyte/electrode modifier for organic electronics and their implications on design rules. Adv Mater Inter, 2015, 2: 1500204.

[24] Hu Z, Zhong Z, Chen Y, et al. Energy-level alignment at the organic/electrode interface in organic optoelectronic devices. Adv Funct Mater, 2016, 26: 129-136.

[25] Lin C Y, Garcia A, Zalar P, et al. Effect of thermal annealing on polymer light-emitting diodes utilizing cationic conjugated polyelectrolytes as electron injection layers. J Phys Chem C, 2010, 114: 15786-15790.

[26] Fang J, Wallikewitz B H, Gao F, et al. Conjugated zwitterionic polyelectrolyte as the charge injection layer for high-performance polymer light-emitting diodes. J Am Chem Soc, 2011, 133: 683-685.

[27] Duan C, Wang L, Zhang K, et al. Conjugated zwitterionic polyelectrolytes and their neutral

precursor as electron injection layer for high-performance polymer light-emitting diodes. Adv Mater, 2011, 23: 1665-1669.

[28] Duan C, Zhang K, Guan X, et al. Conjugated zwitterionic polyelectrolyte-based interface modification materials for high performance polymer optoelectronic devices. Chem Sci, 2013, 4: 1298-1307.

[29] He Z, Zhong C, Huang X, et al. Simultaneous enhancement of open-circuit voltage, short-circuit current eensity, and fill factor in polymer solar cells. Adv Mater, 2011, 23: 4636-4643.

[30] He Z, Zhong C, Su S, et al. Enhanced power-conversion efficiency in polymer solar cells using an inverted device structure. Nat Photon, 2012, 6: 591-595.

[31] Li F, Zhou Y, Zhang F, et al. Tuning work function of noble metals as promising cathodes in organic electronic devices. Chem Mater, 2009, 21: 2798-2802.

[32] Li C Z, Chueh C C, Yip H L, et al. Solution-processible highly conducting fullerenes. Adv Mater, 2013, 25: 2457-2461.

[33] Li C Z, Chueh C C, Ding F, et al. Doping of fullerenes via anion-induced electron transfer and its implication for surfactant facilitated high performance polymer solar cells. Adv Mater, 2013, 25: 4425-4430.

[34] Duan C, Cai W, Hsu B B Y, et al. Toward green solvent processable photovoltaic materials for polymer solar cells: The role of highly polar pendant groups in charge carrier transport and photovoltaic behavior. Energy Environ Sci, 2013, 6: 3022-3034.

[35] Zhang K, Zhong C, Liu S, et al. Highly efficient inverted polymer solar cells based on a cross-linkable water-/alcohol-soluble conjugated polymer interlayer. ACS Appl Mater Inter, 2014, 6: 10429-10435.

第**5**章

发光器件中的水醇溶共轭聚合物

5.1 引言

 自 20 世纪 80～90 年代以来，有机发光显示技术取得了显著进展[1,2]。1987 年，Tang 和 Vanslyke[1]使用真空镀膜技术，以芳香二胺和 8-羟基喹啉铝(Alq3)分别作为空穴传输层（hole transporting layer, HTL)和发光层，成功制备了双层异质结结构的有机发光二极管，器件的功率效率为 1.5 lm/W，发光亮度(luminance)高达 1000 cd/m^2，工作电压小于 10 V，这一突破性的工作引起了研究者的极大关注，使人们看到了有机发光二极管的应用前景。1990 年，Burroughes 等[3]首次报道了低压下高分子聚对苯撑乙烯(PPV)的电致发光现象，将有机发光二极管中使用的发光材料由小分子拓展到了聚合物领域。随后，Heeger 等[4]用甲氧基异辛氧基取代的共轭聚对苯乙烯撑，在 ITO 上旋涂成膜，获得了量子效率为 1 %，启亮电压(V_{on})为 3 V 的橘红色聚合物发光二极管。这两项工作奠定了聚合物发光二极管(polymer light emitting diode, PLED)的研究基础。相比基于蒸镀技术的小分子有机发光二极管，可溶液加工的聚合物发光二极管具有成本低、易实现大面积制作等优势而备受关注。器件性能也随着材料化学、器件物理等方面的深入研究有了大幅度的提高。

 溶液加工方式是有机发光二极管的核心优势，但这一核心优势同时也为其制备带来了新的挑战。为了得到较优异的性能，有机发光二极管须采用多层器件结构。而绝大多数有机发光材料具有相似的油溶性，在制备多层器件时容易发生界面间的互溶，从而极大地影响器件性能。此外，传统的有机发光二极管必须采用低功函数活泼金属(如 Ba、Ca 等)做阴极以保证有效的电子注入与收集。而 Ba、Ca 等金属电极在空气中极不稳定，必须采用真空蒸镀的方法加工，这严重阻碍了高效有机发光二极管的印刷制备。水醇溶共轭聚合物可以采用水、醇等极性溶剂加工，与发光材料加工所用的低极性溶剂结合，可以采用溶液法制备多层发光器件。另外，水醇溶共轭聚合物作为界面修饰材料，还可以提高器件内电子和空穴的注入与传输，提高器件性能。因此，研究水醇溶共轭聚合物及其发光性能和界面修饰功能具有重要意义。

5.2　有机发光二极管简介

5.2.1　有机发光二极管的发光原理

有机发光二极管是一种将电能转换为光能的器件，属于载流子双注入型发光器件。它的发光机理为：在外界电压的驱动下，由电极注入的电子和空穴相向移动，部分相互捕获而形成激子，处于激发态的激子通过辐射跃迁的方式回到基态，同时放出光子，从而产生发光现象。图 5-1 用能带模型描述了聚合物发光二极管的发光过程。首先，在外加电场作用下，空穴由阳极注入，而电子由阴极注入；然后再在外加电场的驱动下相对迁移，在发光层中复合形成电子-空穴对(激子)，激子发生辐射衰减而发光。发光过程具体分为以下四个过程：①载流子(电子与空穴)注入；②载流子传输；③激子产生；④激子辐射发光。

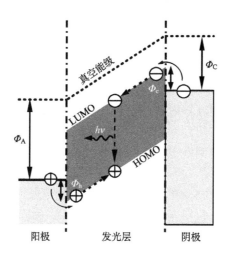

图 5-1　单层 PLED 的能级结构示意图

1) 载流子注入

在外电压的作用下，电子和空穴分别从两端电极注入；空穴注入的势垒高度取决于阳极功函数(Φ_{A})与聚合物价带间的能级差(Φ_{h})，电子注入势垒高度取决于阴极功函数(Φ_C)与聚合物导带间的能级差(Φ_e)。在正向偏压下,空穴从阳极克服 Φ_h 进入聚合物的 HOMO 能级,电子则从阴极克服 Φ_e 进入聚合物的 LUMO 能级。因此,减小界面处的势垒高度将有利于实现高效的载流子注入,当注入势垒小于 0.3~0.4 eV 时为欧姆接触,可认为此时的载流子注入是没有势垒的。

2) 载流子传输

载流子经传输层到达发光层。载流子的传输是指注入聚合物内的电子和空穴分别在外电场作用下向阳极和阴极方向运动的过程。大多数聚合物是高度无序的材料,一般认为载流子传输是通过跳跃的方式在不连续的局域态之间进行的,迁移率较低,同时,载流子的传输还会受到由化学掺杂或者结构缺陷引起的陷阱态的影响。因此,特定的化学结构和聚合物形貌对于聚合物中载流子的传输是至关重要的。在 PLED 中,电子和空穴的复合区域主要由聚合物的电子和空穴迁移率决定,如果空穴传输占主导,则复合区域靠近阴极界面,反之,若电子传输占主导,则复合区域靠近阳极界面。无论靠近哪个界面都会引起发光猝灭,从而影响发光效率。因此,对聚合物载流子的传输能力进行深入研究,有助于合理地设计发光器件结构,提高 PLED 的发光性能。

3) 激子产生

电子和空穴在发光层中互相捕获形成电中性的束缚激发态,即激子态。在外电场的驱动下,分别向阴极和阳极方向运动的空穴和电子,在库仑力的作用下互相靠近,其中一部分空穴与电子最后互相捕获形成束缚在一起的空穴-电子对,即激子。在有机聚合物中,激子受空间尺寸的限制,激子束缚能比较大,如 PPV 的激子束缚能为 100~800 meV,所以在室温下,激子是相对稳定的。

4) 激子辐射发光

处于激发态的激子通过辐射跃迁的方式回到基态,同时发出光子。当激子以辐射跃迁的方式从激发态回到基态时,可观察到发光现象。按自旋统计理论计算,单重态和三重态激子的比例为 1:3。从激发单重态到基态($S_1 \rightarrow S_0$)发生的辐射跃迁,对应为荧光,而从激发三重态(T_1)到基态(S_0)($T_1 \rightarrow S_0$)的跃迁是自旋禁阻的。因此,在理论上最多只有 25 % 的单态激子能够辐射跃迁,75 % 的激子的能量则没有被利用,导致基于荧光材料器件的发光效率不高。如何更有效地利用激子是提高器件效率的关键。1998 年,Ma 等[5]将铱配合物掺杂到聚 N-乙烯基咔唑(PVK)中制备了电致发光器件,最早观察到了电致磷光现象,并提出了实现 100 % 内量子效率的可能性。1999 年,Cao 等[6]发现,在荧光共轭聚合物电致发光器件中,单重态激子生成比例达到了 50 %,主要与共轭聚合物体系中弱的激子束缚能有关,这是首次报道单重态激子比例大于 25 % 的荧光器件。随后不同课题组在实验和理论方面都证明了某些荧光共轭聚合物体系可以突破单重态激子比例低于 25 % 的限制[7]。

5.2.2　有机发光二极管的器件结构

1. 正置型聚合物发光二极管

PLED 是通过电子与空穴的注入、传输、复合而辐射跃迁，属于电荷注入型发光器件。最简单的器件结构为发光层夹在阳极和阴极之间，这类器件称为单层夹心有机电致发光器件，又称为"三明治"式夹层器件，如图 5-2(a) 所示。单层器件由于载流子的注入与传输不平衡，器件的效率较差。为了提高 PLED 的性能，使器件内部空穴与电子的注入与传输更加平衡，一方面需要阳极和阴极的功函数与聚合物的能级相匹配，这样可以保证载流子的有效注入。阳极需要选择一些高功函数的材料，以玻璃为基板的 ITO 膜由于具有较高的功函数、良好的导电性及在可见光区域较大的透过率等优点，是目前使用最多的阳极材料。而阴极需要选择一些反射率较高、功函数较低及稳定性好(尤其是在空气中的稳定性)的材料。另一方面需要在阳极与发光层或者阴极与发光层间插入一些空穴注入/传输层或电子注入/传输层来调节空穴与电子的注入与传输，形成多层的聚合物电致发光器件，器件的结构如图 5-2(b) 所示。对于溶液加工的 PLED，由于受溶剂侵蚀的影响，制备多层器件是相对比较困难的。使用最广泛的空穴注入材料为聚苯乙烯磺酸盐掺杂的聚(3,4-乙撑二氧噻吩) (PEDOT∶PSS)，该材料除了能够提高功函数外，还可以使 ITO 表面更加平整，减少器件的漏电流。由于大多数聚合物发光材料具有相同的油溶性，因此若通过溶液加工的方式在其上面旋涂一层电子注入/传输材料，需要这层电子注入/传输材料与发光层具有完全不同的溶解性。Huang 等[8]开发了一系列水醇溶共轭聚合物，用作电子注入材料，为构筑多层 PLED 提供了材料基础。

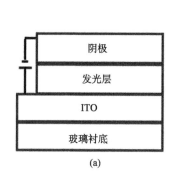

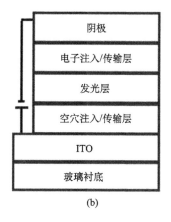

图 5-2　单层(a)和多层(b)正置型聚合物发光二极管的结构示意图

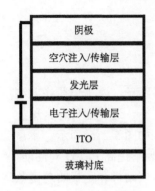

图 5-3　倒置型聚合物发光
二极管的结构示意图

总之，器件性能的提高需要用不同功能的材料来保证器件内载流子传输。此类先在基板上制作阳极，后在有机薄膜上蒸镀低功函数阴极的器件结构被称为传统型 PLED。

2. 倒置型聚合物发光二极管

相对于正置型 PLED，倒置型 PLED 则是先在基板上制作阴极，后在有机薄膜上蒸镀阳极金属。目前倒置型 PLED 器件结构中，使用较多的阴极为 ITO/n-型金属氧化物、ITO/水醇溶电子注入材料和 ITO/n-型金属氧化物/(水醇溶)电子注入材料等，而阳极多采用的是 MoO₃/Ag 和 MoO₃/Al 等。器件的结构示意如图 5-3 所示。

5.2.3　有机发光二极管的主要性能参数

1. 发光亮度和发光效率

发光亮度 L 是衡量发光物体表面明亮程度的物理量，即单位面积上的发光强度，单位是 cd/m²。亮度不仅与发光器件的辐射能量有关，还与人的生理视觉有关。只有在人眼感觉得到的可见光区才可以对人眼产生刺激，所以计算亮度时需要考虑视见函数，辐射能量与视见函数的乘积才是有效的光能量。

发光效率主要包括量子效率(quantum efficiency)、流明效率(luminous efficiency)、光功率效率(luminous power efficiency)。

1)量子效率

量子效率指产生的光子数与注入的载流子数量之比，包括内量子效率和外量子效率。内量子效率 η_{int} 指产生的光子总数与注入的电子-空穴对数之比。外量子效率 η_{ext} 指射到器件外部的光子总数与注入的电子-空穴对数之比。由于 η_{int} 忽略了光耦合出器件外部所受的损失，实际意义不是很大，所以主要介绍影响器件外量子效率 η_{ext} 的因素。影响器件 η_{ext} 的因素可用式(5-1)表达：

$$\eta_{ext} = \gamma \cdot \gamma_{st} \cdot q \cdot \chi \tag{5-1}$$

其中，γ 为形成的激子数目与注入的载流子总数的比值。聚合物发光二极管为双极注入型的器件，数目相同的电子和空穴分别从阴极和阳极同时注入，完全复合而没有漏电流从相反的一侧流出，此时的 $\gamma=1$，否则 $\gamma<1$。因此，为了提高量子效率，需要调节器件内部电子与空穴的平衡性。γ_{st} 为电子-空穴复合形成的激子中单重态激子所占的比例，根据量子统计理论，单重态的比例为 25%，而磷

光材料还可以同时利用 75 %的三重态激子，实现 100 %的内量子效率，此时的 $\gamma_{st}=1$。材料本身的光致发光效率 q 是指辐射跃迁的激子数目与光激发产生的总的激子数目的比值，与材料结构、纯度等因素有关。尽可能地降低荧光猝灭有利于提高器件的 η_{ext}。光输出耦合因子 χ 也是影响 η_{ext} 的一个重要参量。一个简单估算 χ 的方法是依据几何光学计算得到的，如式(5-2)所示：

$$\chi = 1 - \sqrt{1 - \frac{1}{n^2}} \tag{5-2}$$

其中，n 为聚合物的折射率。对于大部分的共轭聚合物，折射率一般大于 1.6，近似地，$\chi \approx \frac{1}{2n^2}$。

量子效率并没有考虑人眼对于不同波长可见光的敏感度，而流明效率 η_L 和光功率效率 η_P 考虑了人眼对光谱的响应，与人的视觉生理量密切相关，因此，更具有实用价值，是评价器件性能的重要参量。

2) 流明效率

当考虑人眼视觉对器件发光效率的评价时，需要使用流明效率这个概念。

流明效率又称电流效率(current efficiency)，是指每安培电流能够产生的光的强度，单位是 cd/A，可用式(5-3)表述：

$$\eta_L = \frac{L}{J} = \frac{LS}{I} \tag{5-3}$$

其中，L 为发光亮度；J 为电流密度；S 为发光面积；I 为通过的电流。

3) 光功率效率

光功率效率 η_P 为发射的光功率与总的电功率的比值，单位是 lm/W。对于 Lambertian 光源来说，光功率效率与流明效率之间存在着一种关系，即

$$\eta_P = \frac{\pi \eta_L}{V} \tag{5-4}$$

2. 响应时间和器件寿命

响应时间：在直流电压下要达到最大发射值所需要的时间，通常几秒到数小时不等，对于实际应用，响应时间不能太长。

器件寿命：是指发光亮度衰减到起初亮度的一半时所用的时间。

3. 发光颜色和色纯度

在色度学中，发光颜色主要使用色坐标来描述。另外，色温和显色指数也是描述白光光源质量的重要参数。

色坐标：标准的色度系统于 1931 年，由国际照明委员会根据三色理论建立，简称 CIE 1931。三色理论认为：任何颜色都可以通过选择不同比例的红、绿、蓝三基色(所对应的波长分别为 700.0nm、546.1nm 和 435.8 nm)混合而得到。

根据颜色匹配实验，匹配任何一种颜色的光所需要的三基色的数量经过一定的数学转换，即得到三刺激值，由 (X, Y, Z) 表示。而一种颜色的色坐标就是三刺激值与其总量的比值，由 (x, y, z) 表示，一般只用 (x, y) 就可以标注颜色。CIE 1931 色度图，如图 5-4 所示，就是由各单色光的色坐标 (x, y) 描述出来的。

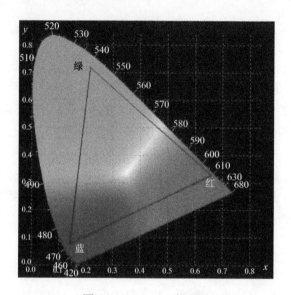

图 5-4   CIE 1931 色度图

5.3   基于水醇溶共轭聚合物的发光材料

共轭聚电解质是一类典型的水醇溶共轭聚合物，在聚合物发光器件中有其独特的优势。例如，共轭聚电解质大多可溶于水、乙醇等环境友好溶剂中，降低 PLED 溶液法制备过程中对环境的污染。此外，共轭聚电解质含有带正电或负电离子基团(如季铵盐基团、羧基、磺酸基等)，可用溶液自组装法加工成膜。

Cimrová 等[9]采用含磺酸基团的 PPP 系列聚合物[PPPSO$_3$Na 或 PPPSO$_3$N-C$_{14}$H$_{29}$(CH$_3$)$_3$，结构式如图 5-5 所示]作为发光层，制备了基于共轭聚电解质作为发光层的聚合物发光器件，聚合物含不同反离子(H$^+$或 Na$^+$)时，器件的最大外量子效率由 0.5 %提高到 0.8 %，发光峰位置由 480 nm 红移到 500 nm。Baur 等[10]用阴/阳离子聚电解质层层组装的方法，制备了一种结构为 ITO/[((−)PPP/阳离子聚电解质)$_n$]/Al 的发光器件，其中阴离子聚电解质(–)PPP 为带有磺酸基的 PPP 衍生物（图 5-6），阳离子聚电解质可以是含季铵盐的共轭 PPP，也可以是非共轭聚电解质，如聚乙烯胺等。器件的性能并不理想，最大外量子效率只有 0.01 %。

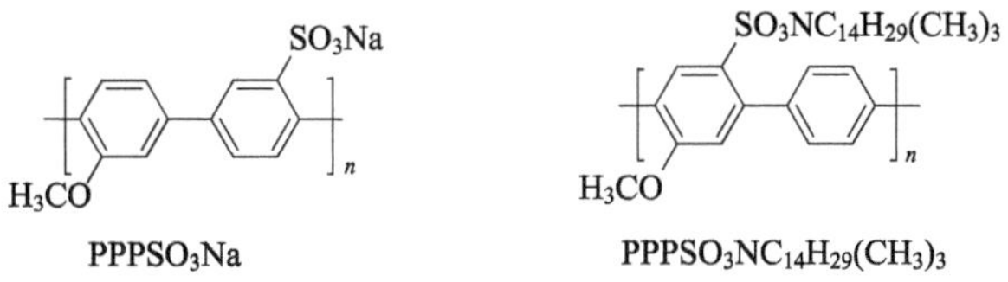

图 5-5　含磺酸基 PPP 系列水醇溶共轭聚合物的结构式

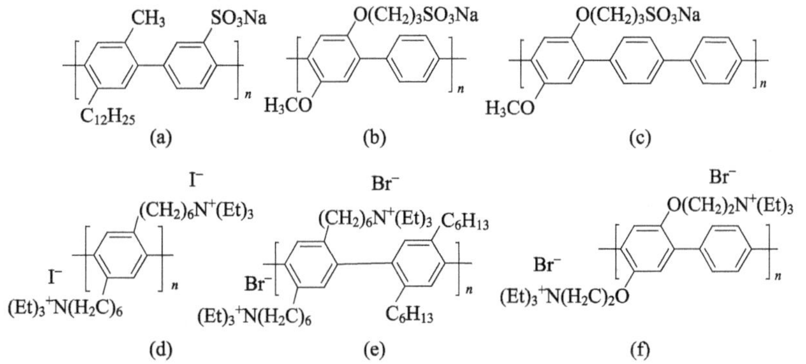

图 5-6　含磺酸基或季铵盐的 PPP 系列水醇溶共轭聚合物的结构式

2004 年，Huang 等[11]合成了含氨基聚芴 PFN、PFPN，及其水醇溶季铵盐 PFNBr、PFPNBr，结构式如图 5-7 所示。对其电致发光性能研究结果显示，由于激基缔合物(excimer)的存在，所有聚合物的电致发光性能很差，PFN、PFNBr、PFPN 及 PFPNBr 器件的最大外量子效率分别为 0.38 %、0.16 %、0.07 %和 0.09 %。但进一步研究发现，这些聚合物均在高功函数金属铝电极器件中，有比低功函数金属钡电极器件更好的性能，这一发现对于发光器件有重要的意义：传统的发光有机小分子或聚合物一般只在低功函数金属电极，如钡、钙等器件中有较好的发光效率，而低功函数金属一般都比较活泼，在空气中易被氧化，从而使器件的制作工艺复杂并影响器件的使用寿命。进一步的研究表明，水醇溶共轭聚合物在铝电极中有较好的器件性能，可能是该类聚合物中的氨基或季铵盐和铝电极发生相互作用，在铝电极界面处形成一种"偶极子"(dipole)[12]，而使铝电极注入电子势垒大大降低，起到增强铝电极电子注入的作用，因此在铝电极器件中有较好的发光效率。

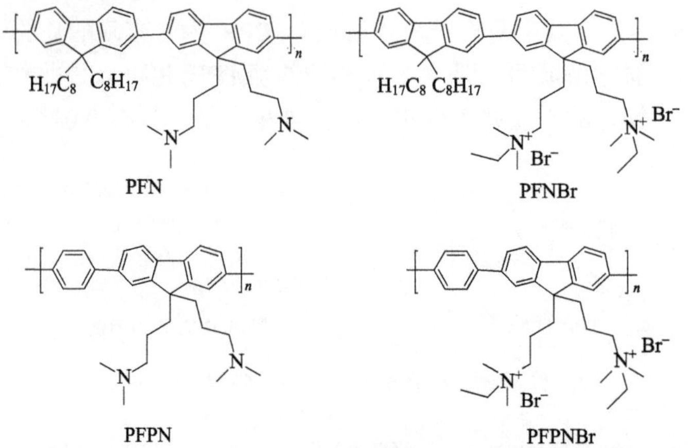

图 5-7 PFN、PFNBr、PFPN 和 PFPNBr 的结构式

为了得到高发光效率的水醇溶共轭聚合物，Huang 等[13]通过在聚合物中引入窄带隙 BTDZ 单元，得到了一系列含氨基或季铵盐的水醇溶芴类发光聚合物 PFN-BTDZ 和 PFNBr-BTDZ，结构式如图 5-8 所示。发现该类材料不仅在高功函数金属铝阴极器件中有着较好的发光效率，还保持了 PFN、PFNBr 所具有的特殊界面性质。PFN-BTDZ0.5 在 ITO/ PVK/PFN-BTDZ0.5/Al 器件中，在电流密度为 29.6 mA/cm² 时的外量子效率为 2.17%，发光亮度为 580 cd/m²，其性能远超过了 PFN。同样，在相同器件结构中，PFNBr-BTDZ0.5 在电流密度为 34.7 mA/cm² 时的外量子效率为 0.76 %，发光亮度为 317 cd/m²，性能远好于不含 BTDZ 的 PFNBr。器件性能的大幅度提高，主要是由于引入的 BTDZ 单元在聚合物链上充当了激子的"陷阱"。激子的复合区域主要在 BTDZ 单元上，限制了聚合物中激基缔合物的生成，提高了激子的复合效率。

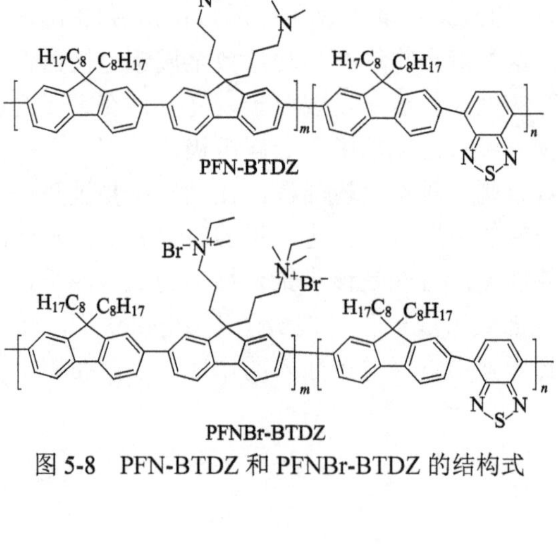

图 5-8 PFN-BTDZ 和 PFNBr-BTDZ 的结构式

5.4　基于水醇溶共轭聚合物的电子注入材料

发光层与电极间形成欧姆接触、平衡的双极载流子注入是获得高性能有机电致发光器件的关键因素。在器件中加入电子注入传输层和空穴注入传输层，可降低载流子注入势垒，平衡载流子的传输。水醇溶共轭聚合物可以通过主链结构和侧链官能团的合理设计来实现电子和空穴的有效注入和传输，而广泛用于 PLED 器件的界面修饰。

大多数共轭聚合物以空穴传输为主，电子的注入和输运受共轭聚合物低电子亲和势及低电子迁移率的限制，成为改善器件性能的瓶颈。为了降低电子的注入势垒，形成欧姆接触，一般使用功函数较低的活泼金属作为阴极材料。但低功函数碱金属及碱土金属易与水、氧反应，造成加工困难，器件需要严密包封，因此开发采用稳定金属电极的电子注入/传输材料意义重大。

5.4.1　氨基水醇溶共轭聚合物及其季铵化衍生物

在 5.3 节中提到，水醇溶共轭聚合物 PFN、PFNBr、PFPN 及 PFPNBr 等作为发光材料均在铝电极器件中有较好的发光效率，这可能是因为降低了铝电极的电子注入势垒，起到了增强铝电极电子注入的作用。在此基础上，Wu 等[14]考察了氨基聚合物 PFN 作为电子传输层，金属铝作为阴极，MEH-PPV（图 5-9）作为发光层的器件特性。与参比器件（不包含电子传输层）相比，用 PFN 作为电子传输层的器件性能有很大提高，与采用金属钡为阴极的器件相当。图 5-10（a）给出了结构为 ITO/PEDOT/MEH-PPV/PFN（10 nm）/Al 器件的典型伏安特性及发光亮度-电压特性曲线。可以看出，该结构器件呈现很好的整流效应，在±7 V 处整流因子可以达到 5800。在直流电压 7 V 驱动下，发光亮度达到 3330 cd/m^2。图 5-10（b）比较了 Al、Ba/Al 和 PFN/Al 三种阴极结构器件的发光亮度-电压特性、外量子效率-电压特性。高功函数金属铝阴极器件的性能很差，发光亮度为 100 cd/m^2 时，外量子效率不超过 0.07 %。与此形成对比，结构为 ITO/PEDOT/MEH-PPV/PFN（10 nm）/Al 器件的最高外量子效率和电流效率分别为 2.37 % 和 1.91 cd/A，在电压为 7 V 下发光亮度为 5000 cd/m^2。该器件的性能与采用钡电极的器件相当接近，表明引入极薄的电子传输层起到了增强电子注入的功效。

MEH-PPV　　P-PPV　　F8BT

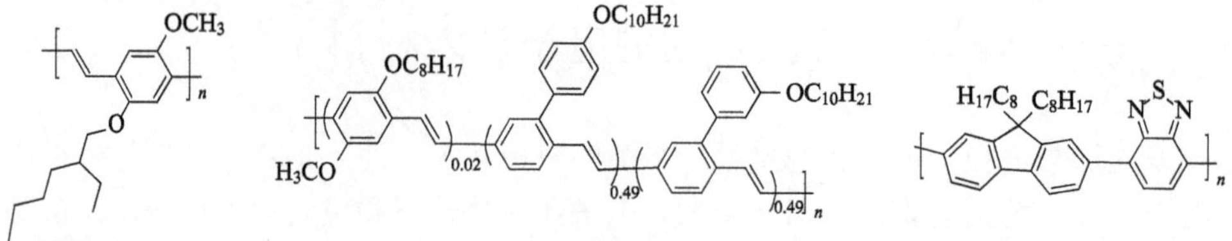

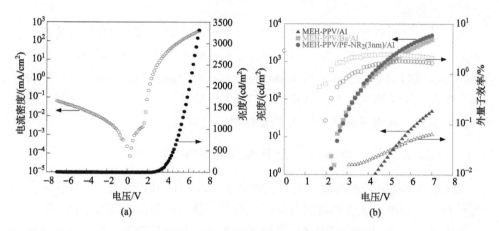

图 5-9　几种常用的电致发光聚合物的结构式

图 5-10　(a) PFN/Al 电极器件的伏安特性和发光亮度-电压特性曲线；(b) 三种阴极结构器件的发光亮度-电压特性和外量子效率-电压特性曲线[14]

承 Wiley-VCH 出版社惠允，摘自 Wu H, et al. *Adv. Mater.*, **16**, 1826 (2004)

当以 P-PPV 作为绿光发光层(结构式见图 5-9)，以 PFN (20nm)/Al 作为双层电极，在电流密度为 33.3 mA/cm^2(对应电流强度为 5 mA)下，发光器件的外量子效率、电流效率和发光亮度分别达到 7.85 %、23.8 cd/A 和 7923 cd/cm^2。然而，纯铝器件在同样电流密度下的外量子效率仅为 0.11 %。同时，基于这一双层电极器件的外量子效率和电流效率比钡电极器件 (分别为6.12 %和 18.8 cd/A) 还要高。尽管该器件的驱动电压比钡电极器件的稍高，考虑 PFN 厚度为 20 nm，在相同电压下器件内部的平均电场强度较低，所以这一结果是合理的。这些结果表明，PFN 类水醇溶共轭聚合物具有良好的电子注入能力，能够降

PFN-OH

图 5-11　PFN-OH 的结构式

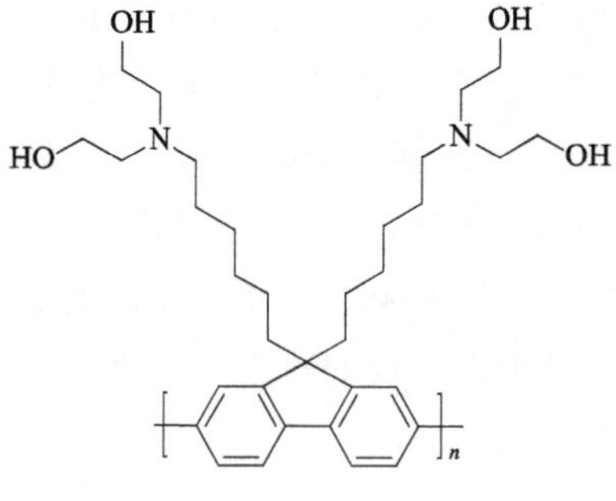

低阴极的电子注入势垒，是极佳的 PLED 阴极界面修饰材料。

　　将醇溶功能基引入聚合物侧链，是制备水醇溶共轭聚合物的一种有效方法。2007 年，Huang 等[15]将二乙醇胺功能基引入聚芴侧链，合成了水醇溶共轭聚合物 PFN-OH（图 5-11），用于发光器件中，得到了较好的器件性能。相比于 PFN，PFN-OH 具有更好的电子注入性能，其侧链上氧原子能够和铝电极相互作用形成界面偶极，进一步降低界面的电子注入势垒。Huang 等[15]制备了结构为 ITO/PEDOT/PF3B∶PHF（1∶5）/PFN-OH/Al 的发光器件及纯铝电极器件。结果表明，相比于纯铝器件，PFN-OH/Al 器件具有更低的启亮电压和更高的发光亮度及电流效率。而且，PFN-OH 还可用于磷光发光器件，以 Ir(ppy)$_3$ 作为发光材料的器件，电流效率高达 43.0 cd/A。

5.4.2　不同对离子的水醇溶共轭聚合物

　　Yang 等[16]合成了含不同对离子的芴基水醇溶共轭聚合物 PF-Br、PF-CF$_3$SO$_3$、PF-BIm$_4$、PF-BAr$_4^F$（图 5-12），并研究了不同对离子对聚合物发光二极管阴极界面的修饰作用。用红光材料 MEH-PPV 作为发光层，器件结构为 ITO/PEDOT∶PSS/MEH-PPV/ETL/Al，电子传输层厚度为 10 nm，由甲醇溶液旋涂制备。参比器件采用纯 Al 电极和 Ba/Al 电极。聚合物发光二极管器件的电流密度-电压和亮度-电压特性曲线如图 5-13 所示，器件的电流效率 η_L 与电流密度 J 之间的特性曲线如图 5-14 所示。从图中可以看出，PF-Br/Al 和 PF-BAr$_4^F$/Al 电极的电流密度-电压和亮度-电压特性曲线与纯 Al 电极类似，这说明从 PF-Br/Al 和 PF-BAr$_4^F$/Al 电极向发光层 MEH-PPV 的电子注入很差。而 PF-CF$_3$SO$_3$/Al 和 PF-BIm$_4$/Al 电极的电流密度-电压和亮度-电压特性曲线与 Ba/Al 电极类似，能够显著提高发光器件的性能，其启亮电压为 2.2 eV，接近 MEH-PPV 的带隙。

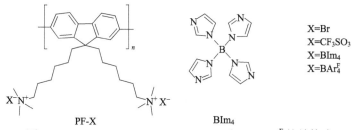

图 5-12　PF-Br、PF-CF$_3$SO$_3$、PF-BIm$_4$ 和 PF-BAr$_4^F$ 的结构式

　　PF-BAr$_4^F$ 作界面修饰时的器件电流效率比纯 Al 电极的效率还低，这说明 PF-BAr$_4^F$ 的电子注入和传输性能很差。四种聚合物阴极界面修饰材料，其电流效率相比 Al 和 Ba/Al 电极，排序大致为（PF-BAr$_4^F$/Al）< Al =（PF-Br/Al）<

（PF-CF$_3$SO$_3$/Al）＜Ba/Al＝（PF-BIm$_4$/Al）。PF-BIm$_4$/Al 器件的电流效率和 Ba/Al 器件相当，起到了良好的界面修饰作用。这些实验结果表明，含对离子的水醇溶共轭聚合物作为阴极界面修饰材料，可以有效降低 Al 电极的电子注入势垒，促进电子向发光层注入。不同的对离子对器件性能的影响很大，因此，在设计合成时要注意对离子的合理选择。

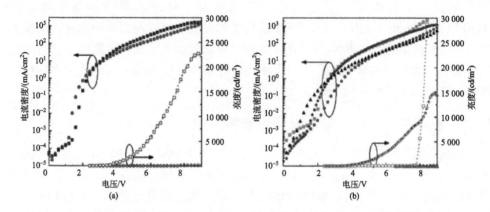

图 5-13　基于不同电极器件的电流密度-电压和亮度-电压特性曲线[16]

(a) Al（红色），Ba/Al（绿色）；(b) PF-Br/Al（红色），PF-CF$_3$SO$_3$/Al（绿色），PF-BIm$_4$/Al（蓝色），PF-BAr$_4^F$/Al（黑色）。承美国化学会惠允，摘自 Yang R, et al., *J. Am. Chem. Soc.*, **128**, 14422 (2006)

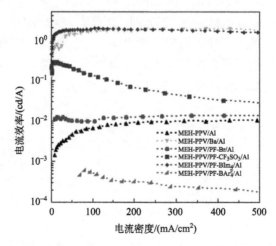

图 5-14　基于不同电极器件的电流效率-电流密度特性曲线[16]

承美国化学会惠允，摘自 Yang R, et al., *J. Am. Chem. Soc.*, **128**, 14422 (2006)

5.4.3　无可移动对离子的水醇溶共轭聚合物

共轭聚电解质，可以作为一种典型的水醇溶共轭聚合物，也可以作为电子注入材料。然而它的对离子迁移入发光层会引起荧光猝灭，从而影响器件的稳定性，而且，对离子本身也会影响器件的响应时间。因此，新型无可移动对离子的水醇溶共轭聚合物得到了广泛开发。

1. 两性盐类水醇溶共轭聚合物

制备无可移动对离子的共轭聚合物，一种可行方法是将阴阳离子通过烷基链分别固定在聚合物的侧链上。2011 年，Fang 等[17]制备了两性盐类水醇溶共轭聚合物 F(NSO$_3$)$_2$，用它作为电子注入材料，用红光材料 F8BT(结构式见图 5-9)作为发光层，制备了结构为 ITO/PEDOT：PSS/F8BT/ETL/Al 的发光器件。聚合物结构式和 PLED 器件结构如图 5-15 所示，同时制备了纯 Al 电极、Ca/Al 电极的参比器件。聚合物发光二极管器件的亮度-电压特性曲线和电流密度-电压特性曲线如图 5-16 所示。当使用 F(NSO$_3$)$_2$作为电子注入层后，器件性能相比于纯

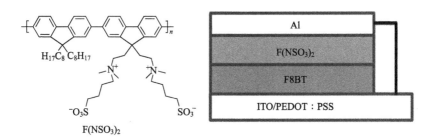

图 5-15　聚合物 F(NSO$_3$)$_2$的结构式和 PLED 器件结构[17]

承美国化学会惠允，摘自 Fang J, et al., *J. Am. Chem. Soc.*, **133**, 683(2011)

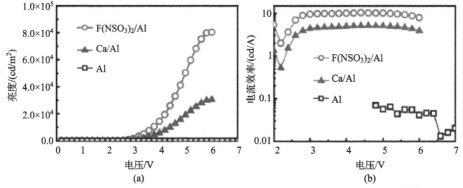

图 5-16　基于不同电极器件的亮度-电压和电流效率-电压的特性曲线[17]

承美国化学会惠允，摘自 Fang J, et al., *J. Am. Chem. Soc.*, **133**, 683(2011)

Al 电极和 Ca/Al 电极都有明显提升。F(NSO$_3$)$_2$ 器件的启亮电压低至 2.3 V，当施加电压由 3 V 提高到 5.8 V 时，器件亮度由 1900 cd/m^2 提高到 8000 cd/m^2；当施加电压为 4.4 V 时，器件达到最大亮度和最大电流效率，分别为 26 000 cd/m^2 和 10.4 cd/A。这些实验结果表明，采用两性盐类水醇溶共轭聚合物 F(NSO$_3$)$_2$ 作为阴极修饰层，可以非常有效地降低 Al 电极的电子注入势垒，促进电子从阴极 Al 向发光层 F8BT 的电子注入。

Duan 等[18] 合成了类似的两性盐类水醇溶共轭聚合物 PF6NSO 和 PF6NSO65（图 5-17）。以绿光 P-PPV 作为发光层，制备了结构为 ITO/PEDOT：PSS/P-PPV/ETL/Al 的发光器件。以 PF6NSO 作为电子注入层，器件的启亮电压低至 2.4 V，最大亮度为 24 790 cd/m^2，最大电流效率为 23.8 cd/A；采用 PF6NSO65 作为电子注入层，器件的启亮电压低至 2.6 V，最大亮度为 21 920 cd/m^2，最大电流效率为 20.4 cd/A；均优于以 PFN 作为电子注入层的发光器件（器件启亮电压为 2.7 V，最大亮度为 4440 cd/m^2，最大电流效率为 3.6 cd/A）。这些结果表明，两性盐类水醇溶共轭聚合物 PF6NSO 和 PF6NSO65 作为阴极修饰层，可以非常有效地降低 Al 电极的电子注入势垒，促进电子从 Al 阴极向发光层 P-PPV 注入。

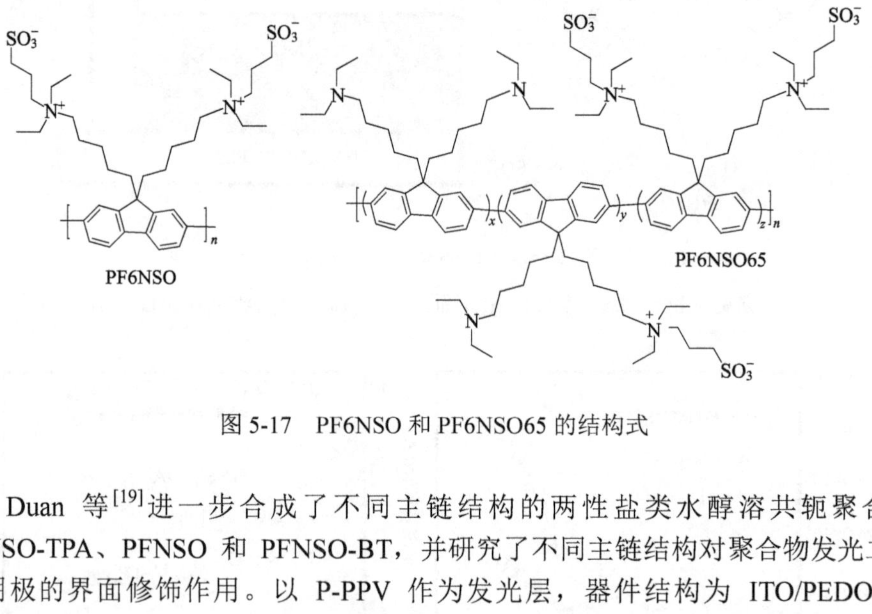

图 5-17　PF6NSO 和 PF6NSO65 的结构式

Duan 等[19] 进一步合成了不同主链结构的两性盐类水醇溶共轭聚合物 PFNSO-TPA、PFNSO 和 PFNSO-BT，并研究了不同主链结构对聚合物发光二极管阴极的界面修饰作用。以 P-PPV 作为发光层，器件结构为 ITO/PEDOT：PSS/P-PPV/ETL/Al，电子传输层厚度为 10 nm，由其甲醇溶液旋涂制备。聚合物和器件结构如图 5-18 所示，同时制备了纯 Al 电极和直接在发光层旋涂甲醇的参比器件。聚合物发光二极管器件的电流密度-电压和亮度-电压特性曲线如图 5-19(a) 所示，η_L-V 特性曲线如图 5-19(b) 所示，相关的器件性能参数见表 5-1。

结果表明，纯 Al 器件的性能很差，在 35 mA/cm^2 的电流密度下，其电流效率仅为 0.17 cd/A，亮度仅为 66 cd/m^2，这说明从 Al 电极向发光层 P-PPV 的电子注入效率很差。以共轭主链最富电子的 PFNSO-TPA 作为电子传输层，器件性能提高了 20 倍以上，在 35 mA/cm^2 电流密度下，电流效率提高到 6.1 cd/A，亮度增加到 2243 cd/m^2。启亮电压从纯 Al 电极的 8.8 V 大幅度降低至 3.1 V。PFNSO 作为电子传输层时，器件的电流效率为 10.8 cd/A，是纯 Al 器件的 60 余倍，亮度也大幅度提高到 3882 cd/m^2。PFNSO/Al 器件的启亮电压也降低到 2.8 V。这些实验结果表明，p 型主链的水醇溶共轭聚合物作为阴极修饰层，可有效降低 Al 电极的电子注入势垒，促进电子从阴极 Al 向发光层 P-PPV 注入。然而，与 F8BT 具有相同缺电子主链结构和较高电子亲和能的聚合物 PFNSO-BT，却表现出了非常差的电子注入/传输能力，PFNSO-BT/Al 器件相对于纯 Al 电极器件和甲醇处理后的参比器件，性能几乎没有任何提高。由于三种水醇溶共轭聚合物具有相同的两性离子功能基团，其电极界面修饰功能之间的差异只能归结于共轭主链结构的不同。通常认为，水醇溶共轭聚合物作为阴极修饰层的工作机制是由于其极性基团与高功函数金属之间存在相互作用，在金属阴极和发光层之间的界面形成界面偶极，进而使电子注入势垒降低，提高器件性能。图 5-20 描绘了不同水醇溶共轭聚合物界面修饰层的聚合物发光二极管器件内部各层的能级结构。从图中可以看出，发光层 P-PPV 与电子传输层 PFNSO-BT 之间的电子注入势垒高度为 0.26 eV，而 P-PPV 与 PFNSO-TPA 或 PFNSO 之间却都完全不存在阻碍电子注入的势垒。基于此，他们进一步研究了采用与 PFNSO-BT 具有相同主链和 LUNO 能级的聚合物 F8BT 作为发光材料的聚合物发光二极管器件的性能。

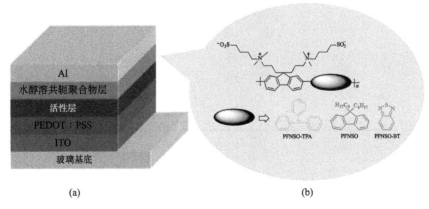

(a)   (b)

图 5-18   PLED 器件结构(a)和聚合物结构式(b)[19]

承英国皇家化学会惠允，摘自 Duan C, et al., *Chem. Sci.*, **4**, 1298 (2013)

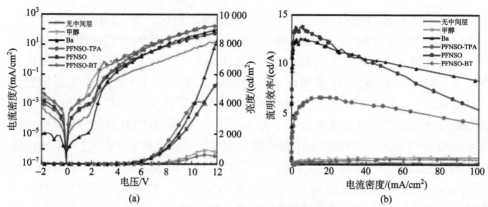

图 5-19　(a)采用不同电子传输层的聚合物发光二极管器件的电流密度-电压和亮度-电压特性
曲线；(b)器件的流明效率-电流密度特性曲线[19]

承英国皇家化学会惠允，摘自 Duan C, et al., *Chem. Sci.*, **4**, 1298(2013)

表 5-1　采用不同电子传输层的聚合物发光二极管器件的性能参数

ETL	V_{on}/V	$\eta_{L,max}$/(cd/A)	L_{max}/(cd/m²)	QE_{max}/%
无 ETL	8.7	0.48	873	0.07
甲醇	4.7	0.74	950	0.09
Ba	3.2	12.6	11 000	3.18
PFNSO-TPA	3.1	6.7	4 183	1.94
PFNSO	2.8	13.9	5 700	3.94
PFNSO-BT	4.8	0.55	625	0.16

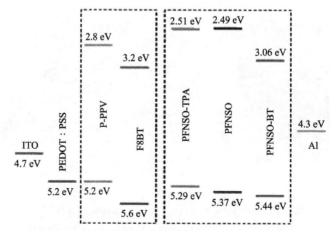

图 5-20　水醇溶共轭聚合物作为界面修饰层的聚合物发光二极管器件内部各层的能级结构[19]

承英国皇家化学会惠允，摘自 Duan C, et al., *Chem. Sci.*, **4**, 1298(2013)

　　由于 F8BT 与 PFNSO-BT 之间不存在阻碍电子注入的势垒，聚合物发光二极管器件的电流密度-电压和亮度-电压及流明效率-电流密度特性曲线如图 5-21 所示，相关的性能参数见表 5-2。结果显示，三种聚电解质 PFNSO-TPA、PFNSO 和 PFNSO-BT 都表现出了非常优异的器件性能。在 35 mA/cm² 的电流密度下，纯 Al 电极器件和甲醇处理后的器件的流明效率很低，分别为 0.16 cd/A 和 0.041 cd/A，亮度分别为 68 cd/m² 和 15 cd/m²。在发光层 F8BT 和 Al 电极之间插入一层很薄的水醇溶共轭聚合物，所有器件的启亮电压都从 5.4 V 降低到 2.8 V。在 35 mA/cm² 的电流密度下，PFNSO-TPA/Al、PFNSO/Al 和 PFNSO-BT/Al 器件的流明效率分别为 1.88 cd/A、3.28 cd/A 和 2.23 cd/A。这一研究结果表明，聚合物发光二极管电子传输层与发光层之间的能级势垒也是一个关键因素，而这一点在以前的研究中往往被忽略。

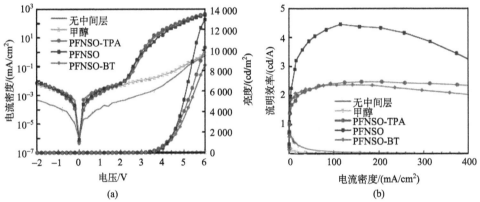

图 5-21　(a) 基于不同水醇溶共轭聚合物的聚合物发光二极管器件的电流密度-电压和亮度-电压特性曲线；(b) 器件的流明效率-电流密度特性曲线[19]
　　　　承英国皇家化学会惠允，摘自 Duan C, et al., *Chem. Sci.*, **4**, 1298 (2013)

表 5-2　基于不同水醇溶共轭聚合物的聚合物发光二极管器件的性能参数[19]

ETL	V_{on} /V	$\eta_{L, max}$ /(cd/A)	L_{max}/ (cd/m²)	QE_{max}/%
无 ETL	5.4	0.79	70	0.065
甲醇	5.8	0.29	29	0.016
PFNSO-TPA	2.8	2.48	11 826	0.75
PFNSO	2.8	4.47	12 976	1.31
PFNSO-BT	2.8	2.38	9 683	0.89

2. 含氧化胺基团水醇溶共轭聚合物

　　Guan 等[20]合成了一系列含氧化胺基团的水醇溶共轭聚合物，如图 5-22 所示，四种含氧化胺基团的水醇溶共轭聚合物 (PNs：PF6NO、PF6NO25Py、PF6NO26Py、

PF6NO35Py) 以及其含氨基的前驱体 (PNOs：PF6N、PF6N25Py、PF6N26Py、PF6N35Py) 被用作阴极电子传输层。研究结果发现，侧链上氧化胺基团不仅可以提高聚合物的醇溶性，还可以提高电子注入能力。

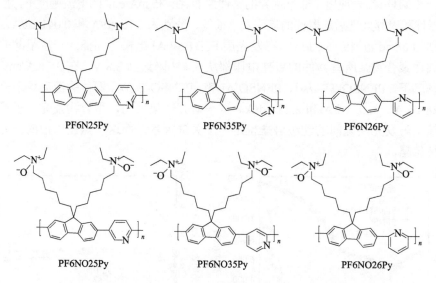

图 5-22　含氧化胺基团的水醇溶共轭聚合物及其含氨基的前驱体的结构式

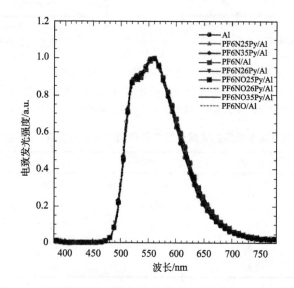

图 5-23　不同阴极界面修饰聚合物发光二极管的 EL 光谱[20]

承 Wiley-VCH 出版社惠允，摘自 Guan X, et al., *Adv. Funct. Mater.*, **22**, 2846 (2012)

Guan 等采用 P-PPV 作为发光层，研究了氧化胺类水醇溶共轭聚合物在聚合物发光二极管器件中的电子注入性能，器件结构为 ITO/PEDOT：PSS/P-PPV/ETL/Al。将 PNs 和 PNOs 的甲醇/冰醋酸溶液分别旋涂在 P-PPV 上，然后蒸镀 80 nm 厚的 Al 阴极。Al、CsF/Al、Ba/Al 也被用作对比阴极。图 5-23 为聚合物发光二极管的电致发光(EL)光谱。表 5-3 列出了电流密度 J=35 mA/cm^2 时的器件性能。

表 5-3 基于不同阴极的聚合物发光二极管的器件性能[20]

ETL	V_{on}/V	$\eta_{L, max}$/(cd/A)	L_{max}/(cd/m^2)
无 ETL	8.8	0.2	873
Ba	2.5	18.8	42 771
PF6N	4.0	9.2	4 658
PF6NO	2.6	19.2	13 284
PF6N25Py	2.8	14.7	8 633
PF6NO25Py	2.6	20.7	19 268
PF6N26Py	3.4	12.6	5 965
PF6NO26Py	2.8	18.4	16 954
PF6N35Py	4.4	6.9	2 704
PF6NO35Py	3.0	16.1	9 613

图 5-23 表明，所有器件都有相似的 EL 光谱，这说明激子的复合区域在 P-PPV 层。从表 5-3 中数据可以得知，单一 Al 作阴极的器件性能最差，其 $\eta_{L,max}$ =0.2 cd/A，L_{max}=64 cd/m^2。引入电子传输层后电流效率 $\eta_{L,max}$ 和亮度 L_{max} 均有明显提高，引入 PF6N、PF6N25Py、PF6N26Py、PF6N35Py 电子传输层的电流效率 $\eta_{L,max}$ 分别为 8.0 cd/A、11.8 cd/A、10.8 cd/A、6.3 cd/A，亮度 L_{max} 分别为 2809 cd/m^2、4100 cd/m^2、3777 cd/m^2、2201 cd/m^2。PNOs/Al 作为阴极的器件比 PNs/Al 作为阴极的器件能表现出更好的器件性能和更低的启亮电压 V_{on}。其中，PF6NO25Py/Al 作为阴极的器件表现出最好的性能，是单一 Al 作为阴极的器件效率的 90 倍。这些结果都表明，PNOs 有良好的电子注入能力，是聚合物发光二极管阴极电子传输层的极佳候选材料。

5.4.4 可交联水醇溶共轭聚合物

部分水醇溶共轭聚合物的结构由极性相对较弱的侧链基团(如氨基、磷酸酯基等)和非极性的烷基链构成，因此在非极性溶剂及低极性溶剂(如甲苯、二甲苯、氯苯)中也有一定的溶解能力。如果将其用于倒置器件结构中，则发光层的溶剂将会对这类界面材料造成溶蚀。为了解决这一问题，Zhong 等[21]通过在 PFN 中引入可热交联的环氧基团和乙烯基团，制得了可交联的水醇溶共轭聚合物界面修饰材料 PFN-OX 和 PFN-S，并将这类可交联的共轭聚合物界面材料制备了器件结构为 ITO/ETL/P-PPV/MoO₃/Al 的倒置发光二极管器件。同时为了研究侧链氨基官能团对 ITO 阴极界面的修饰作用，侧链无任何强极性官能团的可交联聚合物 PF-OX 和 PF-S 也作为 ITO 阴极电子传输层应用于倒置聚合物发光二极管中，结构如图 5-24 所示。

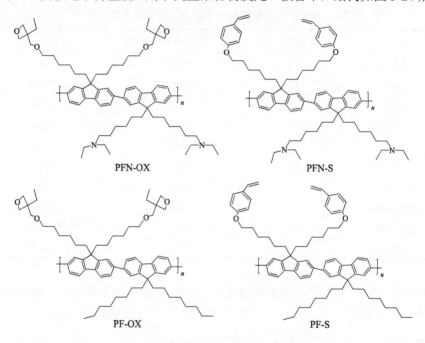

图 5-24 可交联的水醇溶共轭聚合物的结构式

表 5-4 总结了相关倒置聚合物发光二极管器件的性能参数。从这些数据可看出，当未使用任何界面材料时，由于高功函数金属氧化物 ITO 阴极(4.8 eV)与发光层 P-PPV 之间存在着较大的势垒，电子注入势垒大，器件总体性能非常差。直接以 ITO 作为阴极的器件的启亮电压高达 11.0 V，器件的最大亮度和最大流明效率也仅为 11 cd/m² 和 1.8×10⁻³ cd/A。当使用含可交联基团、氨基功能化的醇溶性共轭聚合物电子注入/传输材料 PFN-OX 和 PFN-S 修饰 ITO 后，倒置聚合物发光二极管器件性能显著提高，最大电流效率提高近 4 个数量级，达到与正置 Ba/Al 复合阴极器件性能相当的水平。其中，PFN-OX 作为电子注入层，器件最大亮度提高至 14 741 cd/m²。在 ITO 阴极与发光层 P-PPV 之间插入一层 PFN-OX 和 PFN-S 阴极电子传输层，器件的启亮电压也从纯 ITO 阴极器件的 11.0 V 降低至 3.6～3.7 V。这说明，聚合物 PFN-OX 和 PFN-S 能够实现从 ITO 阴极到发光层的有效电子注入。

这可能是共轭聚合物侧链末端的氨基功能化基团可以与 ITO 阴极之间相互作用形成界面偶极而降低电极功函数，增强电子从电极到发光层的注入能力。

表 5-4　基于不同阴极倒置聚合物发光二极管器件的性能参数[21]

EIL	V_{on}/V	$\eta_{L,max}$ /(cd/A)	L_{max}/(cd/m^2)	QE_{max}/%
PFN-OX	3.7	14.8	14 741	8.4
PFN-S	3.6	11.6	10 551	6.5
PF-OX	8.7	0.2	451	0.11
PF-S	5.9	0.5	1 023	0.28
无 EIL	11.0	0.001 8	11	约 0

进一步的研究将侧链不含氨基官能团的聚合物 PF-OX 和 PF-S 作为 ITO 阴极电子传输层用于倒置聚合物发光二极管器件中，发现聚合物发光二极管的器件性能并未得到显著改善，其启亮电压仍高达 8.7 V 和 5.9 V，最大电流效率也只有 0.2 cd/A 和 0.5 cd/A。这说明聚合物 PF-OX 和 PF-S 并不能降低电子从 ITO 阴极到发光层 P-PPV 的注入势垒，因此相应倒置聚合物发光二极管器件表现出很差的器件性能。

他们进一步通过 X 射线光电子能谱(XPS)分析研究了 ITO 基底或采用 PFN-OX 和 PF-OX 修饰后的功函数。如图 5-25 所示，本征 ITO 和 PFN-OX(5 nm) 修饰 ITO，其功函数依次为 4.4 eV 和 3.6 eV。显然，用 PFN-OX 修饰的 ITO 的功函数比本征 ITO 的功函数降低了 0.8 eV。这可能是由于 ITO 和阴极电子传输层 PFN-OX 之间形成了界面偶极。ITO 功函数的降低有利于降低电子从 ITO 阴极到发光层 P-PPV 的注入势垒，从而改善聚合物发光二极管器件性能。阴极电子传输层 PFN-OX 厚度增加至 20 nm，ITO 功函数进一步降低至 3.2 eV。侧链不含氨基聚合物 PF-OX 修饰 ITO 电极时，本征 ITO 功函数仅下降 0.2 eV，不能显著改善电子从 ITO 阴极到 P-PPV 发光层的注入，聚合物发光二极管器件性能不理想。

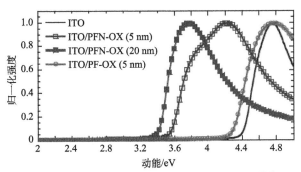

图 5-25　不同界面修饰 ITO 基底的 XPS 谱图[21]

承美国化学会惠允，摘自 Zhong C, et al., *Chem. Mater.*, **23**, 4870(2011)

5.5 基于水醇溶共轭聚合物的空穴注入材料

在聚合物电致发光器件中,为使空穴能更好地注入发光材料的 HOMO,阳极材料功函数应与发光材料的 HOMO 能级匹配。通用电致发光器件的阳极材料是一层透明 ITO,功函数约为 4.8 eV。然而许多发光材料的 HOMO 能级在 5.2~5.8 eV 或以上,ITO 功函数和发光材料 HOMO 能级不匹配。因此为了进一步提高器件效率,通常需要在发光层和 ITO 之间加入空穴传输层,其功函数介于 ITO 和发光材料 HOMO 能级之间,可以有利于空穴从 ITO 注入发光材料的 HOMO 能级。此外,还能阻挡从阴极注入的电子,将空穴和电子限制在发光层中。

三芳胺类化合物易氧化成稳定的阳离子且具有较高的空穴迁移率,而被广泛作为空穴传输材料用于聚合物发光二极管中。低分子量的三芳胺类化合物由于易结晶、玻璃化转变温度低等,在聚合物发光二极管应用中受到了限制。作为空穴传输层时通常要用真空蒸镀工艺,器件设备成本高,不利于大屏幕显示器件的制备。将三芳胺引入聚合物中,可克服低分子量三芳胺类化合物的缺陷,并可用相对简单的旋涂、喷墨打印等工艺进行器件制备。目前大多数三芳胺类聚合物通常采用非极性有机溶剂,如甲苯、二甲苯等来进行器件制备。根据多层聚合物发光二极管的制备过程,空穴传输材料溶液体系先在 ITO 上旋涂成膜,之后在其上旋涂发光层。由于空穴传输材料及发光材料在非极性有机溶剂中有相近的溶解度,所形成的空穴传输层在旋涂发光层时又容易被非极性溶剂侵蚀,鉴于此,Shi 等[22]合成了阴离子型三苯胺共轭聚电解质 PTFTS,发现将其作为空穴传输材料用于 PFO-DBT15 和 PFO-BT15 红光和绿光聚合物器件中,能有效提高器件的外量子效率。较低的氧化电位和较高的 LUMO 能级使其同时具有优良的空穴传输和电子阻挡能力,使空穴和电子的复合更加平衡,结构式如图 5-26 所示。他们制备了结构为 ITO/PEDOT:PSS/PTFTS/EL/Ba/Al 发光器件,同时制备了以 ITO 作为阳极和 ITO/PEDOT:PSS 作为阳极的参比器件。聚合物发光二极管器件各组分的能级如图 5-27 所示。

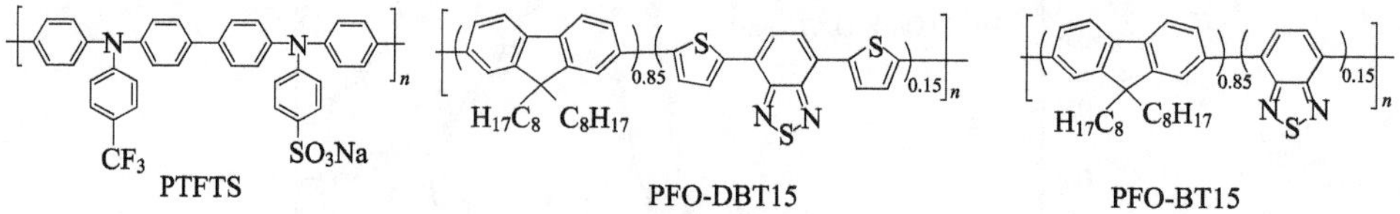

图 5-26 PTFTS、PFO-DBT15 和 PFO-BT15 的结构式

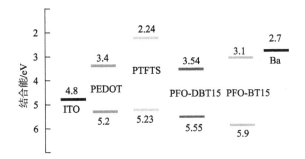

图 5-27　聚合物发光二极管器件各组分的能级图[22]

承英国皇家化学会惠允，摘自 Shi W, et al., *J. Mater. Chem.*, **16**, 2387 (2006)

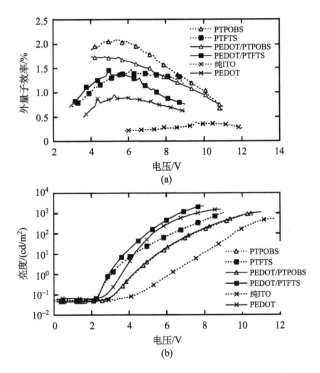

图 5-28　不同器件结构红光发射器件的外量子效率-电压 (a) 和亮度-电压 (b) 曲线[22]

承英国皇家化学会惠允，摘自 Shi W, et al., *J. Mater. Chem.*, **16**, 2387 (2006)

　　图 5-28 比较了不同器件结构红光发射器件的外量子效率-电压和亮度-电压关系曲线。由图 5-28 (a) 可知，在相同的电压下，以 ITO/PTFTS 和 ITO/PEDOT：PSS/PTFTS 作为阳极的器件的外量子效率要远高于单独以 ITO 作为阳极的参比器件，也要高于以 ITO/PEDOT：PSS 作为阳极的参比器件，其中以 ITO/PTFTS 作

为阳极时的器件最大外量子效率达到了 1.5 %(在电压为 6.2 V 时)。PTFTS 的存在使得器件的效率明显提高，这是因为 PTFTS 不仅能有效帮助空穴从阳极注入，还能对从阴极注入的电子起到阻挡作用。从图 5-27 可以发现，PTFTS 和 PFO-DBT15 的 LUMO 能级分别为 2.24 eV 和 3.54 eV，这意味着从阴极注入发光层中的电子若想跃迁到 PTFTS 的 LUMO 轨道，需要克服 1.30 eV 的势垒，如此大的势垒使得电子被阻挡在发光层中，从而使电子和空穴的注入和复合变得更加平衡，器件的效率大大提高。而对于 PEDOT：PSS，由于其 LUMO 能级(3.4 eV)较低，电子很容易从发光层注入其 LUMO 轨道并到达阳极，使得电子-空穴复合不平衡，器件效率也因此降低。

由图 5-28(b)可知，在阳极和发光层之间插入 PTFTS 可明显降低器件的启亮电压(器件亮度达到 1 cd/m² 时所需要的电压)。单独以 ITO 作为阳极时器件的启亮电压为 6.2 V，以 PTFTS、PEDOT：PSS/PTFTS 作为阳极时的启亮电压分别为 3.0 V 和 3.2 V。更低的启亮电压进一步说明了 PTFTS 能有效帮助空穴从 ITO 注入发光层内。随着电压的增加，器件的亮度也随之提高，含有 PTFTS 的器件在相同电压下的器件亮度要大大高于以 ITO 作为阳极时的器件。以 ITO/PTFTS 作为阳极的器件取得了较好的效果，在 7.6 V 的电压下亮度达到了 2000 cd/m²，效率超过 1 %，发射出饱和红光，色坐标为(0.68, 0.31)。

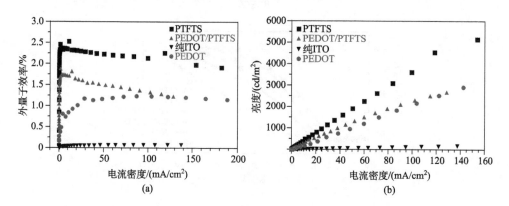

图 5-29 不同结构绿光发射器件的外量子效率-电流密度(a)和亮度-电流密度(b)特性曲线[22]

承英国皇家化学会惠允，摘自 Shi W, et al., *J. Mater. Chem.*, **16**, 2387(2006)

在以 PFO-BT15 作为发光材料的绿光发射器件中，PTFTS 的引入也同样提高了器件的性能。图 5-29 为不同结构绿光发射器件的外量子效率-电流密度和亮度-电流密度特性曲线。以电流密度为横轴，在相同的电流密度下，含有 PTFTS 的器件的外量子效率和亮度都远远高于单独以 ITO 作为阳极时的器件，也要高于以 ITO/PEDOT：PSS 作为阳极的器件。其中，单独以 PTFTS 作为空穴传输层时的器件取得了最好的效果，其启亮电压为 3.7 V，在电流密度为 154 mA/cm^2 时亮度达到了 5150 cd/m^2，并且在 7.2 V 取得了 2.4 %的最大外量子效率。

5.6　基于水醇溶共轭聚合物的全印刷有机发光二极管

水醇溶共轭聚合物不仅可以作为发光器件的界面材料，还可以与溶液加工的金属电极材料结合，实现全印刷的有机发光器件。2007 年，Zeng 等[23]将 PFN 用于可打印阴极的聚合物发光器件，实现了国际上首个喷墨打印金属阴极的全色显示屏。他们选用不同的发光层，PFN 作为电子注入材料，导电银胶作为阴极电极，通过印刷技术制备了红、绿、蓝聚合物发光器件，为全溶液加工制备 PLED 指明了方向。2013 年，Zheng 等[24]报道了全溶液加工(喷墨打印)的 PLED 显示器。将 PFN 和环氧树脂共混用作缓冲层，夹在有机发光层和电极之间。该缓冲层不仅保护有机发光材料免于大气中水氧的破坏，而且具有良好的电子注入性能。制备的 1.5 in（1 in=2.54 cm）聚合物发光显示器(图 5-30)没有任何坏点或坏线。该工作使工业化生产 PLED 的前景更加明朗。

图 5-30　全印刷加工的 PLED 显示器[24]

承 Nature 出版社惠允，摘自 Zheng H, et al., *Nat. Commun.*, **4**, 1971 (2013)

5.7 本章小结

水醇溶共轭聚合物具有传统共轭聚合物的共轭主链,而且侧链含有极性基团,既可以作为发光材料用于 PLED 器件,又可以作为界面修饰材料,用于电子和空穴的注入与传输。通过主链结构和侧链极性基团的合理设计,可得到具有良好界面修饰能力的水醇溶共轭聚合物,降低载流子的注入势垒,有利于载流子的平衡传输,增强器件的发光效率和外量子效率。

参 考 文 献

[1] Tang C W, Vanslyke S A. Organic electroluminescent diodes. Appl Phys Lett, 1987, 51: 913-915.

[2] Pei Q, Yu G, Zhang C, et al. Polymer light-emitting electrochemical cells. Science, 1995, 269: 1086-1088.

[3] Burroughes J H, Bradley D D C, Brown A R, et al. Light-emitting diodes based on conjugated polymer. Nature, 1990, 347: 539-541.

[4] Braun D, Heeger A J. Visible light emission from semiconducting polymer diodes. Appl Phys Lett, 1991, 58: 1982-1984.

[5] Ma Y, Zhang H, Shen J, et al. Electroluminescence from triplet metal-ligand charge-transfer excited state of transition metal complexes. Synth Met, 1998, 94: 245-248.

[6] Cao Y, Parker I D, Yu G, et al. Improved quantum efficiency for electroluminescence in semiconductor polymers. Nature, 1999, 397: 414-417.

[7] Ho P K H, Kim J S, Burroughes J H, et al. Molecular-scale interface engineering for polymer light-emitting diodes. Nature, 2000, 404: 481-484.

[8] Huang F, Wu H, Cao Y. Water/alcohol soluble conjugated polymers as highly efficient electron transporting/injection layer in optoelectronic devices. Chem Soc Rev, 2010, 39: 2500-2521.

[9] Cimrová V, Schmidt W, Rulkens R, et al. Efficient blue light emitting devices based on rigid rod polyelectrolytes. Adv Mater, 1996, 8: 585-588.

[10] Baur J W, Kim S, Balanda P B, et al. Thin-film light-emitting devices based on sequentially adsorbed multilayers of water-soluble poly (p-phenylene)s. Adv Mater, 1998, 10: 1452-1455.

[11] Huang F, Wu H, Wang D, et al. Novel electroluminescent conjugated polyelectrolytes based on polyfluorene. Chem Mater, 2004, 16: 708-716.

[12] Cao Y, Yu G, Heeger A J. Efficient, low operating voltage polymer light-emitting diodes with aluminum as the cathode material. Adv Mater, 1998, 10: 917-920.

[13] Huang F, Hou L, Wu H, et al. High-efficiency, environment-friendly electroluminescent polymers with stable high work function metal as a cathode: Green-and yellow-emitting conjugated polyfluorene polyelectrolytes and their neutral precursors. J Am Chem Soc, 2004, 126: 9845-9853.

[14] Wu H, Huang F, Mo Y, et al. Efficient electron injection from a bilayer cathode consisting of

aluminum and alcohol-/water-soluble conjugated polymers. Adv Mater, 2004, 16: 1826-1830.

[15] Huang F, Niu Y , Zhang Y, et al. A conjugated, neutral surfactant as electron injection material for high efficiency polymer light emitting diodes. Adv Mater, 2007, 19: 2010-2014.

[16] Yang R, Wu H, Cao Y, et al. Control of cationic conjugated polymer performance in light emitting diodes by choice of counterion. J Am Chem Soc, 2006, 128: 14422-14423.

[17] Fang J, Wallikewitz B H, Gao F, et al. Conjugated zwitterionic polyelectrolyte as the charge injection layer for high-performance polymer light-emitting diodes. J Am Chem Soc, 2011, 133: 683-688.

[18] Duan C, Wang L, Zhang K, et al. Conjugated zwitterionic polyelectrolytes and their neutral precursor as electron injection layer for high performance polymer light emitting diodes. Adv Mater, 2011, 23: 1665-1669.

[19] Duan C, Zhang K, Guan X, et al. Conjugated zwitterionic polyelectrolyte-based interface modification materials for high performance polymer optoelectronic devices. Chem Sci, 2013, 4: 1298-1307.

[20] Guan X, Zhang K, Huang F, et al. Amino N-oxide functionalized conjugated polymers and their amino-functionalized precursors, new cathode interlayers for high-performance optoelectronic devices. Adv Funct Mater, 2012, 22: 2846-2854.

[21] Zhong C, Liu S, Huang F, et al. Highly efficient electron injection from indium tin oxide/cross-linkable amino-functionalized polyfluorene interface in inverted organic light emitting devices. Chem Mater, 2011, 23: 4870-4876.

[22] Shi W, Fan S, Huang F, et al. Synthesis of novel triphenylamine-based conjugated polyelectrolytes and their application as hole-transport layers in polymeric light-emitting diodes. J Mater Chem, 2006, 16: 2387-2394.

[23] Zeng W, Wu H, Zhang C, et al. Polymer light-emitting diodes with cathodes printed from conducting Ag paste. Adv Mater, 2007, 19: 810-814.

[24] Zheng H, Zheng Y, Huang F, et al. All-solution processed polymer light-emitting diode displays. Nat Commun, 2013, 4: 1971-1978.

第 **6** 章

新型太阳电池与光电探测器中的水醇溶共轭聚合物

6.1 引言

随着环境污染和能源危机的加剧，人类对可再生能源的需求也越来越大，发展可再生能源技术对世界经济的持续发展至关重要。在风能、水能、地热能、生物质能和太阳能等各种可再生能源中，太阳能由于安全、无污染、不受地理条件限制等特点，成为最有发展前途的一种新型能源。近年来，太阳能光伏转换领域的发展极为迅速，光伏器件可以将太阳能直接转换成电能，对于降低污染和减少二氧化碳排放，应对能源危机，实现世界经济的低碳持续性发展具有重要意义。

目前，无机硅太阳电池仍占据光伏市场的主导地位。虽然随着制造技术的发展，硅太阳电池的生产成本越来越低，但价格及市场占有率与传统的化石能源相比仍存在较大差距。其主要原因是，无机硅太阳电池板的制造工艺较复杂，需要高温、高真空等严格条件，不利于实现大规模商业化生产。而基于砷化镓(GaAs)、铜铟镓硒(CuInGaSe)等材料的新型无机薄膜太阳电池需要铟(In)和镓(Ga)等稀缺元素，在实现大规模应用上也面临挑战。此外，无机太阳电池还存在质量大、易破碎等缺点。有机太阳电池、钙钛矿太阳电池、染料敏化太阳电池(dye-sensitized solar cell)等低成本、更具潜力的新型太阳电池受到了广泛关注，并取得了令人瞩目的研究成果。这些太阳电池器件可通过旋涂、喷涂、刮刀涂布、卷对卷(roll-to-roll)印刷等溶液加工法制备，具有设备成本低、制造工艺简单等特点，在实现大面积工业化生产上具有优势。

有机太阳电池具有成本低、毒性小、较好的机械加工性和柔韧性等特点，在学术界和工业界都引起了广泛关注。有机半导体材料具有灵活多变的结构，可通过分子设计大幅度调节材料的能级、载流子迁移率及吸收光谱、吸收系数等光电性能，极大地拓宽了有机太阳电池的应用范围。此外，有机太阳电池的另一特点是可制成柔性器件和半透明器件，在便携设备中具有较大的应用潜力，与无机太阳电池的应用范围相比，有着非常强的互补性。在过去几年里，有机太阳电池的光电转换效率取得了突破性进展，实验室小面积器件能量转换效率已经从最初的 3 % 左右提高到目前的超过 14 %，展示出巨大的应用潜力。

有机-无机杂化钙钛矿太阳电池兼具低成本溶液加工性和高效光电转换性能，近几年异军突起，发展尤为迅速。目前，钙钛矿太阳电池实验室小面积器件的能量转换效率已经超过 22 %。钙钛矿材料具备吸收强、迁移率高、载流子寿命长、可调控带隙及可采用多种方式加工等优点。与目前商业化的无机薄膜太阳电池相比，钙钛矿太阳电池可以采取更低成本的加工方式取得几乎相当的光电转换效率，在材料成本、制备工艺、光伏性能等多个方面具备潜在的优势，应用潜力巨大。此外，染料敏化太阳电池具备原料丰富、制造工艺相对简单等特点，其部分原料可以回收、循环利用，在工业化生产中也具有较大的优势，早在 2004 年，其实验室器件能量转换效率已超过 11 %。近几年，全固态染料敏化太阳电池逐渐发展起来，全固态电池结构突破了染料敏化太阳电池工业化应用的瓶颈，以高效廉价的特点受到越来越多的关注。

在上述各类太阳电池器件的电荷收集过程中，有机/金属和有机/金属氧化物的界面接触是决定电池效率的关键因素之一。实现各层界面间的欧姆接触，对促进载流子的有效抽取和传输至关重要。因此，为了获得更高的能量转换效率，通常需要在活性层和电极之间加入界面修饰材料，改善活性层与电极的接触。一般，理想的电子/空穴传输材料要满足以下几点要求：①有效降低界面的接触势垒高度，使其形成欧姆接触，促进电荷的抽取和收集，降低电荷积累造成的复合损失；②电子/空穴传输层对电子/空穴的收集具有很好的选择性，在相应电极处提升相应电荷的选择效率；③对活性层材料起到一定的缓冲保护作用，防止金属电极与活性层间的扩散甚至反应；④调节入射光在器件内的光场分布，增强对入射光的利用率。界面修饰材料发展迅速，种类很多。基于水醇溶共轭聚合物的界面修饰材料具有诸多优点，如可使用水、醇等环境友好溶剂进行加工；可通过与吸光层不同的正交溶剂制备溶液加工的多层器件，避免不同层间的界面互溶等。水醇溶共轭聚合物界面修饰材料在新型太阳电池器件中得到了广泛应用。本章将具体阐述水醇溶共轭聚合物在各种新型太阳电池器件和有机光电探测器 (organic photoelectric detector) 中的研究进展及目前面临的问题和挑战。

6.2　有机太阳电池简介

6.2.1　有机太阳电池的发展历程

有机光伏现象的发现始于 20 世纪 50～60 年代，早期的太阳电池在光照下开路电压只有 200 mV 左右，能量转换效率较低[1,2]。之后的研究均采用类似器件结构，即只使用单种材料作为太阳电池的活性层，但由于能量转换效率过低（约 0.1 %）而未能引起广泛关注。这类电池性能较差的原因在于，所使用的有机活性层材料的电学性能较差，导致材料在被光激发后，首先形成的是由库仑力束缚在一起的电荷-空穴对（即激子），而不是像无机半导体中直接分离为自由载流子。光生激子会受到有机分子间弱的相互作用力限制而形成局域态束缚在分子内[3-5]，且激子的扩散距离通常非常短[6-8]，甚至短于实际器件中的活性层厚度，导致大部分激子还未扩散到电极就会复合回到基态，未能对器件光电流的产生做出贡献。

1986 年，美国柯达（Kodak）公司 Tang[9]首次将异质结概念引入到有机太阳电池中。在两电极之间使用两种不同的有机材料分别作为 p 型和 n 型半导体，制备了具有双层异质结结构的太阳电池，能量转换效率达到了 1 %。双层异质结器件利用 p 型和 n 型有机半导体材料的电子亲和势与电子电离势的差距，在两种材料接触形成的界面处产生电势差，从而使激子分离为自由载流子。由于激子的寿命较短，双层异质结器件的效率都普遍很低[10]。1992 年，共轭聚合物与富勒烯球体之间的光诱导电子转移现象相继被发现报道[11,12]，以体异质结（bulk heterojunction，BHJ）为器件结构的有机太阳电池得到了大力发展[13,14]。相比于双层异质结器件，体异质结器件具有明显的优点：给体和受体材料不是两层独立的薄膜，而是共混形成一个体相，并在这一共混相中形成互穿网络结构，从而形成大量的接触界面。在体相中，给体与受体发生纳米尺度的相分离，光生激子能够在扩散距离内到达给受体界面，从而得到及时地分离和传输，激子复合的概率大大降低，器件效率得以大幅度提升。此后，研究人员主要是以体异质结结构有机太阳电池作为研究对象。近年来，随着对材料结构与性能的认识不断提升，研究人员发展出了多种多样且各具特色的给体和受体材料体系，同时通过对器件运作机理及薄膜形貌等方面的优化，有机太阳电池的能量转换效率得到了大幅度提高。单层有机太阳电池验证效率已超过 14 %[15-17]，叠层器件也实现了接近 15 %的效率[18,19]。同时，器件的寿命也不断提升，目前有寿命超过 6 年的稳定器件[20]。在太阳电池板模具组件方面，100 m² 超大面积的太阳电池面板模组已经完成[21]，目前正在走向商业化。这些里程碑式的成果展示了有机太阳电池的巨大应用前景。

6.2.2　有机太阳电池的器件结构及工作原理

目前，体异质结结构已经成为有机太阳电池器件最常用的标准结构，正置结构有机太阳电池器件的结构如图 6-1(a)所示。太阳光从空穴收集电极(常用 ITO)入射，经由活性层吸收，活性层内电荷分离产生的电子和空穴分别被运输到电子收集电极和空穴收集电极，最终产生光电流。为了实现各层界面间的欧姆接触，获得更高的器件效率，通常在电极与活性层之间插入界面层，即电子收集电极和活性层之间的电子传输层、空穴收集电极和活性层之间的空穴传输层。将空穴传输层和电子传输层的位置对换就形成了倒置结构的太阳电池。空穴传输层通常是 p 型掺杂的 PEDOT：PSS 或过渡金属氧化物(如 MoO_x)。电子传输层可以为低功函数金属(如 Ca、Ba 等)、过渡金属氧化物(如 ZnO、TiO_x 等)或共轭聚合物。

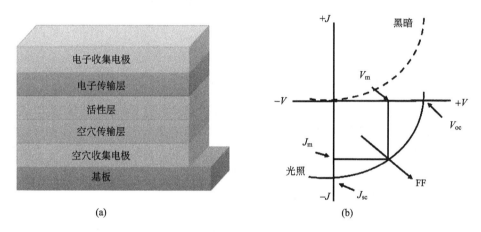

图 6-1　(a)体异质结有机太阳电池正置器件结构示意图；(b)有机太阳电池典型 *J-V* 曲线示意图

有机太阳电池器件性能的最主要参数是能量转换效率(power conversion efficiency，PCE)，其计算公式为

$$PCE = \frac{V_{oc} \times J_{sc} \times FF}{P_{in}}$$

其中，V_{oc} 为开路电压；J_{sc} 为短路电流密度；FF 为填充因子，为光伏特性曲线上最大能量输出点与 V_{oc} 和 J_{sc} 乘积的比值；P_{in} 为太阳光入射强度(功率)。为了提高器件的 PCE，需要优化 V_{oc}、J_{sc} 和 FF，这些参数之间的关系如图 6-1(b)所示。

有机太阳电池的工作原理与无机太阳电池有很大区别，目前学术界对有机太阳电池中光生载流子的产生存在争论。有机光伏材料(包括共轭聚合物和共轭小分子)的介电常数通常只有 2~4[22]，远低于无机半导体的介电常数(>10)，导致电荷间的屏蔽效应远小于无机半导体。有机太阳电池光生载流子的产生机理一般可用激子理论来表述，具体有以下五个过程：

(1) 活性层吸收光子，形成由库仑力束缚在一起的电子-空穴对(激子)；

(2) 激子扩散到给体-受体界面；

(3) 在给体-受体界面处通过界面能极差发生电荷分离；

(4) 空穴和电子分别在 p 型半导体和 n 型半导体中传输，到达电极；

(5) 空穴和电子分别被各自的电极收集，形成光电流。

激子理论能很好地解释为什么体异质结器件比双层器件性能更高，以及体异质结器件的性能为什么对活性层中给体-受体相分离形貌非常敏感。近年来，相继有其他新理论提出，进一步补充解释有机太阳电池的工作机理，例如，超快速电荷分离理论可以解释在飞秒尺度下形成光生载流子的现象。尽管如此，目前已经形成的有机太阳电池工作机理，仍需要通过新材料及新现象的发现进一步补充与完善。

6.2.3 基于水醇溶共轭聚合物的活性层材料

水醇溶共轭聚合物具有有机半导体的本征特性，同时独特的溶解性拓展了其在有机太阳电池中的应用。利用它在水或醇溶液中优良的溶解性，可作为活性层材料用于有机太阳电池中，制备全绿色溶剂加工的太阳电池器件。同时，水醇溶性也有利于使用正交溶剂法制备多层太阳电池器件。以下，将介绍水醇溶共轭聚合物作为活性层材料在有机太阳电池中的应用。

尽管目前有机太阳电池已经获得了较高的器件效率，但其中大多数器件的加工过程需要消耗大量的毒性溶剂，如氯仿、氯苯和邻二氯苯等。因此，适用于大面积生产和能够利用环境友好溶剂进行加工的材料体系，即水醇溶共轭聚合物，吸引了大量关注。早期关于水醇溶共轭聚合物的研究主要集中在使用有机共轭聚电解质材料制备多层太阳电池器件，并利用这种器件来研究多层异质结太阳电池的工作机理。在这类多层太阳电池器件中，电子给体材料和电子受体材料依次交替沉积成膜，造成电荷在正负电极之间的连续传输路径被完全打断，器件的最终性能较差[23-27]。近几年，采用绿色溶剂加工的有机太阳电池活性层材料也受到越来越多的关注。下面举例说明水醇溶共轭聚合物作为有机太阳电池活性层材料的研究进展。一些具有代表性的水醇溶共轭聚合物活性层材料的结构式如图 6-2 所示。

2007 年，Yang 等[28]报道了一种基于 ITO/PTEBS-Na/C$_{60}$/BCP/Al 结构的双层有机太阳电池器件，其中 BCP(2,7-二甲基-4,7-二苯基-1,10-邻二氮杂菲)为空穴阻挡层，PTEBS-Na 为电子给体和空穴传输层。由于 PTEBS-Na 在水中具有优良的溶解性，可采用溶液旋涂的方法首先将 PTEBS-Na 的水溶液在 ITO 透明电极上旋

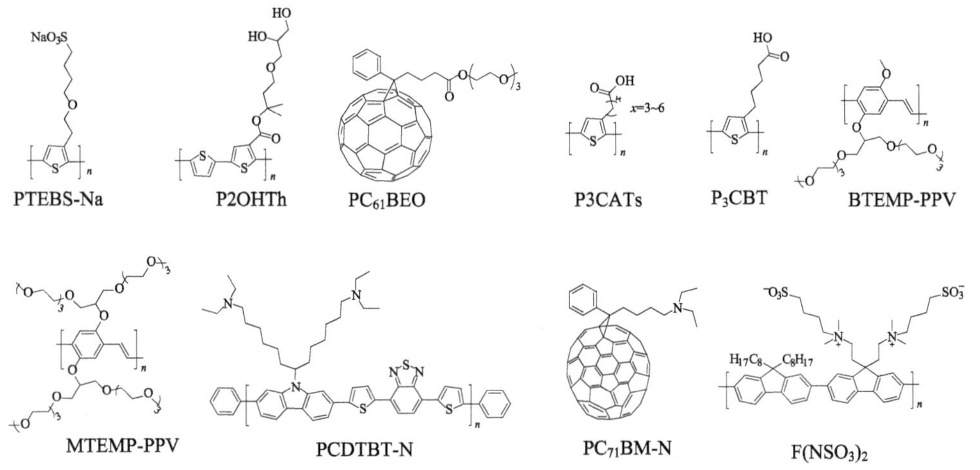

图 6-2　一些具有代表性的水醇溶共轭聚合物太阳电池活性层材料的结构式

涂成膜。然后,在高真空的条件下用热蒸镀的方法,将富勒烯 C_{60} 沉积在 PTEBS-Na 薄膜上作为电子受体和电子传输层。最后,再通过真空热蒸镀依次沉积上空穴阻挡层 BCP 和金属铝电极。此方法制作的太阳电池器件在 AM 1.5G 条件下取得了 0.39 % 的能量转换效率。同时, 他们还发现如果在这个电池器件的电极两端加上一个正向的、时间非常短的偏压,器件的开路电压将会提高 15.5 %,进而器件的光电性能也获得了一定程度的增强,能量转换效率提高到 0.43 %。实验还发现, 这个由偏压导致的器件性能的改变是稳定且不可逆的,即使再在电极两端加上一个反向偏压,器件的性能也不会再发生改变。关于这一现象,他们认为有两方面的可能:一是在施加电场下产生的焦耳热和电荷-离子偶极对会引起 PTEBS-Na 和 PTEBS-Na/C_{60} 界面的微结构改变,从而提高器件的电荷收集能力;二是在施加电场下对离子的移动降低了电子-空穴对的复合,提高了器件的最终效率。Søndergaard 等[29]发明了能够使基于体异质结结构的有机太阳电池器件的每一层都采用水溶液加工的新方法。他们以水醇溶共轭聚合物 P2OHTh 作为活性层给体材料,以水醇溶性的富勒烯衍生物 $PC_{61}BEO$ 作为受体材料,将这两个材料配成水溶液旋涂在 ZnO 纳米粒子层上,器件中使用的 ZnO 纳米粒子层也是通过水溶液旋涂的方式沉积在 ITO 上。由于在 310℃ 高温下热处理约 10 s,聚合物 P2OHTh 上的增溶侧链就会发生断裂,故可通过高温热退火的方式将 P2OHTh 变成不溶的活性层,随后再通过水溶液旋涂方法沉积空穴传输层 PEDOT：PSS,这样就避免了界面间的浸润腐蚀。最后打印一层导电银胶作为阴极,即可得到最终的电池器件。这个由全水溶液加工法制备的倒置有机太阳电池取得了 0.6 % 的能量转换效率,其中器件的开路电压为 0.49 V,短路电流密度为 4.5 mA/cm^2,填充因子为 32 %。

尽管这个方法所得的器件结果不是很理想，但为环境友好型的高性能有机太阳电池的组装及发展进行了初步尝试。

Worfolk 等[30]合成了有羧酸盐功能团的水醇溶聚噻吩材料(P3CATs)，用 PC$_{61}$BM 作为受体制作了具有光响应的有机太阳电池器件。由于 P3CATs 等聚合物材料在高极性溶剂(如水、乙醇、甲醇等)中具有非常好的溶解能力，在氯苯和邻二氯苯等非极性溶剂中溶解能力有限，而受体材料 PC$_{61}$BM 却显示出刚好相反的溶解性质。因此，他们将给体材料 P3CATs 和受体材料 PC$_{61}$BM 溶解在吡啶和氯仿的混合溶剂中，再通过旋涂制备本体异质结活性层。通过傅里叶红外光谱分析发现，聚合物 P3CATs 侧链的羧基基团之间有氢键形成，有利于材料结晶尺度的增加，并提高空穴的迁移率，促进太阳电池器件内的电荷传输。在羧酸官能团修饰的 P3CATs 类聚合物中，具有烷基戊基间隔修饰的聚噻吩材料的器件效率最高，达到了 2.6 %，其中开路电压为 0.56 V，短路电流密度为 6.3 mA/cm^2，填充因子为 64 %。同时，他们还研究了这类材料的体异质结薄膜在纳米印压下的机械性质。研究结果表明，这类聚合物材料具有优秀的耐久性和柔韧性，并且发现光活性层的机械性能主要是由受体材料 PC$_{61}$BM 支配，而不是来自聚合物给体材料。这一发现对于将来设计实用性的柔性太阳电池器件提供了良好的理论依据。Thomas 等[31]也采用 P$_3$CBT 作为给体材料、C$_{60}$ 作为受体材料，成功制备了倒置有机太阳电池。在器件制作过程中，他们通过斜角沉积的方法得到了独特的 C$_{60}$ 纳米柱，然后再将聚合物 P$_3$CBT 的二氯亚砜溶液通过溶液旋涂的方法插入 C$_{60}$ 纳米柱间隙，形成体异质结活性层。由于 C$_{60}$ 在二氯亚砜中的溶解性差，聚合物 P$_3$CBT 的插入并不会影响 C$_{60}$ 纳米柱的形貌。C$_{60}$ 纳米柱本身又具有合适的直径和纳米柱间距，尺度也符合电池内激子的扩散长度，而且其直径和纳米柱间距还可以通过改变斜角沉积法的参数来调控，具有明显的加工优势。这种纳米结构可以有效增加给体和受体的接触界面面积，从结果来看，具有纳米柱结构的以 C$_{60}$ 和 P3CBT 作为活性层的倒置有机太阳电池的器件效率，由之前双层异质结器件效率的 0.2 % 增加到 0.8 %，电池的转换效率也明显优于传统本体异质结器件的能量转换效率(0.5 %)。Vandenbergh 等[32]制备了两种具有支化齐聚乙二醇修饰的聚苯乙烯(PPV)衍生聚合物(BTEMP-PPV 和 MTEMP-PPV)。这种非离子化的侧链使 BTEMP-PPV 和 MTEMP-PPV 聚合物在水醇溶剂中具有优良的溶解性，可以应用于环境友好溶剂加工的有机太阳电池中。而且，这种非离子化的侧链修饰使共轭 PPV 聚合物具有较大的相对介电常数，其中，MTEMP-PPV 的相对介电常数为 6.4，是传统 PPV 聚合物——聚{2-甲氧基-5-[(3′,7′-二甲基辛基)氧基]-1,4-亚苯基乙烯撑}相对介电常数的两倍。众所周知，大的相对介电常数有利于促进空穴-电子对的解离，减小自由载流子的复合损失，对器件效率的提升十分有利。最终结果表明，在聚合物中引入这种非离子化的侧链是获得高性能的、环境友好溶剂加工的有机太阳电池的一种合理可行的方案。

　　Duan 等[33]合成了一种通过氨基修饰的醇溶性的窄带隙共轭聚合物 PCDTBT-N 和一个醇溶性的富勒烯 C_{70} 衍生物($PC_{71}BM-N$)。然而无论加工条件如何,基于 PCDTBT-N 和 $PC_{71}BM-N$ 活性层的太阳电池器件都没有显示出光伏性能。他们同时合成了去掉侧链氨基的相应聚合物及富勒烯衍生物作为对比材料,通过比较实验发现,只要掺入微量的带氨基的材料,器件的光伏性能就会受到严重影响。后续详细研究分析认为,氨基官能团在器件中具有空穴陷阱的特性,并与富勒烯衍生物形成复合物,限制了活性层中的空穴传输,导致器件不能正常工作。尽管氨基功能化的醇溶性材料 PCDTBT-N 和 $PC_{71}BM-N$ 不能在有机太阳电池中作为活性层材料使用,但它们都可以作为界面修饰层来提高器件的光伏性能。

　　Kumar 等[34]报道了将两性盐类聚电解质 $F(NSO_3)_2$ 作为给体和受体聚合物双层之间的电子传输层制作的有机太阳电池。当将 2 nm 的 $F(NSO_3)_2$ 薄膜插入电池器件中,器件的短路电流密度和填充因子都显著提高。进一步研究发现,$F(NSO_3)_2$ 电子传输层所吸收的光能可以转换为电能,并对器件的光电流产生做出贡献,故可以将其看作是器件活性层的一部分。同时,研究还发现该两性盐类聚电解质电子传输层可以有效地减少电子-空穴复合的可能性,并且由于其具有高的相对介电常数,相对容易在给受体界面形成束缚的电子-空穴对,对最终器件的性能产生重要影响。虽然这个工作最后获得的能量转换效率不是很理想,但给水醇溶共轭聚合物的介电常数与器件性能之间的关系带来了一些启示。

　　表 6-1 总结了水醇溶共轭聚合物作为活性层的有机太阳电池的实验参数。从目前数据来看,水醇溶共轭聚合物作为活性层的有机太阳电池器件效率普遍偏低。因此,为了获得具有环境友好溶剂加工性能且能够大规模工业化生产的有机太阳电池,还需要继续设计合成新型材料并优化器件加工工艺,进一步研究不同加工溶剂对所得到的活性层形貌的影响,同时深入分析离子化和非离子化极性基团对

表 6-1　基于水醇溶共轭聚合物活性层的有机太阳电池参数

器件结构	J_{sc} /(mA/cm^2)	V_{oc} /V	FF /%	PCE /%	参考文献
ITO/PTEBS-Na/C_{60}/BCP/Al	1.0	0.67	53	0.4	[28]
ITO/ZnO/活性层/PEDOT：PSS/Ag	4.5	0.49	32	0.6	[29]
ITO/PEDOT：PSS/活性层/Al	6.3	0.56	64	2.6	[30]
ITO/Cs_2CO_3/P3CBT：C_{60}/V_2O_5/Al	4.6	0.33	45	0.8	[31]
ITO/PEDOT：PSS/MTEMP-PPV/C_{60}/Al	0.3	0.43	36	0.04	[32]

激子解离和载流子传输的影响。就当前环境友好溶剂加工的有机太阳电池的研究来看，设计符合要求的水醇溶共轭聚合物活性层，不能简单地将一些强极性基团直接引入传统的共轭主链上。除了目前研究比较多的氨基等强极性的基团，其他基团在水醇溶共轭聚合物中的作用也非常值得深入挖掘，同时也需要全新的材料和器件设计理念。

6.2.4 基于水醇溶共轭聚合物的空穴传输材料

有机太阳电池的空穴传输材料首先应具备可溶液加工性，并且所用的溶剂应是活性层的正交溶剂。这样可保证传统正置器件的活性层溶剂不会侵蚀空穴传输层；同样地，倒置器件中空穴传输层使用的溶剂也不会侵蚀活性层。其次，必须有良好的透光性，使光能够透过空穴传输层而被活性层吸收。最后，应当注意空穴传输层的表面特性对体异质结活性层相分离和形貌的形成过程也会造成影响。水醇溶共轭聚合物能够很好地满足以上要求，可作为空穴传输层广泛应用于溶液加工的有机太阳电池中。其中，PEDOT：PSS 是在有机太阳电池领域最广泛使用的水溶性空穴传输材料，在提高空穴收集效率，增强阳极空穴注入能力等方面作用明显。图 6-3 中列举了部分除 PEDOT：PSS 外其他可用作空穴传输材料的水醇溶共轭聚合物。下面举例说明水醇溶共轭聚合物在有机太阳电池的空穴传输层方面的应用。

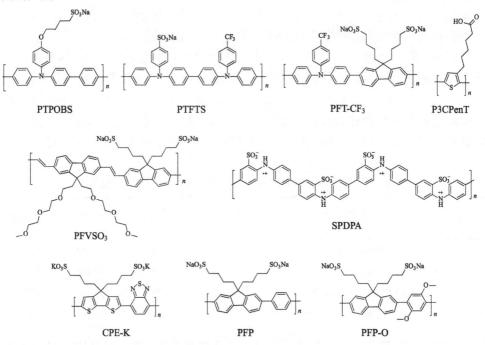

图 6-3 作为空穴传输层的石墨烯或碳纳米管稳定剂的水醇溶共轭聚合物的结构式

2006 年，Shi 等[35]报道了两种磺酸盐修饰的三苯胺共轭聚电解质 PTPOBS 和 PTFTS，这两种聚合物在极性溶剂(甲醇和 *N,N*-二甲基甲酰胺)中溶解性极佳，同时，还可通过在主链上引入给电子基团(如丁氧基)或吸电子基团(如三氟甲基、磺酸基)调节材料的 HOMO 能级。由于这两种共轭聚合物材料优良的空穴传输、电子阻挡性能，以其作为空穴传输层的聚合物发光二极管的性能优于以 PEDOT：PSS 作为空穴传输层的器件。进一步的研究发现，采用三氟甲基修饰的三苯胺和烷基磺酸钠修饰的芴单体共聚制备的阴离子共轭聚电解质 PFT-CF$_3$(图 6-3)[36]，在红、绿、蓝聚合物发光二极管中显示出高效的空穴注入及传输性能。三苯胺共轭聚电解质具有良好的空穴注入性能，在有机太阳电池中也应该是性能优良的空穴传输材料。2008 年，Li 等[37]通过对聚二苯胺(PDPA)进行硫化，成功制备出水醇溶的磺化聚二苯胺聚合物(SPDPA)。SPDPA 具有良好的溶解性和可加工性。SPDPA 聚合物的性质和它的前驱体 PDPA 有着非常明显的差异，相比来看，SPDPA 聚合物具有更好的水溶性、略低的迁移率、更高的热稳定性及光学吸收蓝移等特点，鉴于此，SPDPA 聚合物可以应用在聚合物发光二极管中作为空穴传输层使用，同样也可用于正置太阳电池器件中取代 PEDOT：PSS 作为空穴传输层[38]。当它取代 PEDOT：PSS 时，在以 P3HT：PC$_{61}$BM 作为活性层的电池器件中取得了 4.2 % 的能量转换效率，作为对照的以 PEDOT：PSS 作为空穴传输层的器件的能量转换效率较低，为 3.7 %。P3HT：PC$_{61}$BM 活性层旋涂在 SPDPA 电子传输层上的空穴迁移率比旋涂在 PEDOT：PSS 界面上的迁移率要高。主要原因是，SPDPA 聚合物含有的强极性官能团能够帮助 P3HT：PC$_{61}$BM 分子在 α-轴方向取向结晶，进而形成了更加有序的形貌。随后，SPDPA 聚合物作为空穴传输层也被成功应用于倒置太阳电池器件中[39]，将 SPDPA 聚合物溶于乙醇，并以此润湿活性层的表面，以 P3HT：PC$_{61}$BM 作为活性层的倒置太阳电池器件取得了 3.8 % 的能量转换效率，并且器件具有较好的稳定性，即使在空气中放置 400 h，器件仍保持 2.8 % 的能量转换效率。

Li 等[40]将含羧酸盐修饰的 P3HT 衍生物(P3CPenT)在有机太阳电池中代替 PEDOT：PSS 作为空穴传输层。P3CPenT 分散到极性溶剂二甲基亚砜中，能够自组装形成 10～20 nm 直径的纳米线。由此来看，P3CPenT 并不属于真正意义上的水醇溶共轭聚合物，但其化学结构与水醇溶共轭聚合物相似。随后，以 P3CPenT 纳米线作为空穴传输层，P3HT：PC$_{61}$BM 作为活性层组建了有机太阳电池器件。由于这两种材料溶解性差异极大，使用的溶剂具有正交性，在制作正置太阳电池器件时，使用标准的旋涂技术就可以制成多层器件。另外，P3CPenT 和活性层给体材料 P3HT 有相同的主链结构，有利于电荷在 P3CPenT 与 P3HT 界面间的传输。以 P3CPenT 作为空穴传输层的有机太阳电池器件取得了 3.4 % 的能量转换效率，优于使用 PEDOT：PSS 的器件效率(3.1 %)。

　　大多数水醇溶共轭聚合物导电性较差，一般不能直接作为有机太阳电池的空穴收集电极。但可以在常用溶剂中用作分散石墨烯或碳纳米管的稳定剂，制成可溶液加工的石墨烯或碳纳米管电极，进而用于有机太阳电池中。石墨烯或碳纳米管具有优良的导电性，在取代传统 ITO 透明电极方面应用潜力大。具有高导电性的石墨烯或碳纳米管可以通过化学气相沉积(chemical vapor deposition, CVD)的方法加工制作。虽然这种方法加工得到的石墨烯或碳纳米管电极具有优异的透光性和电导率，所取得的性能也可以与 ITO 相比拟或者更好，但是用 CVD 制备电极与将来可实际应用的低能耗、大面积加工制作有机太阳电池的理念是相违背的，因此，现在的研究多集中于还原石墨烯的改进。水醇溶共轭聚合物能够通过与还原石墨烯或碳纳米管之间的 π-π 相互作用，在水溶液中有效地稳定还原石墨烯或碳纳米管。由于 π-π 相互作用并不是共价键，因此水醇溶共轭聚合物能够在保证它们本身电子性质的前提下，进一步加强还原石墨烯或碳纳米管在水或醇溶液中的溶解性，使还原石墨烯或碳纳米管电极能够通过简单的旋涂或打印含有水醇溶共轭聚电解质的溶液制得。不过目前还没有关于水醇溶共轭聚电解质分散的还原石墨烯或碳纳米管电极在有机太阳电池应用的文献报道，但 Qi 等[41]通过旋涂还原石墨烯和 PFVSO$_3$ 水溶液得到一个最大电导率为 218 S/cm 的薄膜，说明此法制备的导电薄膜在有机太阳电池中具有很大的应用潜力。Zhou 等[42, 43]合成了一种具有自掺杂效应的侧链含磺酸盐阴离子的窄带隙共轭聚合物 CPE-K，发现 CPE-K 具有与 PEDOT：PSS 类似的电子性质，如正交溶剂加工性，近似的 HOMO 能级(CPE-K 和 PEDOT：PSS 的 HOMO 能级分别为 4.9 eV 和 5.0 eV)，相似的导电性及合适的透光率。而且，CPE-K 的 pH 值为 7.56，PEDOT：PSS 的 pH 值为 1～2，近似中性的酸碱度避免了空穴传输层对电极的腐蚀。以 CPE-K 作为空穴传输层，PTB7：PC$_{71}$BM(图 6-4)作为活性层的器件获得了 8.2 %的能量转换效率，以 p-DTS(PTTh$_2$)$_2$：PC$_{71}$BM 作为活性层的器件获得了 6.8 %的能量转换效率[44]，两者均优于以 PEDOT：PSS 作为空穴传输层的参比器件。同时，Lee 等[45, 46]合成了主链与 CPE-K 略有不同，侧链含磺酸盐阴离子的共轭聚电解质 PFP，研究了不同自掺杂程度及偶极强度对器件性能的影响，发现聚合物掺杂程度越高，器件效率越高。将这些 PFP 类聚合物用于以 PTB7-Th：PC$_{71}$BM 为活性层的器件中作为空穴传输层时，可获得 9 %以上的器件效率。

　　上述器件的性能参数汇总于表 6-2。

　　综上所述，水醇溶共轭聚合物可作为有效的空穴传输层用于有机太阳电池中。随着相关研究不断进展，新型水醇溶空穴传输材料取代主流空穴传输层材料 PEDOT：PSS 的潜力巨大，并可由此获得更高的器件效率及稳定性。当前，仍须设计新的水醇溶共轭聚合物空穴传输层，并优化相关的器件结构，进一步发展其他可取代 PEDOT：PSS 的水醇溶共轭聚合物。虽然，可溶液加工的还原石墨烯或

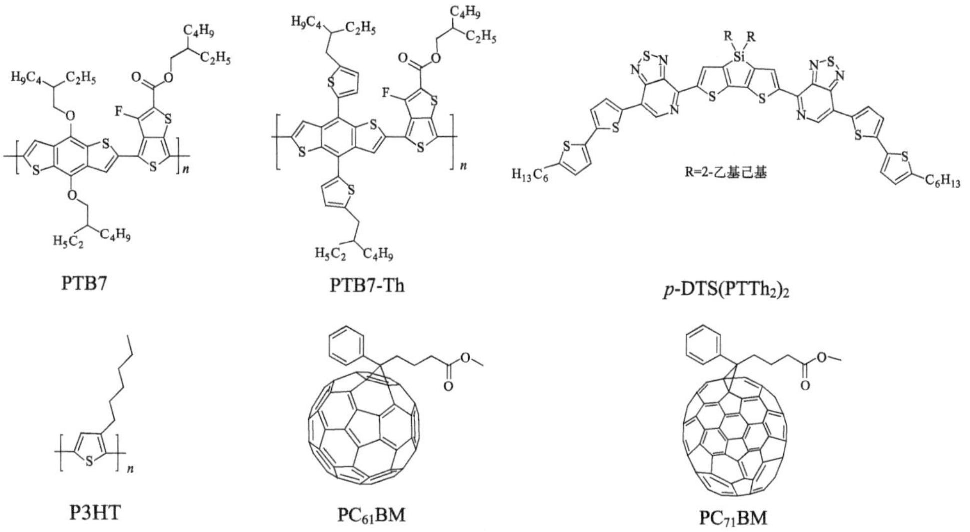

图 6-4　部分有机太阳电池活性层材料的结构式

表 6-2　水醇溶共轭聚合物作为空穴传输层的有机太阳电池的器件参数

器件结构	J_{sc} /(mA/cm^2)	V_{oc} /V	FF /%	PCE /%	参考文献
ITO/SPDPA/P3HT：PC$_{61}$BM/Ca/Al	10.3	0.60	68	4.2	[47]
ITO/TiO$_2$/P3HT：PC$_{61}$BM/SPDPA/Ag	10.2	0.60	63	3.8	[39]
ITO/P3CPenT/P3HT：PC$_{61}$BM/LiF/Al	9.3	0.56	67	3.4	[40]
ITO/CPE-K/PTB7：PC$_{71}$BM/Ca/Al	16.3	0.71	69	8.2	[42]
ITO/CPE-K/p-DTS(PTTh$_2$)$_2$：PC$_{71}$BM/Al	13.8	0.77	64	6.8	[44]
ITO/ PFP-O/ PTB7-Th：PC$_{71}$BM/PFN/Al	16.7	0.79	71	9.4	[46]

碳纳米管与水醇溶共轭聚电解质分散溶液制作成的有机太阳电池空穴收集电极取得了突破性的进展，但从现在已经报道的文献来看，此种电极的电导率仍然偏低，比通过化学气相沉积法得到的石墨烯电极低几个数量级。尽管如此，水醇溶共轭聚合物在作为石墨烯或碳纳米管电极稳定剂方面具有一定的潜力，未来前景值得期待。

6.2.5　基于水醇溶共轭聚合物的电子传输材料

有机太阳电池的电子传输层首先应能最大限度地减小有机/金属(或金属氧化物)界面之间的能级势垒，并形成欧姆接触，以提高电子在电极处的抽取和收集效率；其次，应能选择性地传输电子，并阻挡空穴；另外，通常也能修饰电极表面，并抑制电极和活性层间的扩散和反应；有时还可起到光学微腔的作用，进而调节活性层内部的光场分布。目前，广泛使用的电子传输层材料主要可分为四种：碱土金属盐(LiF、CsF、Cs_2CO_3、Li_2CO_3 等)，低功函数金属(Ba、Ca 等)，n 型金属氧化物(ZnO、TiO_x 等)和有机界面材料。其中，有机界面材料，特别是水醇溶

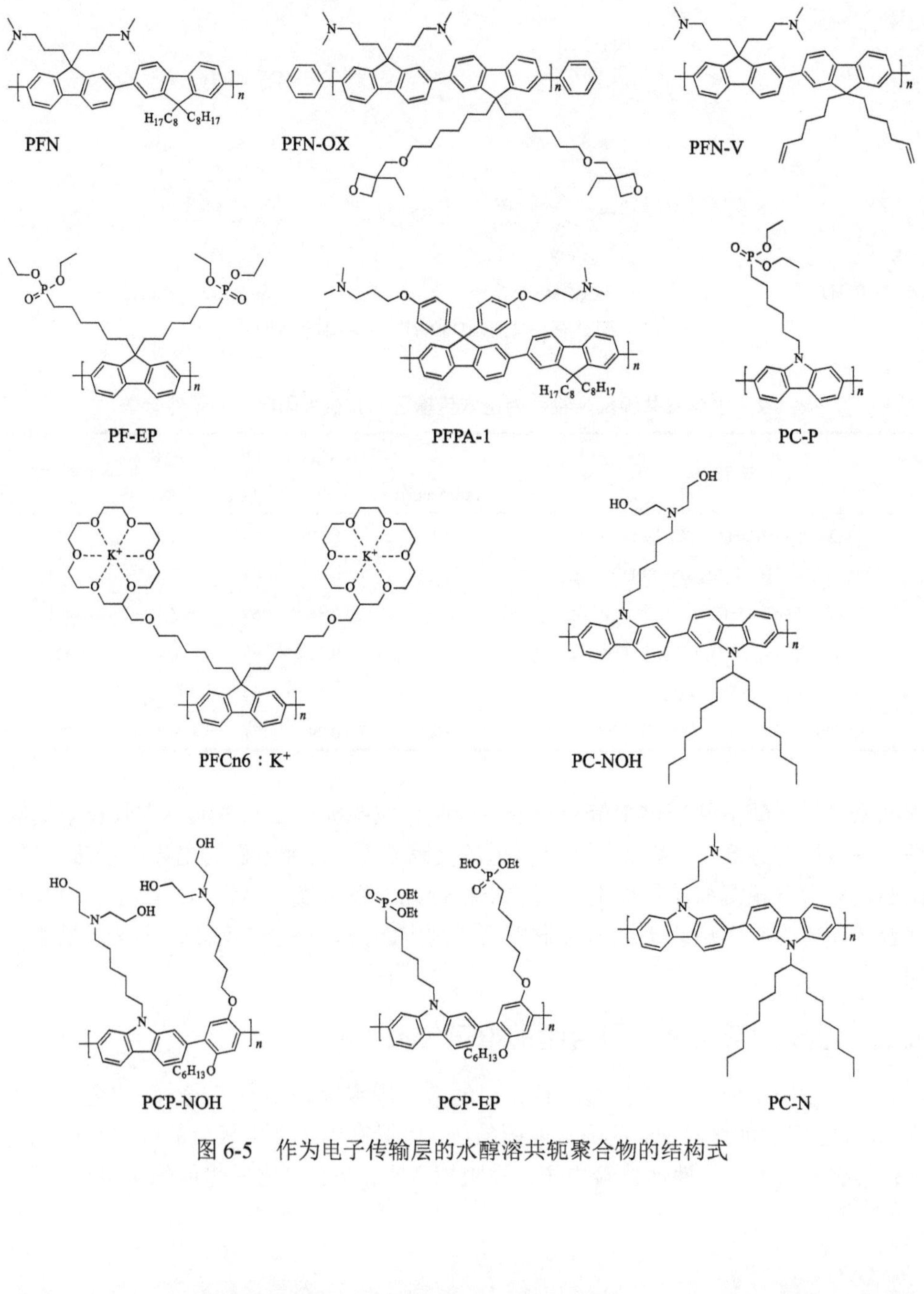

图6-5　作为电子传输层的水醇溶共轭聚合物的结构式

共轭聚合物，可用环境友好溶剂加工，可通过改变分子组成和结构来调节能级结构，同时具有优异的电子传输和收集能力，吸引了越来越多研究人员的兴趣。下面举例说明水醇溶共轭聚合物作为电子传输层在有机太阳电池中的应用。

1. 水醇溶共轭聚合物作为电子传输层

图 6-5 为用于有机太阳电池电子传输层的水醇溶共轭聚合物的结构式。2004年，Huang 等[48-51]报道的氨基聚芴类水醇溶共轭聚合物(PFN)在醇中具有良好的溶解性，以其作为电子注入层的聚合物发光二极管有良好的器件性能，PFN 用于有机太阳电池同样将大幅度提高器件的性能。此后，PFN 成为有机太阳电池中应用最广泛的界面材料，同时也为新型水醇溶共轭聚合物界面材料的发展提供了设计思路。He 等[52]采用 PFN 类聚电解质作为有机太阳电池的电子传输层[以 PFO-DBT35(图 6-6)或 P3HT 作为给体、PC$_{61}$BM 作为受体]。研究发现，PFN 对不同给体材料具有不同的界面效应。采用 PFN 作为电子传输层时，以 PFO-DBT35∶PC$_{61}$BM 作为活性层的电池器件效率(PCE = 2.0 %)有了 33 %的提高(参比器件，PCE = 1.5 %)，而以 P3HT∶PC$_{61}$BM 作为活性层的电池器件效率

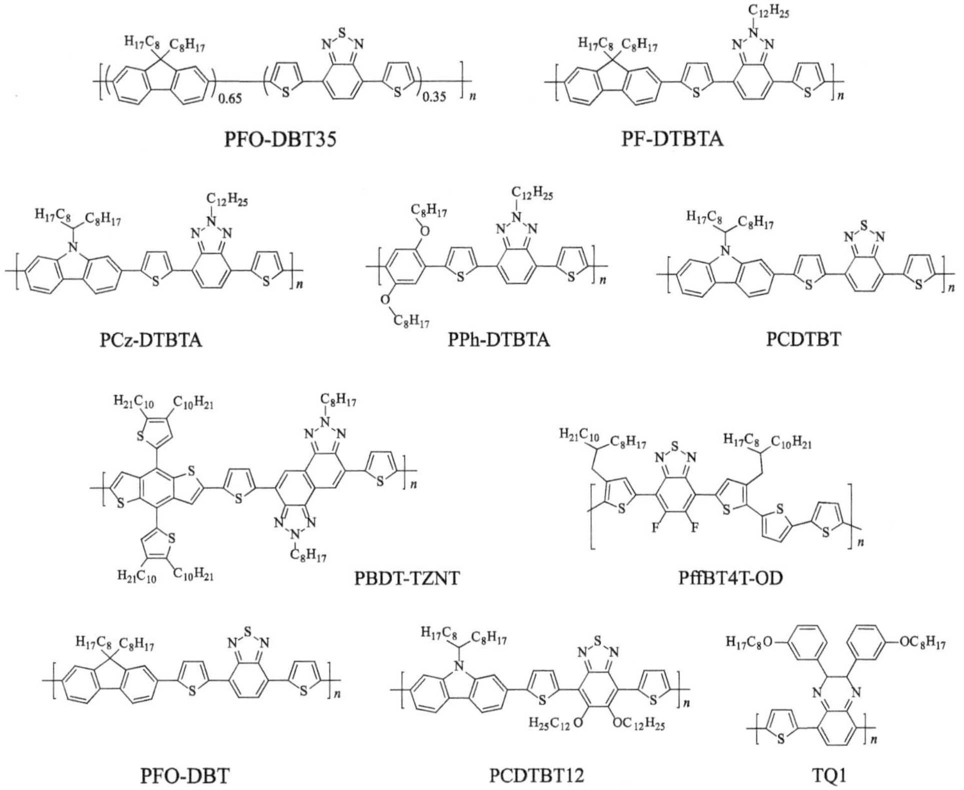

图 6-6　部分有机太阳电池活性层材料的结构式

变化不大。Zhang 等[53]也发现，PFN 在不同给受体的太阳电池器件中有着不同的界面修饰效果。采用三种不同的给体聚合物(PF-DTBTA、PCz-DTBTA 和 PPh-DTBTA)，发现基于 PCz-DTBTA 的电池器件效率增加了 80 %，而基于另外两种聚合物的器件能量转换效率增幅不大。这可能因为在 PCz-DTBTA：PC$_{61}$BM 电池器件中，咔唑单元和 PFN 中的氮原子之间存在 N-N 相互作用，从而提高了器件效率。He 等[54]将 PFN 用于 PCDTBT：PC$_{71}$BM 和 PTB7：PC$_{71}$BM 的有机太阳电池器件中，发现 PCDTBT 和 PTB7 器件的能量转换效率有明显提高，分别为 6.8 %和 8.4 %。

有机太阳电池的稳定性是其商业化进程中一个需要重点关注的问题。一般，倒置聚合物太阳电池的稳定性相较于正置聚合物太阳电池要好。这主要是因为，倒置太阳电池器件用空气中稳定的金属氧化物作为电极修饰层，相当于顶部存在包封层，且避免了 PEDOT：PSS 对电极的腐蚀。因此，倒置太阳电池器件在未来商业化应用中有更大的优势。然而，倒置太阳电池器件却面临着一个重要问题：需要完成电子从活性层到高功函电极 ITO 的高效抽取。PFN 能够显著降低 ITO 功函数，可以作为修饰 ITO 的高效电子传输层，提高电池器件的电子收集能力。He 等[55]在 ITO 基板上加一层 5～20 nm PFN 薄膜作为电子传输层，器件效率达到了 9.2 %。PFN 在活性层溶剂(氯苯)中有一定的溶解性，这将导致在旋涂活性层过程中溶剂侵蚀底层薄膜形貌，进而影响太阳电池器件效率。Huang 课题组[56,57]开发了一种可交联的氨基聚合物(PFN-OX)，其侧链有可交联官能团，加热交联后的薄膜不会受活性层溶剂影响。采用 PFN-OX 作为电子传输层，中等带隙聚合物 PBDT-TZNT 和 PC$_{71}$BM 分别作为给受体材料，电池器件效率可达 7.1 %[58]。为避免高温交联对柔性基底造成影响，近期发展了可紫外光交联的 PFN-V，聚合物侧链的双键与交联剂在紫外光照 5 s 内发生交联反应，同样可制备高效率器件[59]。

前面提到，PFN 电子传输层用于 P3HT：PC$_{61}$BM 的器件中效果不好，可能是因为 PFN 甲醇溶液不能有效地润湿 P3HT：PC$_{61}$BM 的超疏水表面。Wang 课题组[60-62] 报道了一种磷酸盐聚芴类电子传输材料，可显著增强基于 P3HT：PC$_{61}$BM 的电池器件的效率。Zhao 等[63]也报道了一种基于磷酸盐的聚芴类电子传输材料 PF-EP，在基于 P3HT：PC$_{61}$BM 的太阳电池器件中同样取得了较好的效果。PF-EP 能有效地增加并联电阻，提高器件的电子收集能力，同时，还能在铝与活性层之间起到隔离作用，防止金属铝对活性层结构的破坏及对光生激子的猝灭。以 PF-EP 作为电子传输层的器件的能量转换效率为 4.3 %，而参比器件的能量转换效率只有 2.0 %。另外，用金属离子络合冠醚作为侧链的电子传输层(PFCn6：K$^+$)也能够提高基于 P3HT 太阳电池的器件性能[64]。在活性层和铝电极间引入 5 nm 厚的 PFCn6：K$^+$，电池器件的能量转换效率从 3.9 %提升到

6.9 %,而钙/铝电池器件的能量转换效率从 5.8 %提升到 7.5 %。这也是基于 P3HT 的有机太阳电池效率的突破性结果。随后,研究人员通过改变共轭主链的设计,发展了种类繁多的水醇溶共轭聚合物,并应用到有机太阳电池中。Xu 等[65]制备了一系列含氨基、二乙醇氨基和磷酸基侧链的水醇溶共轭聚合物 PC-N、PC-NOH 和 PC-P(图 6-5)。以 ITO/PEDOT：PSS/PFO-DBT：$PC_{61}BM$/电子传输层(3 nm)/Al 器件结构来研究电子传输层聚合物对光伏性能的影响。研究发现,基于不同界面的电池器件性能差异不大(PC-N/Al：1.5 %；PC-NOH/Al：1.7 %；PC-P/Al：1.5 %)。而无界面材料的参比器件的效率也有 1.4 %,这可能是活性层本身不够,高效限制了器件性能的提升。以窄带隙聚合物 PCDTBT12 作为给体材料,ITO/PC-P/PCDTBT12：$PC_{71}BM$/MoO₃/Al 倒置器件的能量转换效率提升到 6.0 %,开路电压为 0.97 V,短路电流密度为 10.7 mA/cm²,填充因子为 58 %[66]。而参比器件的能量转换效率只有 2.6 %,开路电压为 0.59 V,填充因子为 46 %。此后,以含二乙基胺和磷酸的聚咔唑(PCP-NOH 和 PCP-EP)作为电子传输层,构建 PCDTBT：$PC_{71}BM$ 倒置太阳电池器件[67]。引入界面修饰后,ITO 功函数由 4.7 eV 下降到 PCP-NOH 修饰的 4.2 eV 及 PCP-EP 修饰的 4.3 eV。参比器件的能量转换效率只有 1.6 %,界面修饰器件效率显著提升,基于 PCP-NOH 和 PCP-EP 界面的器件性能分别提升到 5.4 %和 5.5 %。Tang 等[68]发展了一种新氨基侧链的聚合物 PFPA-1。以 PFPA-1 作为电子传输层,TQ1 和 $PC_{71}BM$ 作为活性层的器件的能量转换效率为 5.2 %,明显高于没有界面修饰的参比器件的能量转换效率(3.7 %)。

上述太阳电池器件的参数总结在表 6-3 中。

表 6-3　水醇溶共轭聚合物作为电子传输层的有机太阳电池的器件参数

ETL	器件结构	J_{sc} /(mA/cm²)	V_{oc} /V	FF /%	PCE /%	参考文献
PFN	ITO/PEDOT/PFO-DBT35：$PC_{61}BM$/ETL/Al	4.4	1.05	43	2.0	[52]
PFN	ITO/PEDOT/P3HT：$PC_{61}BM$/ETL/Al	4.7	0.61	55	1.5	[52]
PFN	ITO/PEDOT/PF-DTBTA：$PC_{61}BM$/ETL/Al	2.6	1.00	52	1.3	[53]
PFN	ITO/PEDOT/PCz-DBTA：$PC_{61}BM$/ETL/Al	4.7	0.90	65	2.8	[53]
PFN	ITO/PEDOT/PPh-DBTA：$PC_{61}BM$/ETL/Al	4.5	0.55	56	1.4	[53]
PFN	ITO/PEDOT/PECz-DTQx：$PC_{71}BM$/ETL/Al	11.4	0.81	66	6.1	[69]
PFN	ITO/PEDOT/PCDTBT：$PC_{71}BM$/ETL/Ca/Al	12.7	0.90	59	6.8	[54]
PFN	ITO/PEDOT/PTB7：$PC_{71}BM$/ETL/Ca/Al	15.8	0.75	70	8.4	[54]
PFN	ITO/ETL/PTB7：$PC_{71}BM$/MoO₃/Al	17.2	0.74	72	9.2	[55]
PFN-OX	ITO/ETL/PBDT-TZNT：$PC_{71}BM$/MoO₃/Al	11.7	0.92	65	7.1	[58]
PFN-V	ITO/ETL/PTB7-Th：$PC_{71}BM$/MoO₃/Al	17.5	0.80	65	9.2	[59]

ETL	器件结构	J_{sc} /(mA/cm^2)	V_{oc} /V	FF /%	PCE /%	参考文献
PF-EP	ITO/PEDOT/P3HT：PC$_{61}$BM/ETL/Al	10.3	0.64	66	4.3	[63]
PFCn6：K$^+$	ITO/PEDOT/P3HT：IC$_{61}$BA/ETL/Ca/Al	11.6	0.89	73	7.5	[64]
PC-N	ITO/PEDOT/PFO-DBT35：PC$_{61}$BM/ETL/Al	3.6	1.00	41	1.5	[65]
PC-NOH	ITO/PEDOT/PFO-DBT35：PC$_{61}$BM/ETL/Al	4.0	1.02	41	1.7	[65]
PC-P	ITO/PEDOT/PFO-DBT35：PC$_{61}$BM/ETL/Al	3.8	1.01	40	1.5	[65]
PC-P	ITO/ETL/PCDTBT12：PC$_{71}$BM/MoO$_3$/Al	10.7	0.97	58	6.0	[66]
PCP-NOH	ITO/ETL/PCDTBT：PC$_{71}$BM/MoO$_3$/Al	8.3	0.88	59	5.4	[67]
PCP-EP	ITO/ETL/PCDTBT：PC$_{71}$BM/MoO$_3$/Al	8.8	0.88	57	5.5	[67]

以上结果表明，氨基修饰的共轭聚合物有非常好的界面修饰能力，已广泛用于器件优化工程中，而且由于其独特的水醇溶液加工特性，在将来工业化生产过程中应用潜力巨大。

2. 共轭聚电解质作为电子传输层

共轭聚电解质，即含离子型基团的共轭聚合物，能够在强极性溶剂甚至水中溶解，更适合环境友好溶剂的加工过程。相比于水醇溶共轭聚合物，共轭聚电解质具有更好的正交溶剂加工性质。虽然水醇溶共轭聚合物在强极性溶剂中有很好的溶解性，但在一些非极性或低极性溶剂(甲苯和氯苯)中的溶解度也是不容忽视的。在太阳电池器件加工过程中，通常会对水醇溶共轭聚合物进行交联，以消除在正交溶剂加工中其溶解问题对器件产生的不利影响。共轭聚电解质，在非极性或低极性溶剂中具有较低的溶解度，能够克服界面互溶问题，同时离子型基团也具有较强的界面修饰功能。因此，共轭聚电解质在有机发光二极管、有机太阳电池、有机场效应晶体管(organic field effect transistor, OFET)及生物或化学传感器中都有广泛应用。尤其是，将共轭聚电解质作为有机太阳电池的电子传输层，能够取得与共轭聚合物相媲美的界面修饰效果。一些可应用于有机太阳电池电子传输层的共轭聚电解质材料的结构式如图 6-7 所示。下面举例说明水醇溶共轭聚电解质作为电子传输层在有机太阳电池中的应用。

Na 等[70]首次将聚芴类的共轭聚电解质 WPF-oxy-F 作为电子传输层引入以 P3HT：PC$_{61}$BM 作为活性层的太阳电池器件中。研究结果发现，共轭聚电解质可以在活性层和金属电极之间形成界面偶极，器件的开路电压和短路电流密度都有所提高，最终，共轭聚电解质修饰的电池器件的能量转换效率从 3.0 %提高到 3.8 %，与采用 LiF 或者 Ca 等传统电子传输层的器件所取得的能量转换效率相当。

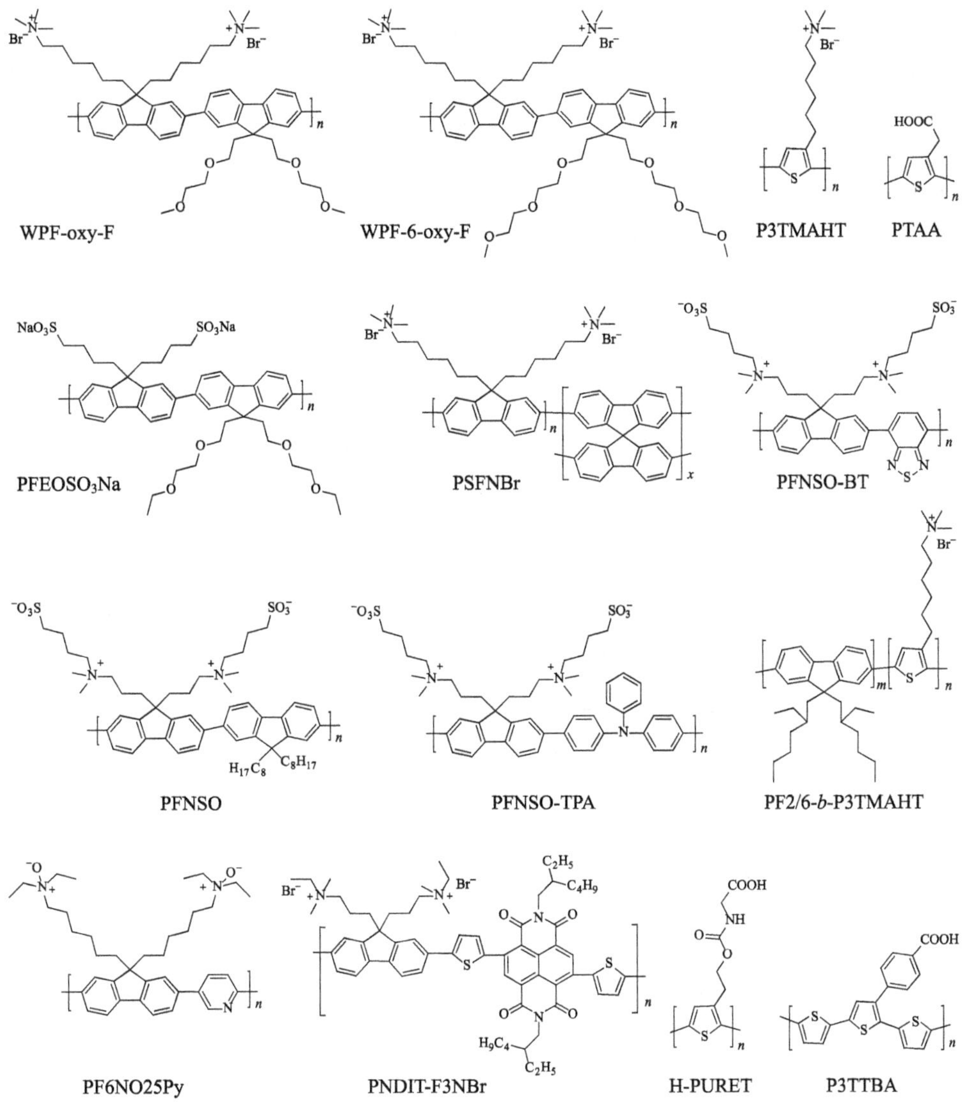

图 6-7　作为电子传输层的共轭聚电解质的结构式

Oh 等[71]报道了两种相似的共轭聚电解质 WPF-oxy-F 和 WPF-6-oxy-F，这两种聚合物的主链结构和离子修饰种类相同，只是侧链上修饰的官能团的重复数目不一样。研究表明，WPF-6-oxy-F 可显著提高器件的电子抽取能力，将其应用于以 P3HT：PC$_{61}$BM 作为活性层，分别采用 Ag、Au 和 Cu 作为电极的太阳电池器件中时，器件的开路电压分别是 0.64 V、0.58 V 和 0.63 V，这与使用低功函金属修饰电极时得到的开路电压(0.64 V)类似。同时，它们对应的能量转换效率分别为

3.6 %、2.6 %和 3.4 %，也与低功函金属修饰电极的器件效率(3.9%)接近。有趣的是，在 P3HT：PC$_{61}$BM 作为活性层的太阳电池体系中，WPF-oxy-F 作为电子传输层的修饰效果并不如 WPF-6-oxy-F 的效果显著，这主要归因于 WPF-6-oxy-F 具有更多的乙二醇单元，故能够诱导产生更多的界面偶极，进而提高器件效率。而且，WPF-6-oxy-F 界面修饰效果在使用 Cu 电极时特别显著，器件效率能从空白的0.8 %提高到 3.4 %。此后，他们又将 WPF-6-oxy-F 引入倒置太阳电池器件用于修饰 ITO[72]和多层石墨烯(MLG) [73]，发现其同样能增强 ITO 和多层石墨烯电极的抽取电子能力，导致器件性能提升。Shi 等[74]报道了一种聚芴类阴离子共轭聚电解质 PFEOSO$_3$Na，并将其作为电子传输层，用于以 P3HT：PC$_{61}$BM 作为活性层的太阳电池器件中。通过后期热退火优化亲水的 PFEOSO$_3$Na 和疏水的 P3HT：PC$_{61}$BM 活性层之间的界面形貌，获得了 4.5 %的能量转换效率。

除了主链为线型的共轭聚电解质，具有三维主链结构的聚芴类共轭聚电解质(PSFNBr) 也被合成出来用于有机太阳电池的界面修饰[75]。研究发现，采用PSFNBr 作为电子传输层，以 PFO-DBT：PC$_{61}$BM 作为活性层的太阳电池器件的开路电压、短路电流密度和填充因子都有所提升，能量转换效率为 4.7 %，高于线型主链界面材料修饰器件的能量转换效率(4.5 %)。

聚噻吩类材料具有低成本、高空穴迁移率、强结晶性及可溶液加工等特点。聚噻吩类共轭聚电解质也得到了广泛的开发和应用。Seo 等[76]报道了两种聚噻吩类阳离子共轭聚电解质，均聚物 P3TMAHT 和嵌段共聚物 PF2/6-*b*-P3TMAHT，并将它们作为有机太阳电池的电子传输层。在活性层与金属电极之间引入此类共轭聚电解质薄膜，以 PCDTBT：PC$_{71}$BM 作为活性层的器件效率(P3TMAHT 的器件效率 PCE = 6.3 %、PF2/6-*b*-P3TMAHT 的器件效率 PCE = 6.5 %)都比没有界面修饰材料的参比器件效率高(PCE = 5.0 %)。实验发现，较疏水 PCDTBT：PC$_{71}$BM表面的水滴接触角约 90°，明显大于采用均聚物 P3TMAHT(约为 45°)和嵌段共聚物 PF2/6-*b*-P3TMAHT(小于 30°)。此外，研究人员在研究溶剂处理对器件性能的影响时还发现，经过甲醇处理的器件开路电压和能量转换效率都有所提高，但短路电流密度方面并没有明显增强[77]。因此，经过共轭聚电解质修饰后器件性能的提高，有可能是残余甲醇和共轭聚电解质层共同作用的结果。研究还发现，溶剂处理对活性层的表面形貌并没有影响，但是会对下层活性层与 PEDOT：PSS 的界面性质产生影响[78]。后续研究表明，溶剂处理对器件性能的提高是因为溶剂处理减少了表面陷阱，从而增强了器件的内建电场，相应地增加了表面的电荷密度，进而对最终器件性能产生增强的效果[79]。

虽然共轭聚电解质的界面修饰效果显著，但传统的共轭聚电解质存在离子迁移问题，即所含的离子在外电场作用下发生移动，影响器件的使用寿命。基于此，研究人员设计了含两性离子的共轭聚电解质，即将阳离子和阴离子通过共价键连接，避免了离子在器件运行过程中的迁移问题。Duan 等[80]设计合成了一系列含两性离子的共轭聚电解质（PFNSO-BT、PFNSO、PFNSO-TPA），含有相同的两性离子基团，但共轭主链不同。实验结果发现，这类两性离子聚电解质的界面修饰效果显著，可明显提高太阳电池器件的效率，且在以 PTB7：PC$_{71}$BM 作为活性层的体系中，器件效率最高可达 8.7 %。相比于主链富电子的 PFNSO 和 PFNSO-TPA，主链含缺电子单元的 PFNSO-BT 的器件效率较差，这表明除了侧链的极性基团，共轭主链对界面材料的修饰效果也有着重要影响。Guan 等[81]设计合成了含氧化胺的两性离子聚电解质，将其作为电子传输层应用于有机太阳电池中也取得了很好的器件效果。以 PCDTBT：PC$_{71}$BM 作为活性层、PF6NO25Py 作为界面修饰层的电池器件的能量转换效率可达 6.9 %，明显高于未加界面修饰的器件效率（4.0 %）。

另外，目前广泛用作电子传输层的共轭聚合物材料对薄膜厚度较为敏感，最优厚度通常小于 10 nm，限制了其在工业化印刷生产中的应用。2016 年，Wu 等[82]将烷基链修饰萘酰亚胺与氨基修饰芴单体进行聚合，制备了可厚膜加工的新型 n 型共轭聚合物（PNDI-F3N）和聚电解质（PNDI-F3NBr）。由于分子间强烈堆积及自掺杂等作用，这类材料具有较高的电子迁移率及良好的界面修饰性能，同时其器件性能对界面薄膜厚度依赖性较低。将 PNDI-F3NBr 用于有机太阳电池的界面修饰中，最优效率可达 10.1 %。通过调节溶液浓度，可实现电子传输层在 5～100 nm 不同厚度范围内的加工应用，且当电子传输层厚度达 100 nm 时，其器件效率依然保持在 8 %以上。除了对界面材料化学结构本身进行设计改变，还可以改变加工方法，实现大面积制备超薄界面修饰层。用两种带相反电荷离子的共轭聚电解质进行静电自组装，可实现大面积制备时界面膜厚的精准调控[83]。以 PTB7-Th：PC$_{71}$BM 作为活性层，自组装聚电解质界面修饰的器件，效率最高可达 9.4 %。

上述光伏器件的参数汇总于表 6-4。

表 6-4　以共轭聚电解质作为电子传输层的有机太阳电池的器件参数

ETL	器件结构	J_{sc} /(mA/cm^2)	V_{oc} /V	FF /%	PCE /%	参考文献
WPF-oxy-F	ITO/PEDOT/P3HT：PC$_{61}$BM/ETL/Al	9.9	0.63	61	3.8	[70]
WPF-6-oxy-F	ITO/PEDOT/P3HT：PC$_{61}$BM/ETL/Al	10.1	0.64	60	3.9	[71]
WPF-6-oxy-F	ITO/PEDOT/P3HT：PC$_{61}$BM/ETL/Ag	9.8	0.64	58	3.7	[71]
WPF-6-oxy-F	ITO/PEDOT/P3HT：PC$_{61}$BM/ETL/Au	8.5	0.58	52	2.6	[71]
WPF-6-oxy-F	ITO/PEDOT/P3HT：PC$_{61}$BM/ETL/Cu	8.7	0.63	61	3.4	[71]

ETL	器件结构	J_{sc} /(mA/cm^2)	V_{oc} /V	FF /%	PCE /%	参考文献
WPF-6-oxy-F	ITO/ETL/P3HT：PC$_{61}$BM/PEDOT/Ag	8.8	0.65	59	3.4	[72]
WPF-6-oxy-F	MLG/ETL/P3HT：PC$_{61}$BM/PEDOT/Al	6.6	0.57	33	1.2	[73]
PFEOSO$_3$Na	ITO/PEDOT/P3HT：PC$_{61}$BM/ETL/Al	11.1	0.64	63	4.5	[74]
PSFNBr	ITO/PEDOT/PFO-DBT：PC$_{61}$BM/ETL/Al	9.4	1.04	48	4.2	[75]
P3TMAHT	ITO/PEDOT/PCDTBT：PC$_{71}$BM/ETL/Al	10.8	0.86	66	6.1	[76]
PF2/6-*b*-P3TMAHT	ITO/PEDOT/PCDTBT：PC$_{71}$BM/ETL/Al	10.6	0.89	67	6.2	[76]
PF6NO	ITO/PEDOT/PCDTBT：PC$_{71}$BM/ETL/Al	11.6	0.91	66	6.9	[81]
PFNSO	ITO/PEDOT/PTB7：PC$_{71}$BM/ETL/Al	16.4	0.73	73	8.7	[80]
PFNSO-TPA	ITO/PEDOT/PTB7：PC$_{71}$BM/ETL/Al	17.1	0.71	62	7.5	[80]
PFNSO-BT	ITO/PEDOT/PTB7：PC$_{71}$BM/ETL/Al	16.7	0.65	61	6.6	[80]
PNDI-F3NBr	ITO/PEDOT/PffBT4T-OD/ETL/Al	17.9	0.77	73	10.1	[82]

6.3 钙钛矿太阳电池

6.3.1 钙钛矿太阳电池简介

钙钛矿材料由来已久[84-86]，因存在于钙钛矿石中的钛酸钙(CaTiO$_3$)化合物而得名，其分子式符合 ABX$_3$ 结构，其中 X 为阴离子，A、B 为大小不同的阳离子(A＞B)，结晶稳定性和晶体结构可以通过容许因子 t 和八面体因子 μ 初步判断(图 6-8)。2009 年，Kojima 等[87]将铅卤化物钙钛矿杂化材料作为光吸收材料，制备出能量转换效率达 3.8 %的太阳电池，但器件的稳定性较差。随后，Im 等[88]通过优化 TiO$_2$ 表面性质及使用 γ-丁内酯替换 N, N-二甲基甲酰胺作为溶剂的加工方法，进一步将器件效率提高到了 6.5 %。铅卤化物钙钛矿材料易溶于极性的液态电解质中，器件稳定性仍然不够好。2012 年，Kim 等[89]采用固态空穴输运材料(Spiro-OMeTAD)代替液态电解质，采用 CH$_3$NH$_3$PbI$_{3-x}$Cl$_x$ 作为光吸收层，制备了能量转换效率达 9.7 %的固体器件。随后 Lee 等[90]发现这种杂化钙钛矿材料同时具有光吸收和电子输运性能，在使用介孔绝缘材料 Al$_2$O$_3$ 代替传统的介孔 TiO$_2$ 后，电池效率可进一步提高到 10.9 %。此后，由于钙钛矿太阳电池器件制备技术的不断进步，基于有机金属卤化物钙钛矿太阳电池的能量转换效率迅速迈入了 15 %的时代。2013 年，Liu 等[91]采用高真空沉积的方法制备钙钛矿光活性薄膜，首次报道了能量转换效率为 15.4 %的平面异质结(planar heterojunction，PHJ)钙钛矿太阳电池。相对于纳米微孔结构的钙钛矿太阳电池，平面异质结在结构及制备工艺上较为简单，在未来以低能耗、"卷对卷"技术大面积生产的柔性太阳电池模组器件中具有不可替代的优势。近两年，钙钛矿太阳电池的效率进一步提升，Yang 等[92]通过优化钙钛矿层组分比例及加工方法，制备了能量转换效率超过 20 %的器件。随着研究的深入，钙钛矿太阳电池的效率还在不断提升。目前，经美国国家可再生能源实验室（NREL）认证的小尺寸钙钛矿太阳电池器件的效率已达 22.1 %。虽然钙钛矿太阳电池目前还存在效率不够稳定及测试时存在滞回现象等问题，但它的能量转换效率已经可以与传统无机半导体太阳电池效率相比拟，且钙钛矿太阳电池还具有廉价、可溶液加工等优势，未来商业化前景可期。

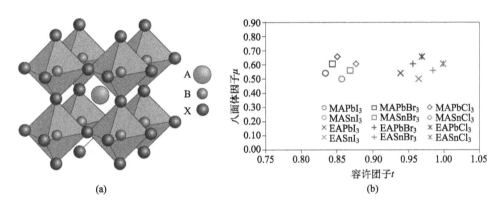

图 6-8　(a)钙钛矿材料晶体结构；(b)几种常见钙钛矿材料的容许因子 t 和八面体因子 μ[86]

承 Nature 出版社惠允，摘自 Green M A, et al., *Nat. Photonics*, **8**, 506（2014）

6.3.2　基于水醇溶共轭聚合物的界面修饰材料

在形貌规整的钙钛矿薄膜材料的基础上，器件性能主要取决于器件结构的合理设计及界面能级匹配等特性。与有机太阳电池类似，界面材料的能级（图 6-9）和电子结构对钙钛矿太阳电池的性能至关重要[93]，尤其是对器件的电荷输运和收集及长期服役下的稳定性具有重要影响。开发可溶于特定溶剂、具备高电导率且能级匹配的 n 型及 p 型水醇溶共轭聚合物，将其作为界面材料应用到钙钛矿太阳电池中，不仅可以优化传输层与电极之间的界面接触，增强电子(空穴)注入并阻挡空穴(电子)，还可以改善电子传输层与活性层和电极之间的接触，减小电荷复合概率及电池内阻，提高器件效率。

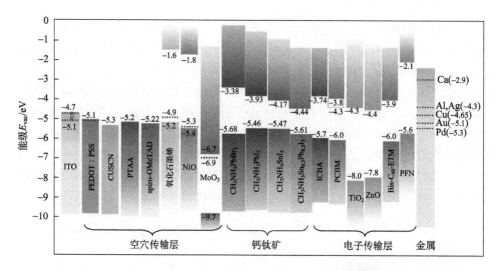

图 6-9　常用的界面材料与钙钛矿材料的能级示意图

1. 水醇溶共轭聚合物作为空穴传输层在钙钛矿太阳电池中的应用

在平面异质结钙钛矿太阳电池器件中，PEDOT：PSS 广泛用作空穴传输层。与有机太阳电池类似，PEDOT：PSS 作为空穴传输层可以提高空穴收集效率，增强阳极电极空穴的注入能力[94-97]。为了提高 PEDOT：PSS 的电子阻挡能力，Xue 等[98]用 LUMO 能级较高的醇溶三苯胺类共轭聚合物 HSL1 和 HSL2（图 6-10）对基底 PEDOT：PSS 表面进行修饰，可有效阻挡电子扩散。另外，由于此类聚合物具有更深的 HOMO 能级，与钙钛矿层本身的价带能级更为匹配，有效提高了最终器件的开路电压。特别地，基底形貌对上层钙钛矿层的晶体生长具有控制作用，此类聚合物侧链所含的极性基团可增强空穴传输层的表面能，使其与上层钙钛矿层形成更好的接触，诱导钙钛矿结晶趋于规整，以获得更高的器件效率。

钙钛矿层对水分敏感，易水解变质[99,100]。常用的空穴传输层 PEDOT：PSS 极易吸水，这不利于钙钛矿太阳电池在长期服役下的效率稳定性。目前文献中多用无机金属氧化物代替 PEDOT：PSS 作为空穴传输层，如 NiO$_x$ 等，以解决钙钛矿太阳电池效率对环境含水量敏感的问题，但无机金属氧化物在未来制作柔性器件时无法使用，限制了高效钙钛矿太阳电池的应用范围。水醇溶共轭聚合物具备柔性、质量轻、结构可调等特点，适合作为空穴传输层取代 PEDOT：PSS。Choi 等[101]使用 CPE-K 作为钙钛矿太阳电池的空穴传输层，获得了超过 12 % 的能量转换效率，而同比使用 PEDOT：PSS 作为空穴传输层的器件效率为 10.8 %。能量转换效率提高的主要原因是，钙钛矿前驱体溶液在 CPE-K 薄膜上浸润性更好，使得形成的钙钛矿结晶更加规整，有利于器件中电荷的抽取和传输。更重要的是，使用 CPE-K 的钙钛矿太阳电池器件的稳定性获得大幅度提高，这对将来钙钛矿太阳电池走向实际应用非常有利。

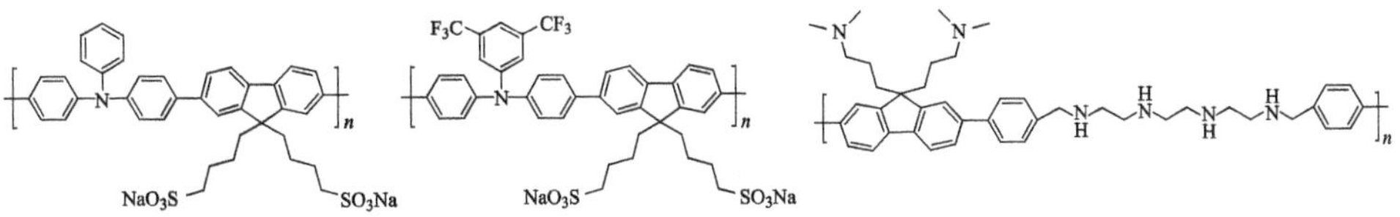

图 6-10　作为钙钛矿太阳电池界面修饰层的水醇溶共轭聚合物的结构式

2. 水醇溶共轭聚合物作为电子传输层在钙钛矿太阳电池中的应用

在正置的平面异质结的钙钛矿太阳电池中，PCBM 是常用的电子传输层。但是，阴极金属电极的费米能级与 PCBM 的 LUMO 能级差较大，使得界面势垒较大，不利于电子的注入和抽取，这在有机电子器件中已被广泛讨论，界面能级的不匹配所造成的非欧姆接触同样影响钙钛矿太阳电池器件性能。可溶液加工的水醇溶共轭聚合物是一类经典的阴极界面修饰材料，同样可用于钙钛矿太阳电池阴极界面的修饰，例如，PFN 类水醇溶共轭聚合物可降低阴极金属功函数，对提升钙钛矿太阳电池器件效率具有明显的效果[102,103]。另外，由于钙钛矿层可溶于极性溶剂，用强极性溶剂(甲醇等)旋涂阴极电子传输层时易对钙钛矿造成溶解破坏，制作器件过程对操作手法要求较为严格。为此，Xue 等采用一种可溶于中等极性溶剂(异丙醇、正丁醇)的聚合物 PN$_4$N(图 6-10)，作为阴极界面材料旋涂在 PCBM 与阴极金属之间，可以改善富勒烯/钙钛矿平面异质结太阳电池的金属电极与有机层接触界面，降低接触电阻和抑制界面复合，有效地提高载流子收集效率及钙钛矿太阳电池的性能，推动器件能量转换效率提升到 15.0 %，优于无界面修饰的器件效率(12.4 %)[104]。在倒置的平面异质结钙钛矿太阳电池中，可交联的水醇溶共轭聚合物 PFN-OX 也可单独或与 ZnO 共同作为底层电子传输层使用，器件效率也可达到 15 %以上。值得注意的是，在使用可交联的界面材料后，器件稳定性得到大幅度提高，器件贮存 600 h 仍可维持 12 %的能量转换效率[105]。

6.4　染料敏化太阳电池

6.4.1　染料敏化太阳电池简介

宽带隙半导体(如 TiO$_2$、SnO$_2$ 等)的禁带宽度相当于紫外区的能量，对可见光范围内的太阳光吸收很少，因而捕获太阳光的能力很差，无法直接用于太阳能的转换。研究发现，将一些与宽带隙半导体匹配的有机染料吸附在半导体表面，利用染料对可见光的强吸收，可将体系的光谱响应延伸到可见区，这种现象称为半导体的染料敏化作用，而载有染料的半导体称为染料敏化半导体电极，以这种电极构成的电池称为染料敏化太阳电池。染料敏化半导体电极可以分为染料敏化平板半导体电极(如 ITO 导电玻璃)和染料敏化纳米晶半导体电极(如 TiO_2、SnO_2、ZnO 等)。

半导体染料敏化的发展历史悠久，自 20 世纪 70 年代初到 90 年代，有机染料敏化宽带隙半导体的研究一直非常活跃，Memming 等研究了各种有机染料敏化剂与半导体薄膜间的光敏化作用[106-108]。早期的研究主要集中在平板电极上，由于平板电极的表面积较小，只能在电极表面吸附单层染料分子，且其表面上的单分子层染料的光捕获能力较差，因此单层染料分子吸收太阳光的效率非常低，能量转换效率也不高。为了克服单层染料的缺点，科研人员采用吸附多层染料的办法，以期解决太阳光吸收少的问题。然而在外层染料的电子转移过程中，内层染料起了阻碍作用，降低了光电转化量子效率，相应的能量转换效率始终在 1 %以下。

20 世纪 80 年代，Grätzel 小组致力于采用高比表面积的半导体电极(如纳米晶 TiO_2 电极)进行敏化研究[109]。纳米晶半导体膜的多孔性使得它的总表面积远远大于平板电极的表面积。单分子层染料吸附到纳米晶半导体电极上，其巨大的表面积使电极在最大波长附近捕获光的效率达到 100 %，所以染料敏化纳米晶半导体电极既可以保证高的光电转化量子效率，又可以保证高的光捕获效率。1991 年，Grätzel 小组成功地将金属钌基有机配合物作为光敏染料吸附在 TiO_2 纳米晶多孔膜上制成电池，在 AM1.5G 的太阳光照射下，其能量转换效率达到 7.1 %，在阴天漫反射太阳光的条件下达到 12 %[110]。1993 年，Grätzel 小组再次报道了能量转换效率达到 10 %的染料敏化太阳电池[111]，这种高比表面积半导体电极的出现为染料敏化电池的发展带来了革命性的创新。此后，基于纳米晶半导体膜的染料敏化太阳电池吸引了广泛关注，随着对其工作机理的深入了解，能量转换效率也得到了相应提升。目前，染料敏化太阳电池的能量转换效率已突破 13 %[112]。染料敏化太阳电池相对传统无机硅基太阳电池最大优点是制作工艺简单，不需要昂贵的设备和高洁净度的厂房设施。近年来已有大量企业开始产业化研究，虽然电池的稳定性仍是市场化的重要约束，但不可否认，其具有巨大的市场应用潜力。

染料敏化太阳电池的基本结构如图 6-11 所示[113]。器件结构主要由以下几部分组成：透明导电基片、多孔纳米晶薄膜、染料敏化剂、电解质溶液(或固态电解质)和对电极。光阳极采用吸附了敏化剂的纳米晶半导体薄膜，半导体最常用的是纳米晶 TiO_2，而其他的氧化物，如 SnO_2、ZnO 等也被广泛研究。这种半导体电极的纳米微粒的多孔膜，可以使 TiO_2 的有效面积增加 1000 倍，从而能够更有效地接受太阳光。光阴极通常采用镀 Pt 的透明导电玻璃。Pt 既可以起到反射光的作用，也可以起到催化作用，提高电池正极上 I⁻ 的还原速率。在阴极和阳极之间填充的是含有氧化还原电对的电解质，最常用的氧化还原电对是 I^-/I_3^-。纳米粒子构成的多孔氧化物层(图中为 TiO_2 薄膜电极层)是染料敏化太阳电池的核心部件。单分子层的染料分子吸附在 TiO_2 纳米晶薄膜的表面，当照射光的能量大于染料分子的禁带宽度时，染料分子价带上的电子被激发跃迁至激发态，并被注入到 TiO_2 的导带上，随后输运到电池的阳极和外电路上。电解质通常为含有 I^-/I_3^- 的氧化还原体系，染料通过从电解质中获得电子来恢复。I⁻ 扩散到染料敏化的光阳极，I_3^- 在对电极上被还原成 I⁻，电子在外电路中迁移，从而完成了一个光电化学反应的循环。

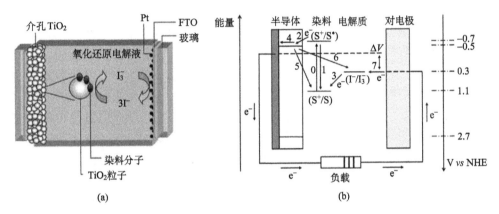

图 6-11 染料敏化太阳电池的结构示意图(a)和工作原理示意图(b)[113]

承 ACS 出版社惠允，摘自 Hagfeldt A, et al., *Chem. Rev.*, **110**, 6595(2010)

染料敏化太阳电池的工作原理具体可表示为

(1)能量大于染料禁带宽度的可见光被染料分子吸收，染料分子(S)被激发，电子跃迁到激发态(S^*)，留下带正电的空穴，即

$$S + hv \longrightarrow S^* (激发态染料)$$

(2)若染料分子的激发态能级高于半导体的导带底能级，且二者能级匹配，那么激发态染料就会将电子注入半导体的导带中,同时自身转化为染料氧化态(S^+)，即

$$S^* \longrightarrow S^+ + e^- (半导体导带)$$

(3)半导体导带中的电子随后流入导电基底，经外加负载到达对电极，产生光电流。

(4)氧化态的染料分子留下的空穴，空穴注入电解质，与电解质中的电子给体(I⁻)发生还原反应，染料分子恢复常态，电子给体被氧化，使染料再生，即

$$3I^- + 2S^+ \longrightarrow I_3^{-*} + S$$

(5)电解质中的电子给体提供电子后被氧化成 I_3^-，I_3^- 扩散到对电极，接受从负载流过来的电子被还原，从而完成电池工作的整个回路，即

$$I_3^- + 2e^- \longrightarrow 3I^-$$

(6)半导体导带上的一部分光生电子 e^- (TiO_2)可以将被氧化的染料还原，即

$$S^+ + e^- (TiO_2) \longrightarrow S$$

(7)半导体导带上的一部分光生电子 e^- (TiO_2)可以将电解质中的 I_3^- 还原，即

$$I_3^- + 2e^- (TiO_2) \longrightarrow 3I^-$$

电荷复合产生暗电流造成电流损失，是影响电池性能的一个重要因素，在电池工作中应抑制。一般，染料激发态的寿命越长，越有利于电子的注入，而激发态寿命越短，激发态分子有可能来不及将电子注入半导体的导带中就已经通过非辐射衰减而跃迁到基态。上述过程中第(2)和(6)两步是决定电子注入效率的关键步骤。电子注入速率常数与逆反应速率常数之比越大，电荷复合的概率越小，电子注入的效率就越高。I^- 还原氧化态染料可以使染料再生，从而使染料不断地将电子注入 TiO_2 的导带中。I^- 还原氧化态染料的速率常数越大，电子回传被抑制的程度就越大，这相对于 I^- 对电子回传进行了拦截。步骤(7)是造成电流损失的一个主要原因。电子在纳米晶网络中的传输速率越大，电子与 I_3^- 复合的速率常数越小，电流损失就会越小，光生电流越大。步骤(4)生成的 I_3^- 扩散到对电极上得到电子变成 I^-，从而使 I^- 再生并完成电流循环。

染料敏化太阳电池的性能指标主要由其输出光电流-光电压曲线决定,可通过光照下在一定偏压下测试电流曲线得出，其相应性能指标可参考有机太阳电池。

6.4.2 水醇溶共轭聚合物作为染料敏化剂

水醇溶共轭聚合物在染料敏化太阳电池中通常作为染料敏化剂，其侧链通常含羧基，使聚合物附着于多孔纳米晶 TiO_2 表面。Kim 等[114]比较了含不同侧链羧酸基团的水醇溶共轭聚合物对光伏器件性能的影响。关于 PTAA(图 6-12)和 H-PURET 等含不同形状羧酸侧链的聚噻吩受染料敏化剂的影响结果发现，有螯合羧基的聚噻吩比传统 P3HT 器件效率高，其中 PTAA 和 H-PURET 的器件效率分别为 1.4 %和 1.5 %;而将 TiO_2 直接浸入含染料敏化剂溶液中的器件效率比在 TiO_2 薄膜上旋涂染料敏化剂溶液的器件效率高。随后，PTAA 作为染料敏化剂得到了较多关注，主要用来研究羧酸基团与 TiO_2 的相互作用，基于 PTAA 的染料敏化太阳电池的效率最高为 2.9 %[115,116]。Kim 等[117]对 PTAA 进一步改进制备了聚合物 P3TTBA，其主链上的噻吩与下垂修饰的侧链羧酸基团间连接一个苯环，将其用

作染料敏化剂附着于 TiO$_2$ 薄膜表面，效率进一步提升至 4.0 %。Mwaura 等[118]提出使用两种吸收光谱互补的水醇溶共轭聚合物拓宽光敏感度的方法，虽然最终所得器件的效率不高，但这种双敏化剂概念的引入对拓展水醇溶共轭聚合物在染料敏化太阳电池中的应用非常有意义。Zhang 等[119]将给电子单元-共轭桥键-吸电子单元(D-π-A)的概念引入含羧酸的聚噻吩侧链中，计算模拟显示，D-π-A 的侧链结构可以促进激发态的电荷分离，有利于电子注入 TiO$_2$ 薄膜，最终器件效率达 3.4 %。Fang 等[120]进一步发展了这一概念，合成了两种线型 D-A 聚合物，扩展了敏化剂吸收光谱，使在可见光范围内实现全吸收。另外，研究发现水醇溶共轭聚合物的分子量对敏化剂的性能有重要影响，不同分子量的水醇溶共轭聚合物与多孔纳米晶 TiO$_2$ 表面附着力不同。

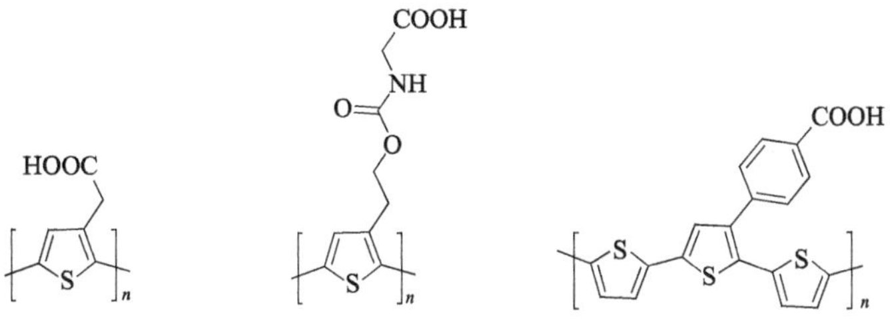

图 6-12　作为染料敏化太阳电池的染料敏化剂的水醇溶共轭聚合物的结构式

　　除了含羧酸聚噻吩，其他水醇溶共轭聚合物作为染料敏化太阳电池的染料敏化剂的效果并不出色[121]。基于上述研究，全水溶液加工的固态染料敏化太阳电池使用了水溶聚噻吩作为染料敏化剂和空穴传输材料，避免了液态电解质的使用。全水溶液加工的太阳电池具有环境友好的优势，虽器件效率只有 0.026 %，但为将来制作环境友好染料敏化太阳电池奠定了基础[122]。

6.5　有机光电探测器

6.5.1　有机光电探测器简介

　　光电探测器(photoelectric detector，PD)作为光电转换的载体已在光纤通信中广泛运用，是光检测系统的重要组成部分。随着近代科技尤其是微电子和光电子技术的发展，光电检测系统在工业和科研领域的应用越来越广泛，对光电探测器的性能也提出了更高的要求。传统的无机光电探测器在可见到近红外波段的应用需要几个独立的感光元件及不同材料来联合完成，如基于氮化镓(GaN)的探测器工作范围为 250～400 nm 的频带；基于硅(Si)的探测器工作范围为 450～800 nm 的波段；基于铟镓砷(InGaAs)的探测器工作范围为 900～1700 nm 的波段。另外，硅基探测器的探测率约为 4×10^{12} Jones[1 Jones=1 $(cm\cdot Hz^{1/2})$ /W]，而典型的 InGaAs 探测器需要冷却到 4.2 K，探测率方可达 10^{12} Jones。严格的工作条件、多种探测器联合使用的操作复杂性及制备工艺的苛刻使得这些无机探测器在实际应用中价格较为昂贵，限制了它们的推广应用。

与基于传统无机半导体材料的光电探测器相比，基于有机半导体的光电探测器具有工作电压低、能耗小、响应速度快、器件噪声低、微弱信号检测，以及实现从紫外-可见-近红外区域的探测等优势。有机半导体光电探测器在图像检测、通信、环境监测、远程控制、化学/生物传感等领域有广阔的应用前景。此外，可设计合成出具有宽吸收光谱和宽响应的窄带隙共轭聚合物，使有机光电探测器具有连续的宽频带工作范围，以克服无机探测器多种材料联合使用的操作复杂性等问题。有机材料优异的机械性能及可在柔性衬底上进行加工的特点，使得柔性探测器的实现成为可能，而喷墨打印和丝网打印等简单的制备工艺及有机材料的结构多样更使得有机光电探测器有着广阔的应用前景，具有不可限量的市场经济价值。近年来，随着体异质结有机太阳电池的快速发展，与其技术相近的体异质结有机光电探测器也迅速地发展起来。聚合物体异质结光电探测器的探测率已经可以和无机半导体的光电探测器相比拟，且光谱响应范围可以覆盖至 1000 nm 以上，已达到近红外区[123]。

由于结构与原理的相似性，有机光电探测器经历了与有机太阳电池类似的发展历程。1989 年，So 等[124]首次将有机材料应用到光电探测器中，器件结构为 Si/菲四甲酸二酐(PTCDA)/ITO。在 10 V 的偏压下，器件的外量子效率可以达到 85 %。自 1995 年，基于聚合物体异质结结构的有机光电探测器迅速发展起来，在可见光波段，器件的外量子效率达到了 80 %以上，线性动态范围(linear dynamic range, LDR)跨越几个数量级[125, 126]。1998 年，Yu 等[127]使用 P3OT∶PCBM 的材料体系制备了世界第一个全有机材料的图像探测器。2007 年，Yao 等[128]采用窄带隙聚合物 PTT 与 PCBM 共混体系，制备出性能较理想的近红外光电探测器，该探测器的光谱响应可以达到 1000 nm，在 5 V 的负偏压下，外量子效率高达 38%，但是该器件的暗电流带来的噪声影响较大，使得器件在负偏压下的等效噪声功率也较大，从而影响了器件的整体性能。Gong 等[123]采用另外一种窄带隙聚合物，同样以 $PC_{61}BM$ 作为受体，制备出一种低噪声、高探测率及宽响应的近红外光电探测器。该器件的光谱响应范围从紫外区域(300 nm)延伸至近红外区域(1450 nm)，线性动态范围高达 100 dB，在 300～1150 nm 的探测率高达 10^{13} Jones，器件整体性能甚至优于基于传统无机材料的光电探测器。这是聚合物近红外光电探测器领域的一个重大突破。随着新型窄带隙聚合物近红外材料的设计与合成，以及对低成本、便携式、应用范围广的光电探测器的迫切需求，这一领域的应用前景令人看好。

　　本章节所提到的有机光电探测器是基于有机太阳电池的光电探测器，其器件结构和工作原理与有机太阳电池近似，也属于光电转换器件。不同的是，有机太阳电池要求拥有和太阳光谱尽量匹配的吸收光谱，而探测器的目的在于将入射光的信号转化为电信号以便检测出入射光的性质，探测器的探测波长可以是光谱中的某一波段，如紫外区、可见光区和近红外区等。另外，探测器一般工作在短路条件或者反向偏压下，光生激子解离的效率大大提高，但两者的基本工作原理是相同的，均是基于半导体异质结的光伏效应。因此，光电探测器的伏安特性曲线可以参照电池器件的伏安特性曲线。此外，光电探测器的性能还由特定条件下的一些参数来表征，这些参数包括光谱响应度、探测率及线性度等。

　　1）光谱响应度

　　光谱响应度 R 是描述光电探测器灵敏度的参量，定义为在单位功率的入射光照射下，探测器所产生的光电压或光电流与入射光功率 P 的比值，是表征探测器灵敏度的重要参数，体现探测器将入射光信号转化成电信号的能力，即

$$R = \frac{J_{ph}}{L_{light}}$$

其中，J_{ph} 为光生电流；L_{light} 为入射光强度。光谱响应度表征了探测器将入射光信号转化为电信号的能力，因此是衡量光电探测器性能好坏的一个重要指标。

　　2）探测率

　　探测率 D^* 是衡量光电探测器对于微弱信号的极限探测能力的一个重要指标，定义为等效噪声功率的倒数，是光电探测器性能的一个重要参数，它与测试频率的带宽、工作偏压、入射光波长、器件温度等因素相关，与器件面积无关。探测率越高，表示输出信号越大，响应越高。为了比较不同带宽和光电探测器的优劣，通常将探测率归一化得到探测率 D^*。探测率 D^* 的物理意义可理解为辐射功率为 1 W 的入射光照射到光敏面积为 1 cm^2 的探测器上，并使用带宽为 1 Hz 的电路测量所得的信噪比，单位为 $(cm \cdot Hz^{1/2})/W$（Jones）。假设由器件的暗电流所带来的噪声是探测器噪声的主要来源，那么探测率可以由以下公式给出：

$$D^* = \frac{R}{\sqrt{2qJ_d}}$$

其中，q 为元电荷量；J_d 为器件的暗电流；R 为器件的光谱响应度。由上式可以看出，探测器与器件暗电流的平方根呈反比的关系，因此通过优化器件制作工艺

来减小暗电流是提高探测率的一个有效途径。

3）线性度

线性度是描述光电探测器的输出电信号与输入光信号保持线性关系程度的一个参量。即在规定的范围内，光电探测器的输出电信号精确地正比于输入光信号的性能。在规定的范围内，探测器的响应度是一个常数，该区域范围被称为线性动态范围（LDR），可以由以下公式给出：

$$LDR = 20 \lg \left(\frac{J_{ph}^*}{J_d} \right)$$

其中，J_{ph}^* 为器件在光强为 1 mW/cm^2 的入射光照射下所产生的光电流。线性动态范围的下限一般由器件的暗电流和噪声因素决定，上限由饱和效应或过载决定。此外，光电探测器的线性区域还随电压偏置、辐射调制及调制频率等条件的变化而变化。拥有较宽的线性动态范围使探测器的实用性更强，更利于信号的标定和探测。探测器线性动态范围的下限主要是由噪声所决定的，上限可通过增加偏压、增大面积等手段来延伸。

6.5.2　基于水醇溶共轭聚合物的界面修饰材料

基于有机光电探测器与有机太阳电池器件结构和工作机理的相似性，水醇溶共轭聚合物也可用于有机光电探测器中作为界面修饰层，通过界面修饰优化探测活性层与阴阳两极接触界面，降低接触势垒，以利于阴极和阳极能够有效地收集电子和空穴，提高器件探测率。

常用阳极修饰层与有机太阳电池类似，PEDOT∶PSS 可提高空穴收集效率，增强阳极电极空穴的注入[128,129]。在阴极修饰层方面，鉴于水醇溶的共轭聚合物 PFN 能够提高聚合物太阳电池的各项性能，特别是能够降低器件的暗电流，可将 PFN 应用于聚合物近红外光电探测器的阴极修饰。以 PFN 作为阴极修饰层、窄带隙共轭聚合物作为给体的近红外光电探测器在室温条件下工作，光谱响应范围从紫外区域延伸至近红外区域（400～1100nm）。在 400～950 nm 范围内，探测率高达 10^{13} Jones；在 950～1100 nm 范围内，探测率高于 10^{10} Jones[130]。基于窄带隙卟啉小分子 Por-3 作为电子给体的近红外光电探测器，在零偏压的条件下，外量子效率高达 20%，光暗电流比达 10^5，探测率在 380～900 nm 范围内高达 10^{12} Jones[131]。实验发现，用 PFN 作为阴极修饰层的光电探测器展现出更好的二极管特性，在反向偏压下，器件的暗电流得到了很好的抑制，从而降低了因暗电流带来的噪声，因此使得有 PFN 阴极修饰层的光电探测器展现出可与无机硅探测器比拟的优异性能。另外，用可交联共轭聚合物 PFN-OX 作为电子抽取层，制备倒置聚合物近红外光电探测器,同时与以传统阴极修饰材料 ZnO 作为电子抽取层制备的探测器进行对比[132]。实验发现,在室温零偏压下,基于 PFN-OX 电子抽取层的光电探测器对 800 nm 波长的近红外光的光响应率可达 116 mA/W,相应探测率达 1.02×10^{13} Jones。而采用传统电子抽取层 ZnO 的倒置探测器的探测率则为 1.71×10^{12} Jones,比基于 PFN-OX 的光电探测器的探测率几乎小一个数量级。此结果表明,PFN-OX 比 ZnO 薄膜有更好的阴极修饰作用。用 PFN-OX 修饰 ITO 阴极的倒置聚合物光电探测器,是获得高性能的有效途径。

6.6　本章小结

水醇溶共轭聚合物具有独特的环境友好溶剂加工性及出色的界面修饰能力,在新型太阳电池和光探测器中得到了广泛应用。目前,水醇溶共轭聚合物的结构与光电器件性能的关系、工作机理等还须进一步探索。水醇溶共轭聚合物修饰有机光电器件的稳定性对大面积工业化印刷生产电池器件或光电探测器至关重要,需要进一步深入研究。此外,将水醇溶共轭聚合物用作电池器件的高效活性层材料仍是目前面临的难题,期待未来有打破常规的新想法和设计思路出现。

参 考 文 献

[1] Kearns D, Calvin M. Photovoltaic effect and photoconductivity in laminated organic systems. J Chem Phys, 1958, 29: 950-951.

[2] Kallmann H, Pope M. Photovoltaic effect in organic crystals. J Chem Phys, 1959, 30: 585-586.

[3] Da Coasta P G, Conwell E M. Excitons and the band gap in poly (phenylene vinylene). Phys Rev B, 1993, 48: 1993-1996.

[4] Halls J J M, Pichler K, Friend R H, et al. Exciton diffusion and dissociation in a poly (*p*-phenylenevinylene)/C$_{60}$ heterojunction photovoltaic cell. Appl Phys Lett, 1996, 68: 3120-3122.

[5] Barth S, Bässler H. Intrinsic photoconduction in PPV-type conjugated polymers. Phys Rev Lett, 1997, 79: 4445-4448.

[6] Choong V, Park Y, Gao Y, et al. Dramatic photoluminescence quenching of phenylene vinylene oligomer thin films upon submonolayer Ca deposition. Appl Phys Lett, 1996, 69: 1492-1494.

[7] Halls J J M, Friend R H. The photovoltaic effect in a poly (*p*-phenylenevinylene)/perylene heterojunction. Synth Met, 1997, 85: 1307-1308.

[8] Markov D E, Tanase C, Blom P W M, et al. Simultaneous enhancement of charge transport and exciton diffusion in poly (*p*-phenylene vinylene) derivatives. Phys Rev B, 2005, 72: 045217.

[9] Tang C. Two-layer organic photovoltaic cell. Appl Phys Lett, 1986, 48: 183-185.

[10] Sariciftci N S, Smilowitz L, Heeger A J, et al. Semiconducting polymers (as donors) and buckminsterfullerene (as acceptor), photoinduced electron transfer and heterojunction devices. Synth Met, 1993, 59: 333-352.

[11] Sariciftci N S, Smilowitz L, Heeger A J, et al. Photoinduced electron transfer from a conducting polymer to buckminsterfullerene. Science, 1992, 258: 1474-1476.

[12] Morita S, Zakhidov A A, Yoshino K. Doping effect of buckminsterfullerene in conducting polymer, change of absorption spectrum and quenching of luminescene. Solid State Commun, 1992, 82: 249-252.

[13] Yu G, Gao J, Hummelen J C, et al. Polymer photovoltaic cells: Enhanced efficiencies via a network of internal donor-acceptor heterojunctions. Science, 1995, 270: 1789-1791.

[14] Halls J J M, Walsh C A, Greenham N C, et al. Efficient photodiodes from interpenetrating polymer networks. Nature, 1995, 376: 498-500.

[15] Zhang S, Qin Y, Zhu J, et al. Over 14% efficiency in polymer solar cells enabled by a chlorinated polymer donor. Adv Mater, 2018, 30: 1800868.

[16] Xiao Z, Jia X, Ding L. Ternary organic solar cells offer 14% power conversion efficiency. Science Bulletin, 2017, 62: 1562-1564.

[17] Zhang H, Yao H, Hou J. Over 14% efficiency in organic solar cells enabled by chlorinated nonfullerene small-molecule acceptors. Adv Mater, 2018, 30: 1800613.

[18] 崔勇, 姚惠峰, 杨晨熠, 等. 具有接近 15%能量转换效率的有机太阳电池. 高分子学报, 2017, 5: 135-143.

[19] Che X, Li Y, Qu Y, et al. High fabrication yield organic tandem photovoltaics combining vacuum- and solutionprocessed subcells with 15% efficiency. Nat Energy, 2018, 3: 422-427.

[20] Peters C, Sachs-Quintana I, Kastrop J, et al. High efficiency polymer solar cells with long operating lifetimes. Adv Energy Mater, 2011, 1: 491-494.

[21] Krebs F C, Espinosa N, Hösel M, et al. 25th Anniversary article, rise to power—OPV-based solar parks. Adv Mater, 2014, 26: 29-39.

[22] Koster L J A, Shaheen S E, Hummelen J C. Pathways to a new efficiency regime for organic solar cells. Adv Energy Mater, 2012, 2: 1246-1253.

[23] Durstock M F, Taylor B, Spry R J, et al. Electrostatic self-assembly as a means to create organic photovoltaic devices. Synth Met, 2001, 116: 373-377.

[24] Piok T, Brands C, Neyman P J, et al. Photovoltaic cells based on ionically self-assembled nanostructures. Synth Met, 2001, 116: 343-347.

[25] Durstock M F, Spry R J, Baur J W, et al. Investigation of electrostatic self-assembly as a means to fabricate and interfacially modify polymer-based photovoltaic devices. J Appl Phys, 2003, 94: 3253-3259.

[26] Maehara Y, Takenaka S, Shimizu K, et al. Buildup of multilayer structures of organic-inorganic hybrid ultra thin films by wet process. Thin Solid Films, 2003, 438-439: 65-69.

[27] Man K Y K, Wong H L, Chan W K, et al. Efficient photodetectors fabricated from a metal-containing conjugated polymer by a multilayer deposition process. Chem Mater, 2004, 16: 365-367.

[28] Yang J, Garcia A, Nguyen T. Organic solar cells from water-soluble poly(thiophene)/fullerene heterojunction. Appl Phys Lett, 2007, 90: 103514.

[29] Søndergaard R, Helgesen M, Jørgensen M, et al. Fabrication of polymer solar cells using aqueous processing for all layers including the metal back electrode. Adv Energy Mater, 2011, 1: 68-71.

[30] Worfolk B, Rider D, Elias A, et al. Bulk heterojunction organic photovoltaics based on carboxylated polythiophenes and PCBM on glass and plastic substrates. Adv Funct Mater, 2011, 21: 1816-1826.

[31] Thomas M, Worfolk B, Rider D, et al. C_{60} fullerene nanocolumns — polythiophene heterojunctions for inverted organic photovoltaic cells. ACS Appl Mater Inter, 2011, 3: 1887-1894.

[32] Vandenbergh J, Dergent J, Conings B, et al. Synthesis and characterization of water-soluble poly(p-phenylene vinylene) derivatives via the dithiocarbamate precursor route. Eur Polym J, 2011, 47: 1827-1835.

[33] Duan C, Cai W, Hsu B, et al. Toward green solvent processable photovoltaic materials for polymer solar cells, the role of highly polar pendant groups in charge carrier transport and photovoltaic behavior. Energy Environ Sci, 2013, 6: 3022-3034.

[34] Kumar A, Pace G, Bakulin A, et al. Donor-acceptor interface modification by zwitterionic conjugated polyelectrolytes in polymer photovoltaics. Energy Environ Sci, 2013, 6: 1589-1596.

[35] Shi W, Fan S, Huang F, et al. Synthesis of novel triphenylamine-based conjugated polyelectrolytes and their application as hole-transport layers in polymeric light-emitting diodes. J Mater Chem, 2006, 16: 2387-2394.

[36] Shi W, Wang L, Huang F, et al. Anionic triphenylamine-and fluorene-based conjugated polyelectrolyte as a hole-transporting material for polymer light-emitting diodes. Polym Int, 2009, 58: 373-379.

[37] Li C, Wen T, Guo T, et al. A facile synthesis of sulfonated poly(diphenylamine) and the application as a novel hole injection layer in polymer light emitting diodes. Polymer, 2008, 49: 957-964.

[38] Chunder A, Pal T, Khondaker S, et al. Reduced graphene oxide/copper phthalocyanine composite and its optoelectrical properties. J Phys Chem, 2010, 114: 15129-15135.

[39] Li C, Wen T, Lee T, et al. An inverted polymer photovoltaic cell with increased air stability obtained by employing novel hole/electron collecting layers. J Mater Chem, 2009, 19: 1643-1647.

[40] Li W, Worfolk B J, Li P, et al. Self-assembly of carboxylated polythiophene nanowires for improved bulk heterojunction morphology in polymer solar cells. J Phys Chem, 2012, 22: 11354-11363.

[41] Qi X, Pu K, Zhou X, et al. Conjugated-polyelectrolyte-functionalized reduced graphene oxide with excellent solubility and stability in polar solvents. Small, 2010, 6: 663-669.

[42] Zhou H, Zhang Y, Mai C K, et al. Conductive conjugated polyelectrolyte as hole-transporting layer for organic bulk heterojunction solar cells. Adv Mater, 2014, 26: 780-785.

[43] Mai C K, Zhou H, Zhang Y, et al. Facile doping of anionic narrow-band-gap conjugated polyelectrolytes during dialysis. Ange Chem Int Edit, 2013, 52: 12874-12878.

[44] Zhou H, Zhang Y, Mai C K, et al. Solution-processed pH-neutral conjugated polyelectrolyte improves interfacial contact in organic solar cells. ACS Nano, 2015, 9: 371-377.

[45] Lee B, Lee J, Jeong S, et al. Broad work-function tunability of p-type conjugated polyelectrolytes for efficient organic solar cells. Adv Energy Mater, 2015, 5: 1401653.

[46] Lee J, Lee B, Jeong S, et al. Radical cation-anion coupling-induced work function tunability in anionic conjugated polyelectrolytes. Adv Energy Mater, 2015, 5: 1501292.

[47] Li C Y, Wen T C, Guo T F. Sulfonated poly (diphenylamine) as a novel hole-collecting layer in polymer photovoltaic cells. J Phys Chem, 2008, 18: 4478-4482.

[48] Huang F, Wu H, Wang D, et al. Novel electroluminescent conjugated polyelectrolytes based on polyfluorene. Chem Mater, 2004, 16: 708-716.

[49] Wu H, Huang F, Mo Y, et al. Efficient electron injection from a bilayer cathode consisting of aluminum and alcohol-/water-soluble conjugated polymers. Adv Mater, 2004, 16: 1826-1830.

[50] Wu H, Huang F, Peng J, et al. High-efficiency electron injection cathode of Au for polymer light-emitting devices. Org Electron, 2005, 6: 118-128.

[51] Wu H, Huang F, Peng J, et al. Efficient electron injection from bilayer cathode with aluminum as cathode. Synth Met, 2005, 153: 197-200.

[52] He C, Zhong C, Wu H, et al. Origin of the enhanced open-circuit voltage in polymer solar cells via interfacial modification using conjugated polyelectrolytes. J Phys Chem, 2010, 20: 2617-2622.

[53] Zhang L, He C, Chen J, et al. Bulk-heterojunction solar cells with benzotriazole-based copolymers as electron donors, largely improved photovoltaic parameters by using PFN/Al bilayer cathode. Macromolecules, 2010, 43: 9771-9778.

[54] He Z, Zhong C, Huang X, et al. Simultaneous enhancement of open-circuit voltage, short-circuit current density, and fill factor in polymer solar cells. Adv Mater, 2011, 23: 4636-4643.

[55] He Z, Zhong C, Su S, et al. Enhanced power-conversion efficiency in polymer solar cells using an inverted device structure. Nat Photon, 2012, 6: 591-595.

[56] Zhong C, Liu S, Huang F, et al. Highly efficient electron injection from indium tin oxide/cross-linkable amino-functionalized polyfluorene interface in inverted organic light emitting devices. Chem Mater, 2011, 23: 4870-4876.

[57] Liu S, Zhong C, Zhang J, et al. A novel crosslinkable electron injection/transporting material for solution processed polymer light-emitting diodes. Sci China Chem, 2011, 54: 1745-1749.

[58] Dong Y, Hu X, Duan C, et al. A Series of new medium-bandgap conjugated polymers based on naphtho[1,2-*c*,5,6-*c*]bis (2-octyl-[1,2,3]triazole) for high-performance polymer solar cells. Adv Mater, 2013, 25: 3683-3688.

[59] Wang J, Lin K, Zhang K, et al. Crosslinkable amino-functionalized conjugated polymer as cathode interlayer for efficient inverted polymer solar cells. Adv Energy Mater, 2016, 6: 1502563.

[60] Zhou G, Qian G, Ma L, et al. Polyfluorenes with phosphonate groups in the side chains as

chemosensors and electroluminescent materials. Macromolecules, 2005, 38: 5416-5424.

[61] Zhang B, Qin C, Ding J, et al. High-performance all-polymer white-light-emitting diodes using polyfluorene containing phosphonate groups as an efficient electron-injection layer. Adv Funct Mater, 2010, 20: 2951-2957.

[62] Niu X, Qin C, Zhang B, et al. Efficient multilayer white polymer light-emitting diodes with aluminum cathodes. Appl Phys Lett, 2007, 90: 203513.

[63] Zhao Y, Xie Z, Qin C, et al. Enhanced charge collection in polymer photovoltaic cells by using an ethanol-soluble conjugated polyfluorene as cathode buffer layer. Sol Energy Mater Sol Cells, 2009, 93: 604-608.

[64] Liao S, Li Y, Jen T, et al. Multiple functionalities of polyfluorene grafted with metal ion-intercalated crown ether as an electron transport layer for bulk-heterojunction polymer solar cells, optical interference, hole blocking, interfacial dipole, and electron conduction. J Am Chem Soc, 2012, 134: 14271-14274.

[65] Xu X, Cai W, Chen J, et al. Conjugated polyelectrolytes and neutral polymers with poly (2, 7-carbazole) backbone, synthesis, characterization, and photovoltaic application. J Polym Sci A, 2011, 4: 1263-1272.

[66] Sun J, Zhu Y, Xu X, et al. High efficiency and high voc inverted polymer solar cells based on a low-lying HOMO polycarbazole donor and a hydrophilic polycarbazole interlayer on ito cathode. J Phys Chem, 2012, 116: 14188-14198.

[67] Zhu Y, Xu X, Zhang L, et al. High efficiency inverted polymeric bulk-heterojunction solar cells with hydrophilic conjugated polymers as cathode interlayer on ITO. Sol Energy Mater Sol Cells, 2012, 97: 83-88.

[68] Tang Z, Andersson L, George Z, et al. Interlayer for modified cathode in highly efficient inverted ito-free organic solar cells. Adv Mater, 2012, 24: 554-558.

[69] He Z, Zhang C, Xu X, et al. Largely enhanced efficiency with a PFN/Al bilayer cathode in high efficiency bulk heterojunction photovoltaic cells with a low bandgap polycarbazole donor. Adv Mater, 2011, 23: 3086-3089.

[70] Na S, Oh S, Kim S, et al. Efficient organic solar cells with polyfluorene derivatives as a cathode interfacial layer. Org Electron, 2009, 10: 496-500.

[71] Oh S, Na S, Jo J, et al. Water-soluble polyfluorenes as an interfacial layer leading to cathode-independent high performance of organic solar cells. Adv Funct Mater, 2010, 20: 1977-1983.

[72] Na S, Kim T, Oh S, et al. Enhanced performance of inverted polymer solar cells with cathode interfacial tuning via water-soluble polyfluorenes. Appl Phys Lett, 2010, 97: 223305.

[73] Jo G, Na S, Oh S, et al. Tuning of a graphene-electrode work function to enhance the efficiency of organic bulk heterojunction photovoltaic cells with an inverted structure. Appl Phys Lett, 2010, 97: 213301.

[74] Shi T, Zhu X, Yang D, et al. Thermal annealing influence on poly (3-hexyl-thiophene) /phenyl-C61-butyric acid methyl ester-based solar cells with anionic conjugated polyelectrolyte as cathode interface layer. Appl Phys Lett, 2012, 101: 161602.

[75] Chen Y, Jiang Z, Gao M, et al. Efficiency enhancement for bulk heterojunction photovoltaic cells via incorporation of alcohol soluble conjugated polymer interlayer. Appl Phys Lett, 2012, 100: 203304.

[76] Seo J, Gutacker A, Sun Y, et al. Improved high-efficiency organic solar cells via incorporation of a conjugated polyelectrolyte interlayer. J Am Chem Soc, 2011, 133: 8416-8419.

[77] Wang Q, Zhou Y, Zheng H, et al. Modifying organic/metal interface via solvent treatment to improve electron injection in organic light emitting diodes. Org Electron, 2011, 12: 1858-1863.

[78] Liu X, Wen W, Bazan G. Post-deposition treatment of an arylated-carbazole conjugated polymer for solar cell fabrication. Adv Mater, 2012, 24: 4505-4510.

[79] Zhou H, Zhang Y, Seifter J, et al. High-efficiency polymer solar cells enhanced by solvent treatment. Adv Mater, 2013, 25: 1646-1652.

[80] Duan C, Zhang K, Guan X, et al. Conjugated zwitterionic polyelectrolyte-based interface modification materials for high performance polymer optoelectronic devices. Chem Sci, 2013, 4: 1298-1307.

[81] Guan X, Zhang K, Huang F, et al. Amino *N*-oxide functionalized conjugated polymers and their amino-functionalized precursors, new cathode interlayers for high-performance optoelectronic devices. Adv Funct Mater, 2012, 22: 2846-2854.

[82] Wu Z, Sun C, Dong S, et al. n-Type water/alcohol-soluble naphthalene diimide-based conjugated polymers for high-performance polymer solar cells. J Am Chem Soc, 2016, 138: 2004-2013.

[83] Zhang K, Hu Z, Xu R, et al. High-performance polymer solar cells with electrostatic layer-by-layer self-assembled conjugated polyelectrolytes as the cathode interlayer. Adv Mater, 2015, 27: 3607-3613.

[84] Kagan C, Mitzi D, Dimitrakopoulos C. Organic-inorganic hybrid materials as semiconducting channels in thin-film field-effect transistors. Science, 1999, 286: 945-947.

[85] Mitzi D, Kosbar L, Murray C, et al. High-mobility ultrathin semiconducting films prepared by spin coating. Nature, 2004, 428: 299-303.

[86] Green M A, Ho-Baillie A, Snaith H J. The emergence of perovskite solar cells. Nat Photonics, 2014, 8: 506-514.

[87] Kojima A, Teshima K, Shirai Y, et al. Organometal halide perovskites as visible-light sensitizers for photovoltaic cells. J Am Chem Soc, 2009, 131: 6050-6051.

[88] Im J, Lee C, Lee J, et al. 6.5% efficient perovskite quantum-dot-sensitized solar cell. Nanoscale, 2011, 3: 4088-4093.

[89] Kim H, Lee C, Im J, et al. Lead iodide perovskite sensitized all-solid-state submicron thin film mesoscopic solar cell with efficiency exceeding 9%. Sci Rep, 2012, 2: 1-7.

[90] Lee M, Teuscher J, Miyasaka T, et al. Efficient hybrid solar cells based on meso-superstructured organometal halide perovskites. Science, 2012, 338: 643-647.

[91] Liu M, Johnston M, Snaith H. Efficient planar heterojunction perovskite solar cells by vapour deposition. Nature, 2013, 501: 395-398.

[92] Yang W, Noh J, Jeon N, et al. High-performance photovoltaic perovskite layers fabricated

through intramolecular exchange. Science, 2015, 348: 1234-1237.

[93] Xue Q, Sun C, Hu Z, et al. Recent advances in perovskite solar cells: Morphology control and interfacial engineering. Acta Chimica Sinica, 2015, 73: 179-192.

[94] You J, Hong Z, Yang Y, et al. Low-temperature solution-processed perovskite solar cells with high efficiency and flexibility. ACS Nano, 2014, 8: 1674-1680.

[95] Su S, Salim T, Mathews N, et al. The origin of high efficiency in low-temperature solution-processable bilayer organometal halide hybrid solar cells. Energy Environ Sci, 2014, 7: 399-407.

[96] Wang Q, Shao Y, Dong Q, et al. Large fill-factor bilayer iodine perovskite solar cells fabricated by a low-temperature solution-process. Energy Environ Sci, 2014, 7: 2359-2365.

[97] Bi C, Wang Q, Shao Y, et al. Non-wetting surface-driven high-aspect-ratio crystalline grain growth for efficient hybrid perovskite solar cells. Nat Commun, 2015, 6: 7747.

[98] Xue Q, Chen G, Liu M, et al. Improving film formation and photovoltage of highly efficient inverted-type perovskite solar cells through the incorporation of new polymeric hole selective layers. Adv Energy Mater, 2016, 6: 1502021.

[99] Gong X, Li M, Shi X, et al. Controllable perovskite crystallization by water additive for high-performance solar cells. Adv Funct Mater, 2015, 25: 6671-6678.

[100] Zhou H, Chen Q, Li G, et al. Interface engineering of highly efficient perovskite solar cells. Science, 2014, 345: 542-546.

[101] Choi H, Mai C K, Kim H, et al. Conjugated polyelectrolyte hole transport layer for inverted-type perovskite solar cells. Nat Commun, 2015, 6: 7348.

[102] Xie F, Zhang D, Su H, et al. Vacuum-assisted thermal annealing of $CH_3NH_3PbI_3$ for highly stable and efficient perovskite solar cells. ACS Nano, 2015, 9: 639-646.

[103] You J, Yang Y, Hong Z, et al. Moisture assisted perovskite film growth for high performance solar cells. Appl Phys Lett, 2014, 105: 183902.

[104] Xue Q, Hu Z, Liu J, et al. Highly efficient fullerene/perovskite planar heterojunction solar cells via cathode modification with an amino-functionalized polymer interlayer. J Phys Chem A, 2014, 2: 19598-19603.

[105] Hu Q, Liu Y, Li Y, et al. Efficient and low-temperature processed perovskite solar cells based on a cross-linkable hybrid interlayer. J Phys Chem A , 2015, 3: 18483-18491.

[106] Memming R. The role of energy levels in semiconductor-electrolyte solar cells. J Electrochem Soc, 1978, 125: 117-123.

[107] Möllers F, Tolle H, Memming R. On the origin of the photocatalytic deposition of noble metals on TiO_2. J Electrochem Soc, 1974, 121: 1160-1167.

[108] Decker F, Pettinger B, Genscher H. Hole injection and electroluminescence of n-GaAs in the presence of aqueous redox electrolytes. J Electrochem Soc, 1983, 130: 1335-1339.

[109] Kiwi J, Graetzel M. Projection, size factors, and reaction dynamics of colloidal redox catalysts mediating light induced hydrogen evolution from water. J Am Chem Soc, 1979, 101: 7214-7217.

[110] O'Regan B, Gratzel M. A low-cost, high-efficiency solar cell based on dye-sensitized colloidal TiO_2 films. Nature, 1991, 353: 737-740.

[111] Nazeeruddin M, Kay A, Rodicio I, et al. Conversion of light to electricity by *cis*-X$_2$bis(2, 2'-bipyridyl-4,4'-dicarboxylate)ruthenium(II) charge-transfer sensitizers (X = Cl⁻, Br⁻, I⁻, CN⁻, and SCN⁻) on nanocrystalline TiO$_2$ electrodes. J Am Chem Soc, 1993, 115: 6382-6390.

[112] Mathew S, Yella A, Gao P, et al. Dye-sensitized solar cells with 13% efficiency achieved through the molecular engineering of porphyrin sensitizers. Nat Chem, 2014, 6: 242-247.

[113] Hagfeldt A, Boschloo G, Sun L, et al. Dye-sensitized solar cells. Chemical Reviews, 2010, 110: 6595-6663.

[114] Kim Y, Walker J, Samuelson L, et al. Efficient light harvesting polymers for nanocrystalline TiO$_2$ photovoltaic cells. Nano Letters, 2003, 3: 523-525.

[115] Senadeera G, Nakamura K, Kitamura T, et al. Fabrication of highly efficient polythiophene-sensitized metal oxide photovoltaic cells. Appl Phys Lett, 2003, 83: 5470-5472.

[116] Cho Y, Kim H, Oh M, et al. TiO$_2$ composites for efficient poly(3-thiophene acetic acid) sensitized solar cells. J Electrochem Soc, 2011, 158: B106-B111.

[117] Kim D, Yoon J, Won M, et al. Electrochemical characterization of newly synthesized polyterthiophene benzoate and its applications to an electrochromic device and a photovoltaic cell. Electrochim Acta, 2012, 67: 201-207.

[118] Mwaura J, Zhao X, Jiang H, et al. Spectral broadening in nanocrystalline TiO$_2$ solar cells based on poly(*p*-phenylene ethynylene) and polythiophene sensitizers. Chem Mater, 2006, 18: 6109-6111.

[119] Zhang W, Fang Z, Su M, et al. A triphenylamine-based conjugated polymer with donor-π-acceptor architecture as organic sensitizer for dye-sensitized solar cells. Macromol Rapid Comm, 2009, 30: 1533-1537.

[120] Fang Z, Eshbaugh A, Schanze K. Low-bandgap donor-acceptor conjugated polymer sensitizers for dye-sensitized solar cells. J Am Chem Soc, 2011, 133: 3063-3069.

[121] Lee W, Mane R, Min S, et al. Nanocrystalline CdS-water-soluble conjugated-polymers, high performance photoelectrochemical cells. Appl Phys Lett, 2007, 90: 263503.

[122] Haeldermans I, Truijen I, Vandewal K, et al. Water based preparation method for "green" solid-state polythiophene solar cells. Thin Solid Films 2008, 516: 7245-7250.

[123] Gong X, Tong M, Xia Y, et al. High-detectivity polymer photodetectors with spectral response from 300 nm to 1450 nm. Science, 2009, 325: 1665-1667.

[124] So F, Forrest S. Organic-on-inorganic semiconductor photodetector. IEEE T Electron Dev, 1989, 36: 66-69.

[125] Yu G, Cao Y, Srdanov G. High-sensitivity visible-blind UV detectors made with organic semiconductors. Proc SPIE, 1999, 3629:349-356.

[126] Schilinsky P, Waldauf C, Hauch J, et al. Polymer photovoltaic detectors, progress and recent developments. Thin Solid Films, 2004, 451: 105-108.

[127] Yu G, Cao Y, Wang J, et al. High sensitivity polymer photosensors for image sensing applications. Synth Met, 1999, 102: 904-907.

[128] Yao Y, Liang Y, Shrotriya V, et al. Plastic near-infrared photodetectors utilizing low band gap polymer. Adv Mater, 2007, 19: 3979-3983.

[129] Dong Y, Cai W, Wang M, et al. [1,2,5]Thiadiazolo[3,4-*f*]benzotriazole based narrow band gap conjugated polymers with photocurrent response up to 1.1 μm. Org Electron, 2013, 14: 2459-2467.

[130] Hu X, Dong Y, Huang F, et al. Solution-processed high-detectivity near-infrared polymer photodetectors fabricated by a novel low-bandgap semiconducting polymer. J Phys Chem, 2013, 117: 6537-6543.

[131] Li L, Huang Y, Peng J, et al. Highly responsive organic near-infrared photodetectors based on a porphyrin small molecule. J Phys Chem C, 2014, 2: 1372-1375.

[132] Hu X, Wang K, Liu C, et al. High-detectivity inverted near-infrared polymer photodetectors using cross-linkable conjugated polyfluorene as an electron extraction layer. J Phys Chem C, 2014, 2: 9592-9598.

第 **7** 章

有机场效应晶体管中的水醇溶共轭聚合物

7.1 引言

场效应晶体管是一种应用广泛的三极管元器件，通过电场的变化来控制器件电流的输出，主要包括源极(source)、漏极(drain)和栅极(gate)。场效应晶体管的概念最早是由 J. E. Lilienfeld 于 1930 年提出的[1]。其后，诺贝尔奖获得者 W. Shockley、J. Bardeen 和 W. Brattain 于 1947 年提出了 p-n-p 结型晶体管。1960 年，D. Kahng 和 M. M. Attalla 研制出第一个基于单晶硅的金属-氧化物-半导体场效应晶体管[2]。有机场效应晶体管本质上与无机薄膜晶体管(thin-film transistor, TFT)相同，都是源于金属-绝缘体-半导体场效应晶体管(metal-insulator-semiconductor field-effect transistor, MISFET)，其中有机场效应晶体管中用有机半导体，而无机薄膜晶体管则用无机半导体。第一个基于聚合物的有机场效应晶体管由 Tsumura 等于 1986 年报道[3]。在过去几十年里，p 型及 n 型有机场效应晶体管均取得了较大的进展，电子和空穴迁移率均可达 $10 \sim 100 \ cm^2/(V \cdot s)$[4-8]。有机材料具备价廉、性能可调、加工工艺简单、可兼容柔性基底等优点，在柔性有源矩阵 OLED 显示器、电子纸背板、射频识别标签和传感器等方面都有潜在的应用价值。本章主要讲述有机场效应晶体管的器件结构和工作机理，以及水醇溶共轭聚合物在有机场效应晶体管和发光场效应晶体管(light-emitting field effect transistor, LEFET)中的应用。

7.2 有机场效应晶体管简介

7.2.1 有机场效应晶体管的结构

有机场效应晶体管由三个电极、一个介电层和一个有机半导体层组成。与有机半导体层直接接触的两个电极分别称为源极和漏极；在源漏极的另一侧且与介电层接触的电极称为栅电极。场效应晶体管的结构不仅与材料有关，也与不同功能的薄膜的制备顺序有关。根据薄膜堆叠顺序的不同，器件的结构可以简单地分为以下四种（图 7-1）：①底栅极、顶接触（bottom-gate top-contact, BGTC）；②底栅极、底接触（bottom-gate bottom-contact, BGBC）；③顶栅极、顶接触（top-gate top-contact, TGTC）；④顶栅极、底接触（top-gate bottom-contact, TGBC）。其中，最常用的是底栅极、顶接触的结构：主要是因为有机材料的耐高温性比较差，底栅极的结构就可以避免介电层和栅电极薄膜沉积温度过高可能导致对有机半导体层的破坏；另外，研究也发现顶接触结构器件的接触电阻要小于底接触结构的器件，因此器件也表现出较高的载流子迁移率。然而，有机绝缘体做栅极介电层使得介电层可以在不破坏有机半导体层的状况下沉积在有机半导体层上。因此，顶栅极结构的器件可以将半导体层和源漏电极埋在栅极介电层以下，有利于防止它们受到环境中水氧等的侵蚀，从而可以提高器件的工作稳定性。另外，对于顶栅极、底接触结构的器件，可以通过刻蚀得到源漏金属电极及不同功能需求的图案，并且其上的有机半导体层可以通过大面积沉积或印刷来制备。总之，基于顶栅极、底接触结构的有机场效应晶体管具有较大的应用前景。

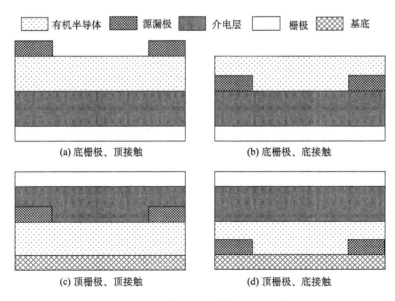

图 7-1 有机场效应晶体管的四种器件结构

7.2.2 有机场效应晶体管的工作原理

1. 聚集模式和耗尽模式

半导体的场效应，指的是半导体中局部区域的电学特性随着外加电场改变而发生明显变化的现象。场效应晶体管是通过改变栅极上的栅电压 V_G 来控制源漏电极之间电流大小输出的一种有源器件。器件工作时，在源漏极之间施加一定的电压，如果不施加栅电压或者栅电压很小时，源漏极之间的电流就很小，此时器件处于关状态；当施加的栅电压超过一定值（阈值电压，V_{th}）时，在介电层与半导体之间的界面处会诱导出自由载流子，在源漏极电压的驱动下会形成导电沟道，从而使得源漏极之间的电流迅速增大，使器件导通成为开状态。

在场效应晶体管中，栅电压的施加在源漏电极之间的导电沟道的垂直方向产生了一个电场，导致了半导体能级的弯曲、电荷的聚集或耗尽。下面将以 p 型半导体为例来讨论垂直栅电压的加载所导致的半导体电学特性的改变。

在不同的栅电压加载下，场效应晶体管中的金属、介电层和半导体界面的能级通常有以下三种情况（图 7-2）：①当栅电压为零时，由于没有电场的重新分布，在电极和介电层、半导体层之间不存在电荷的转移和传输，金属和半导体的真空

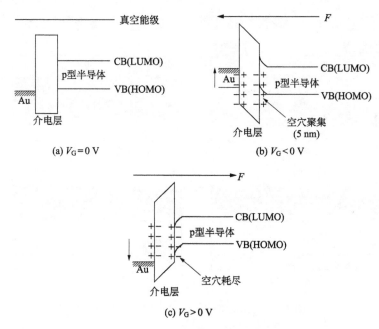

图 7-2　场效应晶体管中 p 型半导体材料的能级随栅电压变化情况[9]

(a) 平直能带；(b) 聚集模式；(c) 耗尽模式

能级相同，此时为平直能带状态。②当栅电压小于零时，器件中会产生一个垂直于源漏极且方向指向栅极的电场。同时，在介电层的两侧会产生极性相反数目相等的电荷，形成偶电层。在介电层中，靠近半导体层界面处带负电荷，而在半导体内靠近介电层界面处带正电荷。因此，在半导体内距离介电层界面 5 nm 左右处产生了空穴聚集，从而导致半导体的价带和导带能级向上弯曲。这些聚集的空穴在源漏电压的驱动下产生了定向的移动，从而形成电流，这就是 p 型场效应晶体管的聚集模式。③当栅电压大于零时，器件中会产生一个垂直源漏极之间且方向由栅极指向半导体层的电场，介电层内部形成偶电层。类似地，偶电层的产生使得介电层中靠近半导体的一侧聚集了正电荷，而半导体内靠近此界面处则聚集了负电荷，同时使界面处半导体的价带和导带能级向下弯曲。半导体中诱导出来的负电荷导致了 p 型半导体中的载流子空穴耗尽，即使在源漏电压的驱动下也没有自由载流子可以移动产生电流，这就是 p 型场效应晶体管的耗尽模式。因此，基于聚集模式工作的场效应晶体管中栅电压的加载是使器件由关到开；而基于耗尽模式工作的场效应晶体管中栅电压的加载则是使器件由开到关。

对于无机场效应晶体管，由于无机半导体(掺杂)内存在自由载流子，所以其工作模式可以是聚集模式也可以是耗尽模式；而对于有机场效应晶体管，由于有机半导体本身并不存在自由载流子，载流子只能依靠电极界面处的注入，因此绝大部分有机场效应晶体管的工作模式是聚集模式。

2. p 型和 n 型有机场效应晶体管

根据器件中主要载流子极性的不同，有机场效应晶体管可以分为导空穴的 p 型和导电子的 n 型晶体管。在少数情况下，如果使用的有机半导体是双极性的，器件可能既导空穴又导电子。

如图 7-3 所示，p 型和 n 型有机场效应晶体管的工作状态均为聚集模式。在 p 型器件中[图 7-3(b)]，当栅极加载足够大的负电压时，在有机半导体接近介电层的界面处会诱导出空穴，此时在漏极加载负电压就可以使这些空穴定向移动形成导电沟道，产生空穴电流；在 n 型器件中[图 7-3(a)]，当栅极加载足够大的正电压时，在有机半导体接近介电层的界面处会诱导出电子，此时在漏极加载正电压就可以使这些电子定向移动形成导电沟道，产生电子电流。

7.2.3　接触电阻

源漏电极与有机半导体的接触一般被认为是金属-半导体异质结，根据 Mott-Schottky 理论，当金属的功函数与 p 型有机半导体的 HOMO 能级或者与 n 型有机半导体的 LUMO 能级比较接近时，这种接触被认为是欧姆接触，载流子可以有效地从金属注入有机半导体中，接触势垒较小(或者可以忽略不计)。不满足上述条件时，金属与有机半导体之间会出现能级差，接触势垒和接触电阻较大，载流子则不能够有效地注入有机半导体中。

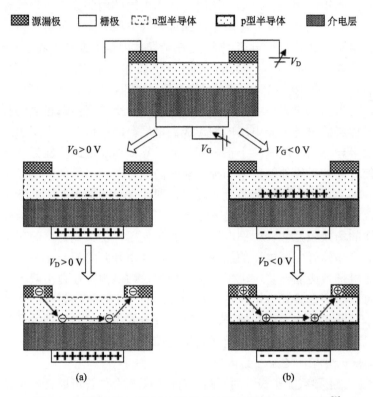

图 7-3　n 型(a)和 p 型(b)有机场效应晶体管的工作示意图[9]

在有机场效应晶体管的研究初期，由于器件效率太低，接触电阻很少被注意到。源漏电极之间的电流主要受限于沟道电阻，此时接触电阻可以忽略不计。但随着有机半导体材料载流子迁移率的不断提高，接触电阻对器件效率的影响也表现出来了，并逐渐成为影响器件性能的主要因素。另外，由于金属电极与有机半导体界面间还存在偶极层，因此接触电阻除了与金属电极和有机半导体之间的注入势垒相关外，还受偶极层等因素的影响。另外，接触电阻的大小还与有机半导体层和源漏电极的制备顺序有关。通常顶接触结构的器件相比于底接触的器件能表现出更小的接触电阻。研究发现：①接触电阻的大小与电极特性(如功函数等)紧密相关；②接触电阻依赖于栅电压大小，栅电压增大时，接触电阻明显减小。场效应晶体管中接触电阻对其性能影响较大，水醇溶共轭聚合物作为界面修饰材料可以有效地减小接触电阻、改善器件性能。

7.3　水醇溶共轭聚合物在有机场效应晶体管中的应用

7.3.1　水醇溶共轭聚合物修饰源漏电极

　　源漏电极与有机半导体之间的接触电阻是影响有机场效应晶体管性能的主要因素。性能较优的器件需要较小的载流子注入势垒较小的接触电阻，从而能得到较高的迁移率和较低的开启阈值电压。然而，对于 n 型有机场效应晶体管，为了减小电子注入势垒，源漏极所采用金属的功函数就需要与 n 型半导体材料的 LUMO 能级相匹配。一般情况下，需要采用较低功函数的金属(如 Ca、Mg、Ba、Al 等)来做源漏极，而低功函数金属在空气环境下的稳定性不佳，大大制约了 n 型有机场效应晶体管的实际应用前景。而如果采用空气稳定的高功函数金属(如 Au、Ag 等)又会在源漏电极与有机半导体界面处引入较大的能级势垒和接触电阻，影响电子的注入，从而大幅度降低器件的性能。水醇溶共轭聚合物可以通过正交溶剂在有机半导体层上进行加工，并改善金属电极与有机半导体层的界面接触，降低金属的功函数，减小金属功函数与有机半导体 LUMO 能级之间的势垒，从而增强电子的注入或者抽取。这使得空气中稳定的高功函数的金属(Au、Ag 等)可以用来制备这些器件中的阴极或负极，从而提高器件性能。类似地，水醇溶共轭聚合物也可以被应用到 n 型有机场效应晶体管中，来提高器件的性能。下面将用实际的例子讨论这一应用。

　　2009 年，Seo 等[10]在 n 型有机场效应晶体管(底栅极、顶接触)的有机半导体层(PC$_{61}$BM)和源漏电极 Au 之间插入水醇溶共轭聚电解质 CPE (PFN$^+$F$^-$、PFN$^+$Br$^-$、PFN$^+$BIm$_4^-$)(图 7-4 和图 7-5)(大约 20 nm)。由图 7-5(b)可以看出，采用共轭聚电解质修饰的器件的源漏电流(简称漏电流，通常用 I_{DS} 或 I_D 表示)相比于参比器件得到了大幅度的提升。参比器件的电子迁移率 $\mu_e = 2.99 \times 10^{-3}$ cm^2/(V·s)、开关比 $I_{on}/I_{off} = 3.16 \times 10^4$ 及阈值电压 $V_{th} = 17.6$ V 等均大幅度改善，达到 $\mu_e = 1.28 \times 10^{-2}$ cm^2/(V·s)、$I_{on}/I_{off} = 5.41 \times 10^5$ 及 $V_{th} = 0.89$ V。器件性能的提升归因于共轭聚电解质的引入在 Au 和 PC$_{61}$BM 之间形成界面偶极层，偶极方向由 Au 指向 PC$_{61}$BM[图 7-6(b)]，偶极层的存在可以降低 Au 的功函数，使得金属功函数与有机半导体 LUMO 能级更加匹配，从而减小电子从源漏极注入的势垒，减小源漏电极与有机半导体层的接触电阻，增强电子的注入，降低了器件开启的阈值电压。如图 7-6(a)所示，通过采用线转换方法(transfer line method, TLM)，在测量不同沟道长度的总电阻后作图，再外推到沟道长度为零时，可以得到接触电阻值。图中得到的接触电阻的值由没有修饰过的参比器件的 13.5 MΩ 减小到最小的由 PFN$^+$F$^-$修饰过的 0.42 MΩ。从表观看，在使用适当厚度(较厚的电解质层中，在电场作用下，里面的离子会移动使得电场重新分布，这里不作讨论)的共轭聚电解质来修饰源漏电极时，能获得阈值电压更低、开关比更高、迁移率更高的 n 型有机场效应晶体管。

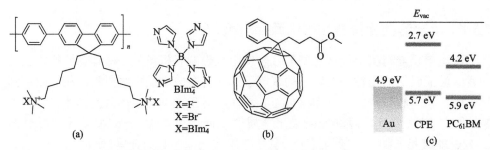

图 7-4　CPE(a) 和 PC$_{61}$BM(b) 的结构式；(c) 由 UPS 测试得到的 Au、CPE 和 PC$_{61}$BM 的能级图[10]

承美国化学会惠允，摘自 Seo J H, et al., *J. Am. Chem. Soc.*, **131**, 18220 (2009)

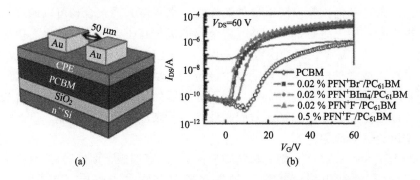

图 7-5　(a) OFET 的结构示意图；(b) 在 $V_{DS}=60$ V 时，参比器件和各种不同对离子或浓度的 CPE 修饰过的器件工作的转移曲线[10]

承美国化学会惠允，摘自 Seo J H, et al., *J. Am. Chem. Soc.*, **131**, 18220 (2009)

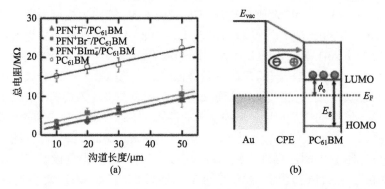

图 7-6　(a) PC$_{61}$BM 和 0.02 %CPE 修饰的 PC$_{61}$BM 器件在不同沟道长度所对应的 I_{DS}-V_{DS} (0 V< V_{DS}< 10 V, $V_G=60$ V) 曲线所得到的器件电阻；(b) 存在界面偶极时的能级图[10]

承美国化学会惠允，摘自 Seo J H, et al., *J. Am. Chem. Soc.*, **131**, 18220 (2009)

另外，水醇溶共轭聚电解质修饰源漏金属电极不仅可以减小接触电阻，增强电子的注入，而且可以捕捉空气中的水氧，防止它们进一步扩散到器件中，从而提高器件的空气稳定性。2014 年，Kim 等[11]在双极性有机场效应晶体管（顶栅极、底接触）的有机半导体层 $PC_{61}BM$ 和源漏电极 Au 之间插入水醇溶聚芴衍生物 WPF（WPF-己基、WPF-4O 和 WPF-6O，它们的侧链烷氧基含量不同，图 7-7）研究器件性能的变化。首先，研究了不同厚度（5～15 nm）的 WPF-4O 层插到源漏极 Au 与有机半导体 $PC_{61}BM$ 之间对器件性能的影响。如图 7-8 所示，不同厚度的 WPF-4O 的插入都能增大器件的 I_D，这也证明了 WPF 的插入有利于电子注入。另外，WPF-4O 的插入使得器件由原来的双极性转变成单极性（n 型），说明聚电解质 WPF-4O 具有空穴阻挡的能力。从图 7-8 中可知，8 nm WPF-4O 的器件效果最优，μ_e 从 0.046 $cm^2/(V\cdot s)$ 提高到 0.12 $cm^2/(V\cdot s)$，而 V_{th} 则从 29.3 V 降低到 10.5 V。如图 7-9 所示，从 UPS 的测试结果可发现，经 WPF-4O 修饰过的 Au 的功函数从 4.5 eV 降低到 3.8 eV。另外，通过线转换方法测试推算出，器件的接触电阻率从参比器件的 18.65 $M\Omega\cdot cm$ 减小到 0.02 $M\Omega\cdot cm$。

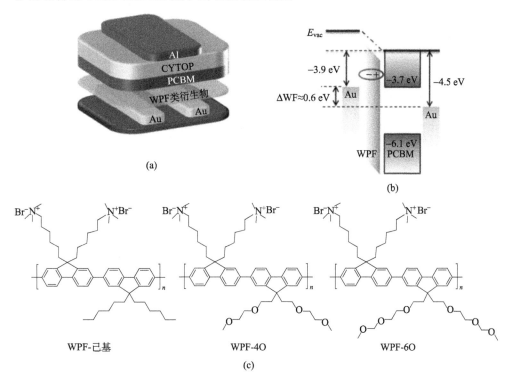

图 7-7　(a) 引入 WPF 的底接触、顶栅极 OFET 结构示意图；(b) Au 源漏电极间能级图；(c) WPF 结构式[11]

承美国化学会惠允，摘自 Kim J, et al., *ACS Appl. Mater. Inter.*, **6**, 8108 (2014)

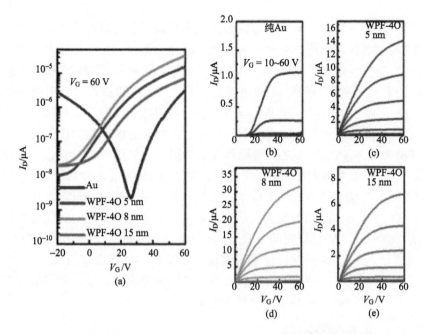

图 7-8　(a) 基于 $PC_{61}BM$ 的 n 型 OFET 随 WPF-4O 电子传输层厚度增加时的转移曲线；没有 WPF-4O 电子传输层(b)的及 5 nm(c)、8 nm(d) 和 15 nm(e) 的 WPF-4O 电子传输层的基于 $PC_{61}BM$ 的 n 型 OFET 的输出曲线[11]

承美国化学会惠允，摘自 Kim J, et al., *ACS Appl. Mater. Inter.*, **6**, 8108 (2014)

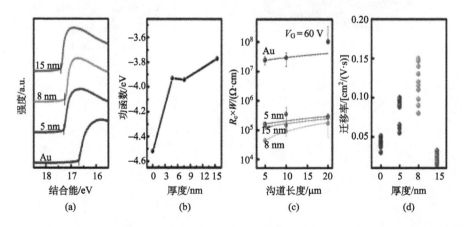

图 7-9　(a) Au 和不同厚度 WPF-4O 修饰 Au 的 UPS 谱图；(b)由 UPS 得到的 Au 和不同厚度 WPF-4O 修饰 Au 的功函数；(c)沟道宽度归一化的接触电阻；(d)不同厚度 WPF-4O 修饰 Au 电极的基于 $PC_{61}BM$ 的 OFET 的电子迁移率分布[11]

承美国化学会惠允，摘自 Kim J, et al., *ACS Appl. Mater. Inter.*, **6**, 8108 (2014)

随后，Kim 等研究了不同含量烷氧基侧链对器件性能的影响：不同含量烷氧基侧链的共轭聚电解质同样具有修饰源漏极 Au 的功能，能使其功函数由 4.5 eV 降低到 3.6 eV，同时能够提高器件的迁移率，降低阈值电压。WPF 的引入被认为可以在 Au 和 PC$_{61}$BM 之间产生界面偶极层，降低金属电极的功函数，减小电子注入势垒和接触电阻，从而获得更低阈值电压和更高迁移率的 n 型有机场效应晶体管。另外，WPF（侧链带不同含量的烷氧基链）的引入提高了器件的空气稳定性。随着亲水性的烷氧基链的增加，器件的空气稳定性逐渐提高（图 7-10），这有可能是亲水性的电子传输层能捕获空气中的水氧或者其他离子，防止它们进入有机半导体层的导电沟道区域（图 7-11），从而提高器件的空气稳定性。

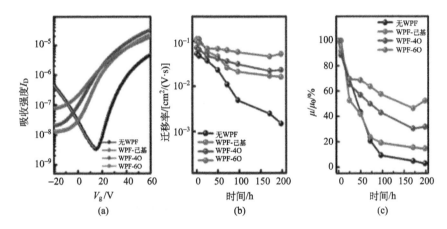

图 7-10　（a）有与没有 WPF 注入层修饰的基于 PC$_{61}$BM 的 n 型 OFET 的转移曲线（V_D = 60 V）；各种器件的电子迁移率（b）和基于 PC$_{61}$BM 的 OFET 器件归一化值（c）随时间的变化趋势（暴露在大气环境，湿度约为 25 %）[11]

承美国化学会惠允，摘自 Kim J, et al., *ACS Appl. Mater. Inter.*, **6**, 8108（2014）

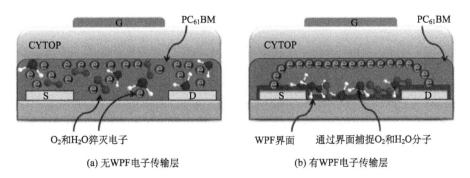

图 7-11　基于 PC$_{61}$BM 的 OFET 器件的空气稳定性示意图[11]

承美国化学会惠允，摘自 Kim J, et al., *ACS Appl. Mater. Inter.*, **6**, 8108（2014）

7.3.2 水醇溶共轭聚合物修饰或替代介电层

水醇溶共轭聚合物不仅可以用于修饰源漏金属电极来提高场效应晶体管的性能，还可以用来修饰介电层或者直接替代栅极介电层，改善器件性能。2009 年，Lan 等[12]在 n 型有机场效应晶体管（底栅极、顶接触）（Ta/Ta$_2$O$_5$/PFN-PBT/PTCDI/Al）中，用不同极性的水醇溶共轭聚合物 PFN、PFN-PBT1 和 PFN-PBT5（极性：PFN > PFN-PBT1 > PFN-PBT5）修饰介电层 Ta$_2$O$_5$（图 7-12）。

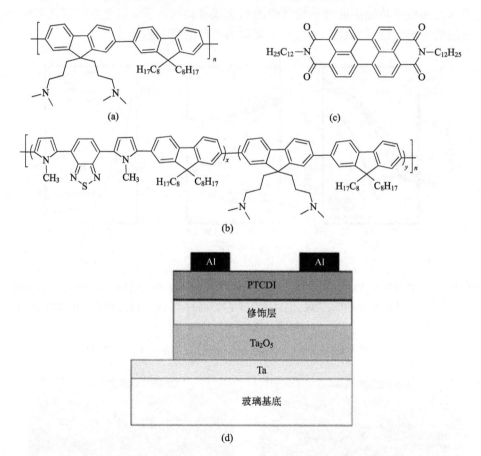

图 7-12　PFN（a）、PFN-PBT（b）和 PTCDI（c）的结构式；（d）OFET 的结构示意图[12]

承 Elsevier 出版社惠允，摘自 Lan L, et al., *Org. Electron.*, **10**, 346（2009）

如图 7-13（c）所示，在栅电压 V_G <0 V 时，所有结构的漏电流相差不大，但是当 V_G >10 V 时，用 PFN 修饰 Ta$_2$O$_5$ 的器件的漏电流增加得最快，其次是 PFN-PBT1，再者是 PFN-PBT5，最后是没有修饰过的 Ta$_2$O$_5$（这也是提高器件开关比的一个主要原因)。另外,从图 7-13(a)和(b)都可以看出,PFN-PBT 修饰过的器件的漏电流 I_D 都得到了较大幅度的提升。且从这些图中可以得出表 7-1 的一些数据。从表中可以看出,器件的各个参数都随着共轭聚合物极性的变大而逐渐改善。迁移率 μ_e 从 0.006 cm²/(V·s) 逐渐提高到 0.55 cm²/(V·s),阈值电压 V_t(与 V_{th} 相同)从 12.5 V 逐渐降低到 2.8 V,开关比 I_{on}/I_{off} 从 $5×10^3$ 逐渐提高到 $1.7×10^5$,亚阈陡度 S 则从 1.2 V/dec 逐渐降低到 0.6 V/dec。

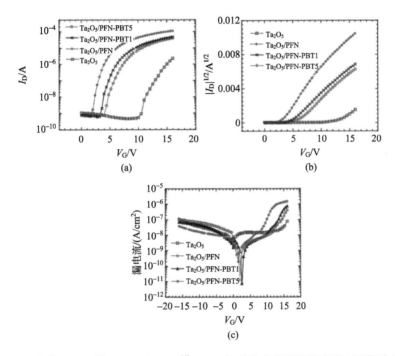

图 7-13　各类 OFET 的 I_D-V_G(a)、$|I_D|^{1/2}$-V_G(b) 的特性曲线图和漏电流对应栅电压的关系图(c) [12]

承 Elsevier 出版社惠允,摘自 Lan L, et al., *Org. Electron.*, **10**, 346 (2009)

表 7-1　基于不同修饰层的 OFET 的器件性能[12]

介电层	V_t/V	S/(V/dec*)	μ_e/[cm²/(V·s)]	I_{on}/I_{off}
Ta₂O₅	12.5	1.2	0.006	$5×10^3$
Ta₂O₅/PFN	2.8	0.6	0.55	$1.7×10^5$
Ta₂O₅/PFN-PBT1	4.8	0.7	0.30	$7.5×10^4$
Ta₂O₅/PFN-PBT5	6.0	0.9	0.26	$6×10^4$

*dec 是十倍 decade 的简写。

为进一步研究共轭聚合物修饰介电层 Ta_2O_5 提高器件性能的内在原因，Lan 等[12]采用 X 射线衍射（X-ray diffraction, XRD）揭示了介电层与有机半导体界面的结构。如图 7-14（a）所示，随着修饰层共轭聚合物极性增加，XRD 衍射峰越强，衍射角越小。这表明极性越大的共轭聚合物具有更有序的分子排列，在界面处会形成电偶极子，造成界面处能级的变化[图 7-14（b）]。不同极性的共轭聚合物在介电层表面形成了不同极性的界面偶极，这相当于在栅极预先加了一个不同大小的偏压，从而减小了阈值电压。

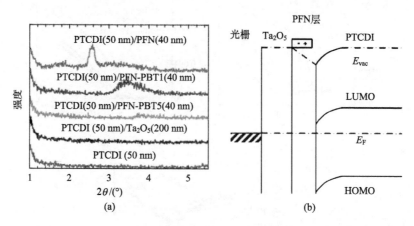

图 7-14 （a）介电层与有机半导体界面的 XRD 谱图；（b）界面修饰的有机薄膜晶体管的能级结构图[12]

承 Elsevier 出版社惠允，摘自 Lan L, et al., *Org. Electron.*, **10**, 346 (2009)

另外，对于共轭聚合物修饰后的器件，其迁移率 μ_e 提高的原因在于：首先从器件性能参数亚阈陡度 S 的减小可知，介电层与有机半导体层界面缺陷减少。显而易见，导电沟道缺陷态减少可提高器件迁移率。为了进一步验证修饰后缺陷态数量的变化，金属-绝缘层-半导体层（MIS）的 C-V 曲线中的正向和反向扫描的磁滞回线的宽度代表了介电层内部和介电层/半导体层界面的缺陷态密度。如图 7-15 所示，磁滞回线的宽度 ΔV 从 8.2 V 逐渐减小到 1.4 V，通过计算得出，随着修饰聚合物极性的增大，缺陷态密度由 3×10^{12} cm^{-2}（Ta_2O_5/PTCDI）逐渐减小到 5×10^{11} cm^{-2}（PFN/PTCDI）。由此可见，经表面修饰后，介电层和有机半导体层间的缺陷态密度减小（缺陷态密度减小的程度与聚合物极性呈正相关），从而提高了器件迁移率。

有机场效应晶体管（OTFT）的电学稳定性对其应用至关重要。其电学稳定性主要表现在，当持续施加一定栅电压时，器件阈值电压发生漂移。由图 7-16 可知，经表面修饰的器件表现出较好的电学稳定性，在持续施加一定栅电压后，阈值电压的漂移变小。

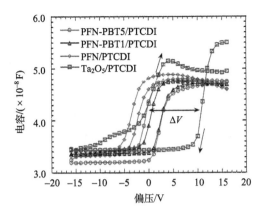

图 7-15　Ta/Ta$_2$O$_5$/PTCDI/Al、Ta/Ta$_2$O$_5$/PFN/PTCDI/Al、Ta/Ta$_2$O$_5$/PFN-PBT1/PTCDI/Al 和 Ta/Ta$_2$O$_5$/PFN-PBT5/PTCDI/Al 结构的 *C-V* 特性曲线图[12]

承 Elsevier 出版社惠允，摘自 Lan L, et al., *Org. Electron.*, **10**, 346 (2009)

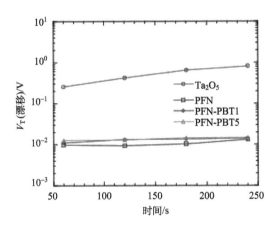

图 7-16　采用不同介电层的器件阈值电压的漂移现象[12]

承 Elsevier 出版社惠允，摘自 Lan L, et al., *Org. Electron.*, **10**, 346 (2009)

　　综上所述，PFN-PBT 的 PFN 单元有利于 n 型 OFET 器件性能的改善，而 PBT 单元对 n 型 OFET 器件性能是不利的，主要原因是 PFN 具有较强极性。由此推断，介电层的极性对 n 型 OFET 器件性能是有利的。而强极性聚合物易溶于水、醇等极性溶剂，这表明水醇溶共轭聚合物在 OFET 器件中具有较好的应用前景。

　　Lan 等[13]用水醇溶共轭聚电解质 PFN-Br 作为 n 型 OFET 的栅极介电层（图 7-17）。电容测试（图 7-18）表明，相比于传统无机介电层 SiO$_2$、SiN$_x$，PFN-Br 具有更大的电容，低频时其电容为 5 μF/cm^2，且频率可维持至 200 Hz，远高于其他电解质（< 0.01 Hz）。因此，使用 PFN-Br 的栅极介电层器件的反应速率将远大

于基于其他电解质的器件反应速率。此外，较大的电容也使得该器件具有较高的载流子浓度。

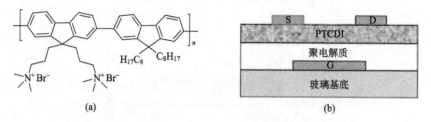

(a)　　　　　　　　(b)

图 7-17　PFN-Br 的结构式(a)和 OFET 器件结构示意图(b)[13]

S 代表源极，source；D 代表漏极，drain；G 代表栅极，gate。承日本应用物理学会惠允，摘自 Lan L, et al., *Jpn. J. Appl. Phys.*, **48**, 080206 (2009)

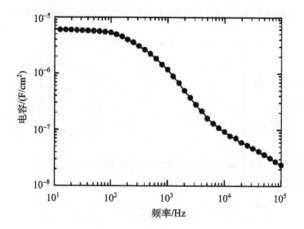

图 7-18　Au/PFN-Br/Au 电容器件的电容与频率的关系曲线图[13]

承日本应用物理学会惠允，摘自 Lan L, et al., *Jpn. J. Appl. Phys.*, **48**, 080206 (2009)

由图 7-19(a)可以看出，采用 PFN-Br 作为栅极介电层的场效应晶体管具有较低的工作电压(< 2 V)，在栅电压 V_G 约等于 2 V 时就具有 4.5 μA 的输出电流，且通过计算得出载流子的浓度高达 6×10^{14} cm^{-2}，比采用传统介电层(如 SiO$_2$)高了两个数量级。另外，由图 7-19(b)可知，器件的阈值电压 V_{th} 为–0.3 V，开启电压为 –1 V，这表明在栅电压为 0V 时器件中还有载流子存在，需要外加一个负电压把晶体管关闭。这种现象归因于 PFN-Br 作为介电层在栅电压为 0 V 时存在着由界面偶极引起的内部电场(与上述工作相同)。如图 7-19(b)所示，当对器件采用 50 mV/s 和 200 mV/s 的扫描速度进行测试，均没有发现明显的磁滞效应，这就证明了 PFN-Br 作为介电层在器件工作时具有较短的响应时间。如图 7-20 所示，大多

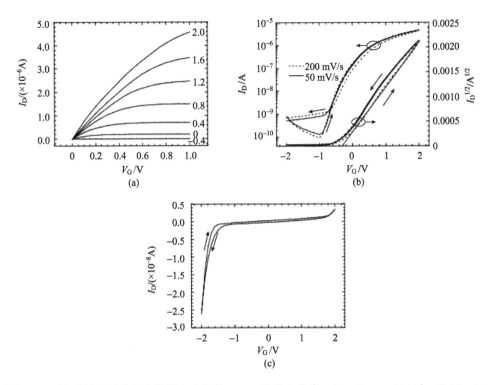

图 7-19　(a)采用电解质作为栅极介电层的 OFET 的输出曲线；(b)　在 $V_D = 1$ V 时，用 50 mV/s
和 200 mV/s 的扫描速度测试的器件的转移曲线；(c) I_D-V_G 曲线[13]

承日本应用物理学会惠允，摘自 Lan L, et al., *Jpn. J. Appl. Phys.*, **48**, 080206（2009）

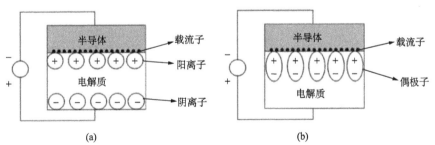

图 7-20　离子诱导的晶体管(a)和偶极诱导的晶体管(b)的工作模型图[13]

承日本应用物理学会惠允，摘自 Lan L, et al., *Jpn. J. Appl. Phys.*, **48**, 080206（2009）

数电解质作为介电层工作时，都是依靠阴阳离子的定向移动来形成偶电层从而在
有机半导体层诱导出载流子，需要较长的响应时间(介电层一般有几百纳米厚)。
而 PFN-Br 作为介电层工作时，较大的分子量使其很难移动，当外加电压(在低栅
电压时，$V_G < 2$ V)施加时，Br⁻只在氨基附近移动，使得 PFN-Br 整齐排列，形成

一个很强的偶极场，在 PFN-Br/PTCDI 的界面处诱导出大量的载流子。不依靠阴阳离子的长距离移动来形成偶电层，仅依靠偶极子方向在外加偏压下的快速偏转排列来形成偶极场使器件工作，这就是 PFN-Br 介电层器件具有较短响应时间的主要原因。

7.4   水醇溶共轭聚合物在发光场效应晶体管中的应用

7.4.1   发光场效应晶体管简介

发光场效应晶体管是一种将场效应晶体管和发光二极管整合在一个结构内的独特器件[14]。由于其独特的性质，发光场效应晶体管在很多方面都有潜在的应用前景，如在平板显示器中作为简单像素，在通信中作为光电子，作为传感器和电致激光等。发光场效应晶体管的工作原理为：电子和空穴分别从低功函数和高功函数的金属源漏极注入同一有机半导体中复合发光。高功函数金属电极作为源极时，注入空穴到有机半导体的 HOMO 能级；高功函数金属电极作为漏极时，从 LUMO 能级收集电子。低功函数金属电极作为源极时，注入电子到 LUMO 能级；低功函数金属电极作为漏极时，从 HOMO 能级收集空穴。注入的电子和空穴在沟道内复合形成场致发光，这依赖于电子、空穴的迁移率。

发光场效应晶体管中的顶接触不对称电极的器件可以利用角度蒸镀技术来制备[15]，具体过程如图 7-21 所示：①把制备好各功能层的衬底(栅极/栅极介电层/钝化层/电致发光层)置于掩膜板上，与金属蒸发源成一定角度，蒸镀第一种低功函

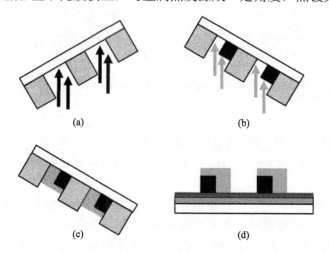

(a)　　　　　　　　　(b)

(c)　　　　　　　　　(d)

图 7-21   不对称金属电极的 LEFET 制备过程[15]

承美国物理学会惠允，摘自 Swensen J S, et al., Appl. Phys. Lett., 87, 253511 (2005)

数金属 Ca [图 7-21(a)]；②更换掩膜板的角度，蒸镀第二种高功函数金属 Ag [图 7-21(b)]；③完成不对称电极的制备[图 7-21(c)]；④移除掩膜板，不对称金属电极的发光场效应晶体管制备完成。在栅极介电层 SiN$_x$(或者 SiO$_2$)上涂一层薄层饱和聚合物(PMMA、PVDF、PPCB 等)作为栅介质，可以除去电子陷阱，促进电子传输。

7.4.2　水醇溶共轭聚合物修饰源漏电极

发光场效应晶体管由于有电子、空穴同时注入有机半导体层中，所以要蒸镀不同功函数的金属，制备工艺较为复杂。2010 年，Seo 等[16]在发光层与源漏金属电极之间插入一层水醇溶共轭聚电解质，制备了源漏电极均为高功函数金属的发光场效应晶体管(图 7-22，其中 PBTTT 是 p 型材料，用来传输空穴)。

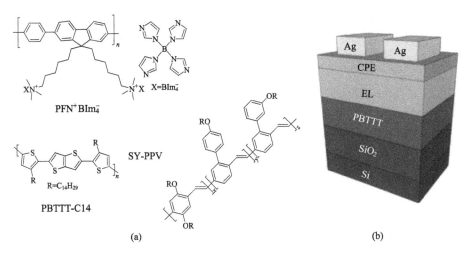

图 7-22　LEFET 中部分材料的结构式(a)和器件结构示意图(b)[16]

承美国物理学会惠允，摘自 Seo J H, et al., *Appl. Phys. Lett.*, **97**, 0403303(2010)

由图 7-23(a)可知，没有共轭聚电解质的器件在测试过程中没有发光；施加正的栅电压时，器件没有电流，表明也没有电子通过。由图 7-23(b)和(c)可知，聚电解质器件除了有正常的场效应晶体管工作特性曲线[迁移率约 0.02 cm^2/(V·s)，开关比约 10^8]外，还表现出电致发光性质。器件最大亮度为 520 cd/m^2，效率为 0.08 cd/A。另外，如图 7-23(d)所示，聚电解质为 20 nm 时(浓度较大)，器件表现出不正常的阈值电压和饱和行为，而且源漏电流 I_{DS} 也很低，这可能是在较厚的聚电解质层中，离子移动引起内部电场的重新分布所导致的。但如图 7-23(b)所示，在选用合适厚度的聚电解质层时，可以成功制备基于高功函数金属电极的发光场效应晶体管。

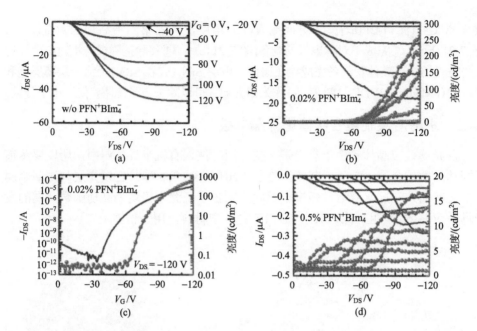

图 7-23　(a)参比器件的输出特性曲线；电学(蓝色实线)和光学(绿色圆圈)性能曲线：引入用 0.02 %甲醇溶液制备的 PFN⁺BIm₄⁻ 层的 LEFET 的输出(b)和转移(c)特性曲线；(d) 引入用 0.05 % 甲醇溶液制备的 20nm 的 PFN⁺BIm₄⁻ 层的 LEFET 的输出特性曲线。器件测试 V_G 从 0 V 扫描到 −120 V，间隔−20 V[16]

承美国物理学会惠允，摘自 Seo J H, et al., *Appl. Phys. Lett.*, **97**, 0403303 (2010)

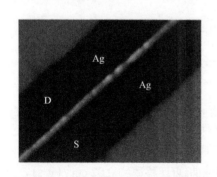

图 7-24　工作状态下 LEFET 的照片[16]

承美国物理学会惠允，摘自 Seo J H, et al., *Appl. Phys. Lett.*, **97**, 0403303 (2010)

如图 7-24 所示，发光区域靠近负电压电极(漏极)，且发光区域并不随施加电压大小而改变。由此可推测，聚电解质修饰金属电极发光场效应晶体管的工作机理(图 7-25)：在负的栅电压加载下，空穴比电子更容易由 Ag 电极注入 SY-PPV(图 7-22)的 HOMO 能级(4.8 eV)，随后再转移至 PBTTT 的 HOMO 能级(5.1 eV)，使空穴聚集在介电层和 PBTTT 之间的界面，因此器件可以在空穴聚集模式下工作。此外，将聚电解质插入发光层和 Ag 之间，会在两者之间形成一个正极指向发光层，负极指向金属的偶极，这个偶极可以降低 Ag 电极的功函数，从而减小电子从 Ag 注入 SY-PPV 的 LUMO 能级(2.4 eV)的势垒。最终，空穴从 PBTTT 层传输到 SY-PPV 层与上述注入电子复合发光。尽管电子没有在沟道中传输，但是电子从 Ag 和聚电解质层的有效注入是器件发光的关键。

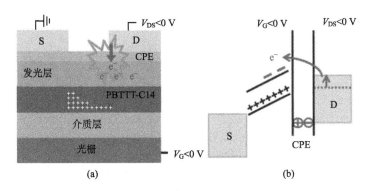

图 7-25　(a)基于三组分层的 LEFET 的结构示意图；(b)存在界面偶极层时，从漏极注入电子的模型图[16]

承美国物理学会惠允，摘自 Seo J H, et al., *Appl. Phys. Lett.*, **97**, 0403303 (2010)

　　综上所述，水醇溶共轭聚电解质可以修饰发光场效应晶体管的源漏电极(同种高功函数金属)，可在有机半导体和金属电极界面引入有序的偶极来调节能级，增强电子的注入；同时加入空穴传输层，在高的栅电压下，空穴也可从同样高功函数金属电极注入，从而在发光层和聚电解质界面处与电子复合发光。这既简化了发光场效应晶体管的源漏极的制备，也提高了器件的环境稳定性。此外，水醇溶共轭聚电解质在其他新型高效发光场效应晶体管[如分开栅极的发光场效应晶体管(SG-LEFET)]中也有应用[17]。

7.5　本章小结

　　水醇溶共轭聚合物可采用水、醇等极性溶剂加工沉积在介电层、有机半导体层或者金属电极上，且可以在界面处形成偶极层，减少界面处的缺陷、接触电阻、调节能级、减小电子注入势垒、增强电子注入，从而提高器件性能。此外，水醇溶共轭聚合物还能够修饰高功函数金属，使其作为 n 型场效应晶体管源漏电极。同时，器件中的水醇溶共轭聚合物可捕获空气中的水氧，提高器件的环境稳定性。水、醇等溶剂作为一种环境友好的溶剂，有利于未来场效应晶体管的大面积绿色制备及商业化应用。

参 考 文 献

[1] Lilienfeld J E. Method and apparatus for controlling electric current: US patent, 1745175. 1930.

[2] Kahng D, Attalla M M. A new hot electron triode structure. IRE Solid-State Devices Research Conference, 1960.

[3] Tsumura A, Koezuka H, Ando T. Macromolecular electronic device: Field-effect transistor with a polythiophene thin film. Appl Phys Lett, 1986, 49: 1210-1212.

[4] Li H, Tee B C K, Cha J J, et al. High-mobility field-effect transistors from large-area solution-grown aligned C_{60} single crystals. J Am Chem Soc, 2012, 134: 2760-2765.

[5] Mei J, Diao Y, Appleton A L, et al. Integrated materials design of organic semiconductors for field-effect transistors. J Am Chem Soc, 2013, 135: 6724-6746.

[6] Dong H, Fu X, Liu J, et al. 25th anniversary article: Key points for high-mobility organic field-effect transistors. Adv Mater, 2013, 25: 6158-6183.

[7] Luo C, Kyaw A K K, Perez L A, et al. General strategy for self-assembly of highly oriented nanocrystalline semiconducting polymers with high mobility. Nano Lett, 2014, 14: 2764-2771.

[8] Yuan Y, Giri G, Ayzner A L, et al. Ultra-high mobility transparent organic thin film transistors grown by an off-centre spin-coating method. Nat Commun, 2014, 5: 3005-3014.

[9] 黄维, 密保秀, 高志强. 有机电子学. 北京: 科学出版社, 2011: 174.

[10] Seo J H, Gutacker A, Walker B, et al. Improved injection in n-type organic transistors with conjugated polyelectrolytes. J Am Chem Soc, 2009, 131: 18220-18221.

[11] Kim J, Khim D, Kang R, et al. Simultaneous enhancement of electron injection and air stability in n-type organic field-effect transistors by water-soluble polyfluorene interlayers. ACS Appl Mater Inter, 2014, 6: 8108-8114.

[12] Lan L, Peng J, Sun M, et al. Low-voltage, high-performance n-channel organic thin-film transistors based on tantalum pentoxide insulator modified by polar polymers. Org Electron, 2009, 10: 346-351.

[13] Lan L, Xu R, Peng J, et al. Dipole-induced organic field-effect transistor gated by conjugated polyelectrolyte. Jpn J Appl Phys, 2009, 48: 080206.

[14] Heeger A J, Sariciftci N S, Namdas E B. 半导性与金属性聚合物. 2010. 帅志刚, 曹镛, 等 译. 北京: 科学出版社, 2010.

[15] Swensen J S, Soci C, Heeger A J. Light emission from an ambipolar semiconducting polymer field-effect transistor. Appl Phys Lett, 2005, 87: 253511-253514.

[16] Seo J H, Namdas E B, Gutacker A, et al. Conjugated polyelectrolytes for organic light emitting transistors. Appl Phys Lett, 2010, 97: 043303-043306.

[17] Hsu B B Y, Duan C, Namdas E B, et al. Control of efficiency, brightness, and recombination zone in light-emitting field effect transistors. Adv Mater, 2012, 24: 1171-1175.

第**8**章

有机传感与成像中的水醇溶共轭聚合物

8.1 引言

　　化学传感是通过分子识别等化学过程对待检测物质进行检测和分析的手段，即通过一系列的化学过程，将带检测物质的信息定量、即时、有选择地转化为更便于检测的光电信号，并对输出信号进行分析、处理，进而得到相关环境中的待检测物质的信息。化学成像则是在传感的基础上更为具体地对环境中的某些待测物质进行检测，并输出光学图像信号，使得关于待测物质的信息以简单直观的方式被观察到。社会的发展使得人们对于传感与成像的需求越来越广泛，如环境污染、空气质量监测、温度变化，甚至有毒有害和爆炸性物质等检测都需要传感与成像技术。不仅如此，在医学研究领域，化学传感和成像技术极大地推动了疾病的诊断与治疗、药物靶向识别和运输等关键难题的解决和相关技术的发展。

　　化学传感与成像是前沿交叉学科。目前，在医学临床中广泛应用的传统成像手段包括核磁共振成像(MRI)技术、超声成像(US)技术及 X 射线断层摄像技术等。此外，荧光传感与成像技术近年来发展迅速，在化学传感、生物成像、疾病诊断和药物筛选等方面有着广阔的应用前景和发展空间。用于荧光传感和成像技术的材料应具有成本低、灵敏性高、荧光强度高、光稳定性好、可实现分子级检测、多参数同步实时检测和生物毒性低、生物相容性好等优点。

　　用于荧光传感和成像的荧光蛋白[1]、有机小分子染料[2,3]和无机量子点[4]等材料具有不同的应用优缺点：荧光蛋白和有机小分子染料的光猝灭阈值较低、光稳定性较差，限制了它们在长时间传感成像上的研究及在三维立体成像上的应用；无机量子点具有较高的光稳定性和较窄的发射半峰宽，但有重金属元素(镉等)，生物毒性高，不利于细胞繁殖和生物活体成像，生物相容性较差，同时量子点自身强烈的自聚集现象也限制了其进一步应用和拓展。近年来，水醇溶共轭聚合物作为一类新型荧光传感和成像材料发展迅速。水醇溶共轭聚合物是一类具有共轭主链和离子型侧链的聚合物：离子型侧链使聚合物具有生物传感和成像所必需的水醇溶性；通过改变共轭主链结构可调节吸收和发射光谱，使其具有良好的光捕获性能和能量转换效率，从而放大信号强度，提高灵敏度；另外，通过官能团化学修饰，可实现特异性的靶向识别[5]。

水醇溶共轭聚合物作为荧光传感和成像材料,其传感和成像原理主要有三种：荧光共振能量转移、荧光猝灭和构象变化。

8.1.1　荧光共振能量转移原理

荧光共振能量转移(FRET, 图 8-1)是指一个生色团被激发形成激发态，通过偶极-偶极-中介过程将能量转移给激发态能量更低的分子的过程。FRET 过程发生前后的荧光信号差别越大、对比越强则效果越好，因此对于适用于 FRET 原理的水醇溶共轭聚合物荧光传感和成像材料来说，常常选取光截面比能量受体(R)大得多的水醇溶共轭聚合物，荧光放大/猝灭效应更加明显。同时，当作为能量给体的水醇溶共轭聚合物的荧光发射刚好和能量受体的最大吸收峰重叠时，FRET条件会达到最优状态。总而言之，为了实现较好的 FRET 过程，水醇溶共轭聚合物共轭骨架须具有良好的光捕获能力，并且相对于能量受体具有更大的光学截面，这样当 FRET 过程发生时，前后荧光性质将出现明显的变化[6]。除了给/受体间的能量重叠，水醇溶共轭聚合物和能量受体之间的距离也是影响 FRET 过程发生的一个重要条件。对环境中某些物质的响应可以通过改变水醇溶共轭聚合物和能量受体之间的距离，引发荧光性质的变化，从而证明环境中某些物质的存在。例如，选择具有电正性的水醇溶共轭聚合物和电中性的受体，由于二者之间没有静电力

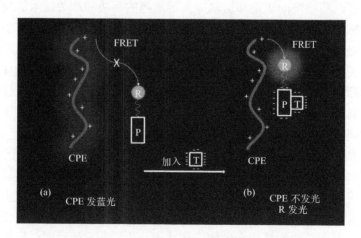

图 8-1　荧光共振能量转移成像原理示意图

作用，距离较远，因此 FRET 过程不能发生，体现的是水醇溶共轭聚合物自身的荧光特性；而若电中性受体上某些识别基团与环境中具有电负性的物质(如 DNA 等)结合，使其整体具有电负性，通过静电力作用拉近与正电性水醇溶共轭聚合物的距离，则 FRET 过程发生，受体 R 被激发，体现出受体 R 的荧光特性。

2007 年，Wang 等[7]将目标 DNA 用荧光分子标记，并进行严格处理得到待测试溶液。向该溶液中加入水醇溶共轭聚合物 PFP-2F(图 8-2)，当杂交作用发生时，溶液中的荧光分子通过 FRET 作用被 PFP-2F 所激发，荧光强度变大。He 等[8]将 35-mer 单链 DNA(ssDNA)作为探针 P，将荧光标记后的 43-mer ssDNA 作为能量受体 R-S，目标 T 是探针 P 的互补 DNA。探针 P 和受体 R-S 会通过杂交形成二重体 P-R-S，然而当环境中出现目标 T 时，因为部分碱基对的匹配，P 和 T 相互作用更强，会扰乱 P-R-S 取而代之形成 P-T 的二重体，释放 R。R 被进一步分解成碎片，可以和水醇溶共轭聚合物 PFP(图 8-2)相互靠近，并通过 FRET 作用点亮碎片上标记的荧光分子。当溶液中有目标 T 时才会释放出 R，继而荧光分子被点亮；反之则 R 以稳定的 P-R-S 二重体的形式存在，不发生 FRET 作用。因此，可以通过荧光反应检测环境中目标 T 的存在。

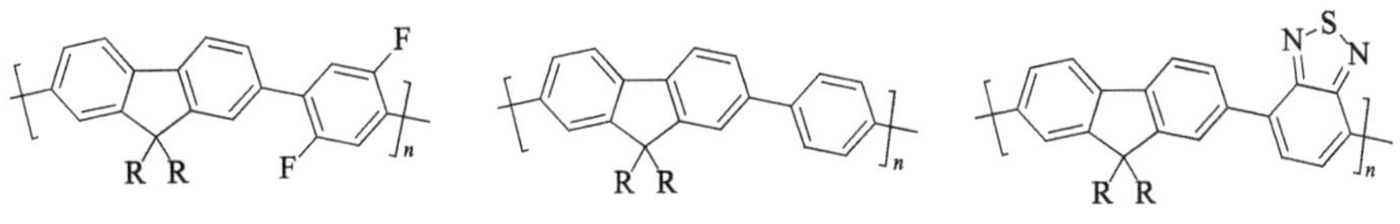

R=(CH_2)_6N^+Me_3Br^-

图 8-2　部分水醇溶共轭聚合物的结构式

以上都是在体系中加入小分子染料作为受体与水醇溶共轭聚合物发生 FRET 作用。此外，在构建水醇溶共轭聚合物主链时，让部分重复单元作为 FRET 的受体，另外一部分作为给体，通过改变分子聚集情况也可以改变其荧光发射。图 8-2 中的 PFBT，聚合物主链中的苯并噻二唑单元(绿色荧光)相对于芴单元(蓝色荧光)荧光发射能量更低，因此可以将苯并噻二唑单元视为 FRET 作用的受体，而芴单元作为给体。单独共轭链中 D-A 间能量转换效率很低，只有当聚合物发生聚集，链-链之间的 D-A 距离足够近，FRET 过程才可发生。上述实验中，PFBT 浓度高时表现为苯并噻二唑荧光，表明链间 FRET 过程发生。因此，FRET 可以对某种可引起聚集的分子进行特异性响应，从而出现相应的荧光变化[9,10]。

8.1.2　荧光猝灭原理

水醇溶共轭聚合物荧光猝灭的基本原理：环境中存在某种物质，与水醇溶共轭聚合物相互作用使其发生荧光猝灭(图 8-3)。相比于小分子而言，水醇溶共轭聚合物具有显著的荧光猝灭信号放大效应，通过这种现象可以对检测物进行传感和成像。1995 年，Zhou 等[11]在共轭聚合物 PPE 侧链修饰冠醚，使之与电子受体甲基紫精(MV^{2+})相互作用，发现聚合物的荧光猝灭是共轭小分子(单个聚合物重复单元)的 50～100 倍。水醇溶共轭聚合物的荧光猝灭放大效应归结为聚合物和猝灭剂的有效结合，以及激子在聚合物共轭主链上的传输。也就是说，一旦水醇溶荧光共轭聚合物中的任何一个单元和猝灭剂相互作用，激子可以在多个荧光单元之间快速迁移，在聚合物共轭主链上快速传输，使得整条聚合物链的荧光被完全猝灭，于是响应信号可以得到成百上千倍的放大。这种类型的激子传输和荧光信号放大的变化，也被称为分子导线效应。

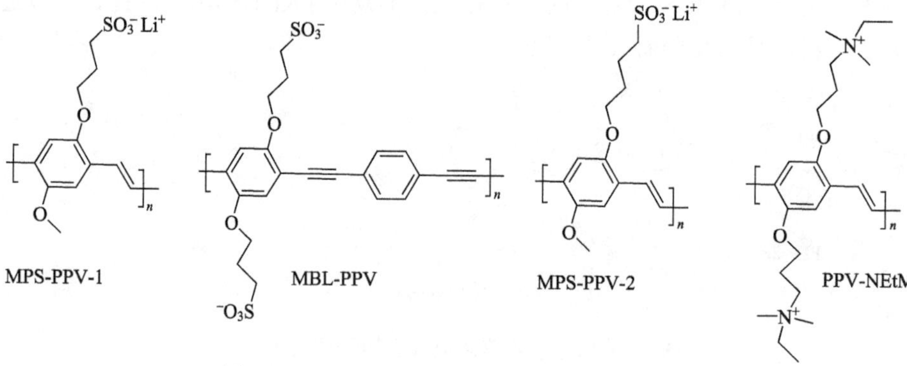

图 8-3　荧光猝灭原理所涉及的聚合物的结构式

水醇溶共轭聚合物不仅具有传统荧光共轭聚合物在传感方面的分子导线效应，还可以利用离子型侧链和相反电荷的猝灭剂之间的静电相互作用提高传感和成像的灵敏度。1999 年，Chen 等[12]首次用阴离子水醇溶共轭聚合物 MPS-PPV-1 的荧光猝灭效应检测带相反电性的分子。研究发现，除了 MPS-PPV-1 和猝灭剂 MV^{2+}之间的离子相互作用，以及激子在共轭主链的传输会导致荧光猝灭，聚合物聚集同样会导致荧光猝灭。在 Whitten 的启发下，研究者证明了水醇溶共轭聚合物被相反电荷离子猝灭是一个普遍存在的现象[13,14]。

如上所述，将荧光猝灭原理应用于传感与成像，反映效果的重要指标就是 K_{sv}，$1/K_{sv}$ 表示荧光猝灭 50 %时所需猝灭剂的浓度。所以，K_{sv} 越大，对猝灭剂的检测越灵敏。例如，K_{sv} 是 10 L/mol，代表荧光猝灭 50 %时猝灭剂浓度为 100 mmol/L，通常也将这个数值作为荧光探针满足传感与成像基本要求的临界数值，高于这个数值表明从灵敏度角度来说，材料具备传感与成像实际应用的潜能，反之低于这个数值则不具备实际应用的价值。

根据作用方式的不同，大概可以将荧光猝灭原理的水醇溶共轭聚合物分为两种。第一种是直接猝灭方式，其过程为：被检测物质作为电子或能量受体，可以有效猝灭水醇溶共轭聚合物的激发态。基于直接猝灭方式的研究已非常深入。在生物传感方面，细胞色素 c 是一类在线粒体呼吸链中有重要作用的血红色素蛋白，在环境 pH=10 时体现正电性，因此可以和阴离子水醇溶共轭聚合物形成稳定的复合物。Fan 等[15]发现细胞色素 c 可猝灭 MBL-PPV 的荧光，K_{sv} 高达 3.2×10^8 L/mol，意味着检测限约为 10 pmol/L。如此高的 K_{sv} 可以归结为细胞色素 c 和 MBL-PPV 之间存在的超快光诱导电子转移和库仑作用。他们用同样的方法检测了肌红蛋白和溶解酵素，但因为这两种蛋白质都不具备作为电子受体的能力，没有体现出和细胞色素 c 同样的荧光猝灭结果。因此，MBL-PPV 具有对细胞色素 c 高效、高选择性的荧光猝灭效应，使得 MBL-PPV 可以在多种蛋白质混合溶液中检测细胞色素 c。2006 年，Cheng 等[16]将阳离子水醇溶共轭聚合物 PPV-NEtMe$_2$ 用于检测红素氧还蛋白，K_{sv} 为 6.9×10^7 L/mol，检测灵敏度较高。将 PPV-NEtMe$_2$ 和细胞色素 c 共混发现 PPV-NEtMe$_2$ 几乎没有发生荧光猝灭。这个对照实验表明，水醇溶共轭聚合物和检测物质之间的静电相互作用，在荧光直接猝灭检测方法中有着举足轻重的作用。

相比于直接猝灭方式，基于猝灭剂-连接臂-配体(QTL)猝灭方式的原理相对比较复杂。将猝灭剂和某些电中性的靶向识别配体连接，形成 QTL 复合体系。QTL 体系的电性仍然体现为猝灭剂的电性，与水醇溶共轭聚合物的静电相互作用不受影响，水醇溶共轭聚合物和 QTL 的混合溶液依然体现荧光猝灭；但如果与配体特异性识别的目标物质在溶液中出现，水醇溶共轭聚合物和 QTL 的复合结构被破坏，静电力相互作用被干扰，由此抑制了荧光猝灭，出现荧光点亮的现象。

卵白素是一种在鸡蛋蛋清中发现的蛋白质，具有多个与生物素结合的位点，结合能力非常强，结合常数高达 10^{15} L/mol。将卵白素加到 MPS-PPV-2 和生物素-MV^{2+}混合溶液中，由于卵白素和生物素之间的相互作用，将形成非常稳定的复合物。卵白素作为一个大分子蛋白质，空间位阻很大，破坏了 QTL 和 MPS-PPV-2 之间的弱相互作用，抑制了荧光猝灭效应，溶液荧光显著增强。即使溶液中卵白素的浓度小于 100 nmol/L，依然有十分明显的荧光增强效应[17,18]。通过设计不同的 QTL 模板，可实现多种蛋白质的实时检测，灵活性很强。这种抑制荧光猝灭或可称为荧光点亮的设计思路一经发表，就被多个课题组跟进研究[19,20]。但是这种方法在应用过程中需要注意的是：须选择合适的水醇溶共轭聚合物，考察它和所检测蛋白质之间的相互作用，以及避免实验过程中荧光强度的多重变化和背景荧光噪声对观察实验现象带来的干扰和影响[21]。

8.1.3　构象变化原理

2001 年，Kim 等[22]发现聚合物链的扭转构象对其光学性质(如吸收光谱、荧光光谱等)存在影响，并将这种基于构象扭转的光学性质变化用到传感与成像中。其中，研究最为广泛的为水醇溶聚噻吩。聚噻吩主链具有独特且优良的光电性质，在环境参数发生变化时，聚噻吩主链构象可以发生"高平面性-长共轭长度"和"无规卷曲-短共轭长度"之间的往复变化，荧光/发射发生蓝移和红移，从而完成对环境中某些物质的传感与成像。修饰离子型侧链可以实现聚噻吩共轭聚合物的水醇溶性，使其具有生物应

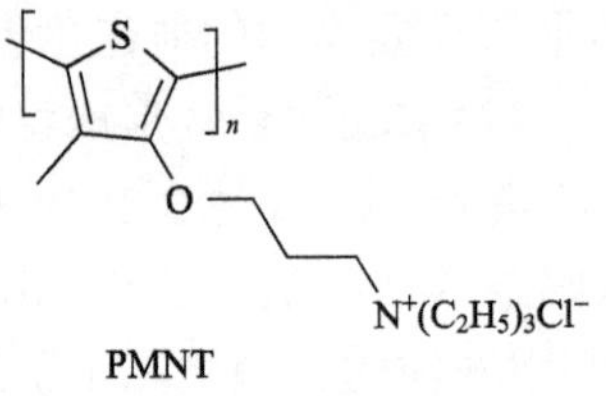

图 8-4　构象变化研究所涉及聚合物的结构式

用潜能。目前，基于聚噻吩构象扭转进行传感与成像的水醇溶共轭聚合物已经被广泛应用于检测环境污染、食品安全、药物筛选、基因分析和疾病诊断等多个领域[23-27]。2006 年，Tang 等[28]合成了一种水醇溶聚噻吩衍生物 PMNT(图 8-4)，用以检测双螺旋分解后的单链 DNA(ssDNA)和它的水解产物 DNA 分子片段。当溶液中没有靶向 DNA 时，分子 PMNT 呈无规卷曲构象，共轭长度较短，吸收峰在短波长处；当将 ssDNA 加入溶液中，正电的 PMNT 和负电的 DNA 通过静电力形成二重体，在二重体中 PMNT 的构象更平，共轭程度更高，因此吸收峰发生红移，溶液从黄色变为粉色。如果 ssDNA 被核酸酶分解成小碎片，不能与 PMNT 形成二重体，PMNT 的构象依然呈现无规卷曲，溶液依然为黄色。该检测方法简单、快速、直观，裸眼就可直接观察到明显的变化。该检测方法还可以和其他技术手段联用，Yang 等[29]将分子 PMNT 应用到微流控芯片中用以检测 DNA，可以实现多重目标 DNA 同时检测，具有高灵敏度，最低检测浓度为 50 pmol/L。值得一提的是，由于其结构的特殊性，聚噻吩构象扭转类型的水醇溶共轭聚合物也具有热学响应效应。从作用原理上来说，同样可以将其归结为分子扭转构象变化，有效共轭长度改变，导致荧光光谱和吸收光谱等光学性质发生变化。

8.2　化学传感

8.2.1　离子检测

目前，用水醇溶共轭聚合物进行化学传感的研究，以离子检测发展最为成熟。1989 年，Roncali 等[30]用聚噻吩衍生物检测溶液中离子的存在；1993 年，Bäuerle

和 Scheib[31]及 Marsella 和 Swager[32]采用冠醚修饰聚合物来检测金属阳离子。水醇溶性官能团的引入，有利于实现聚合物在水溶液中的化学传感[33]。

2005 年，Kim 等[34]基于荧光猝灭原理设计了一种高选择性检测水中 Pb^{2+} 的水醇溶共轭聚合物 h-PPE-CO_2（图 8-5），由于侧链上羧酸根离子的存在，单链聚合物间在静电力排斥作用下趋向分子链舒展，不易聚集。一系列金属离子被分别加入到聚合物和相应单体的水溶液中，根据荧光猝灭现象筛选，Pb^{2+} 是其中最灵敏的猝灭剂，K_{sv} 约为 10^6 L/mol，比聚合物对应重复单元的单体溶液高出 3 个数量级，这可以归结为聚合物相比于小分子表现出更显著的分子导线效应。相比于 Pb^{2+}，其他金属离子（如 Ca^{2+}、Mg^{2+}、Cu^{2+}、Zn^{2+}等）荧光猝灭的现象都不明显。基于此，可以用 h-PPE-CO_2 检测多金属离子混合溶液中的 Pb^{2+}，以监测水质污染情况（图 8-5）。

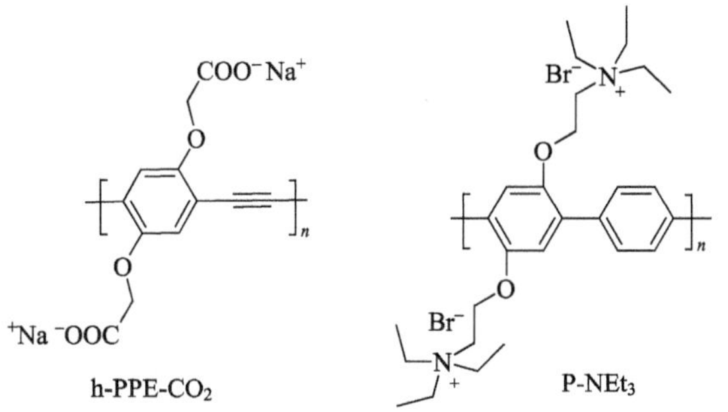

图 8-5　水醇溶共轭聚合物 h-PPE-CO_2 和 P-NEt$_3$ 的结构式

2008 年，Fang 等[35]开发了主链含卟啉的水醇溶共轭聚合物 PFE，如图 8-6 所示，其中卟啉既作为能量受体又作为 Hg^{2+} 的识别基团，并提出了一种新的 FRET 机理，来检测水溶液中的 Hg^{2+}。PFE 的发射峰由两个峰构成，一个是聚合物中芴单元的蓝光，一个是被芴单元激发的卟啉单元的红光。当溶液中含有 Hg^{2+} 时，蓝光和红光都会猝灭，红光的猝灭程度要比蓝光严重，当 Hg^{2+} 的浓度在 100 μmol/L 以下时，猝灭程度和浓度成线性变化，溶液颜色从紫色变为蓝色；但是当检测溶液中其他离子，如 Cu^{2+}、Cd^{2+}、Ni^{2+}、Pb^{2+}、Zn^{2+}等时，卟啉的红光没有被猝灭，只有蓝光被猝灭，所以溶液是粉色或者紫色。因此实现了水溶液中 Hg^{2+} 的裸眼即时检测，检测限低至 0.1 μmol/L（图 8-6）。2013 年，Bao 等[36]合成了结构类似的水醇溶共轭聚合物 PFBT 和 PFBTN。水解后得到侧链含有羧酸盐的阴离子水醇溶共轭聚合物 PFBTA 和 PFBTNA。在水/甲醇（体积比 9∶1）溶液中对金属离子荧光传感的结果表明：对 Hg^{2+}、Ca^{2+}、Al^{3+}、Mg^{2+}、Mn^{2+}、Zn^{2+} 和 Ba^{2+}等可通过能量和电荷转移猝灭荧光；同时静电力作用可使聚合物分子主链聚集，发生从给体单元(F)到受体单元(BT)的荧光共振能量转移。因此，PFBTA 和 PFBTNA 的荧光颜色从蓝色变为橙黄色。这表明，该系列水醇溶共轭聚合物可作为金属离子的广谱型荧光比色法检测材料。其中，Cu^{2+}具有较高的荧光猝灭效率，因此能在多种金属离子溶液中选择性猝灭聚合物荧光。另外，对比 PFBTA 和 PFBTNA 发现，在聚合物中引入金属离子络合基团，可以有效提高检测灵敏度(图 8-7)。

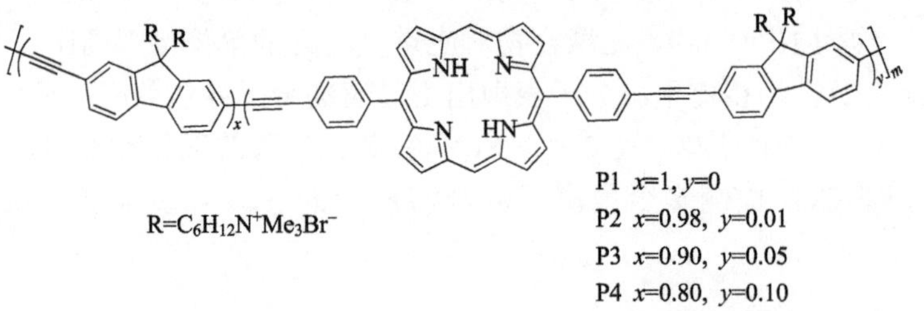
R R
NH
N
N
HN
R R
y m
x
R=C6H12N+Me3Br−
P1 x=1, y=0
P2 x=0.98, y=0.01
P3 x=0.90, y=0.05
P4 x=0.80, y=0.10

图 8-6 主链含卟啉的水醇溶共轭聚合物 PFE 的结构式

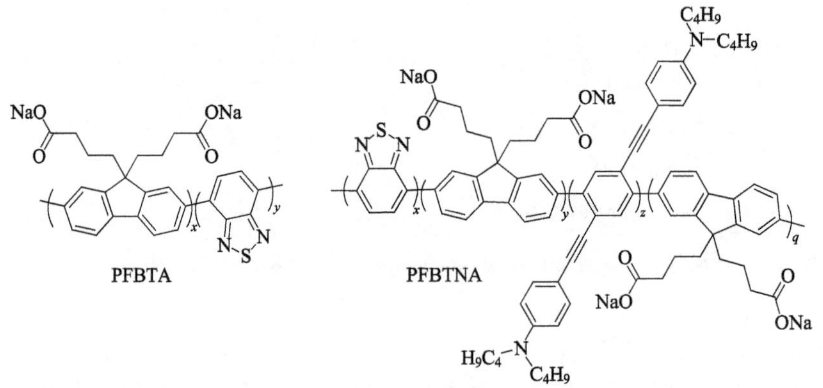
NaO
ONa
PFBTA
PFBTNA
C4H9
N−C4H9
H9C4
C4H9
NaO
ONa

图 8-7 水醇溶共轭聚合物 PFBTA 和 PFBTNA 的结构式

通过静电力作用来改变含电负性的共轭聚合物的构象或者拉近二者距离来调节 FRET 过程，可以实现金属阳离子的检测。此外，还可以利用金属离子和配体之间的配位作用来实现 FRET。2008 年，Xing 等[37]合成一种主链中含联二吡啶的阳离子水醇溶共轭聚合物 PFP-P(图 8-8)。溶液中 PFP-P 具有很强的蓝光，当溶液中含有 Cu^{2+}时，Cu^{2+}和 N 配位形成络合物，荧光被猝灭，最低检测限为 20 nmol/L，K_{sv}为 1.44×10^7 L/mol。其他金属阳离子则对 PFP-P 没有猝灭作用，不会对 Cu^{2+}的检测造成干扰。因此，可以在多种金属阳离子混合溶液中，实现实时、高效检测 Cu^{2+}。

为检测阴离子，Harrison 等[13]构建含阳离子侧链的水醇溶共轭聚合物

P-NEt₃(图 8-5)，检测水溶液中的负离子 $Fe(CN)_6^{4-}$。在低浓度 P-NEt₃ 溶液中，对 $Fe(CN)_6^{4-}$ 的检测 K_{sv} 可以达到接近 10^8 L/mol。另外，研究表明，P-NEt₃ 薄膜对 $Fe(CN)_6^{4-}$ 的检测也非常灵敏。

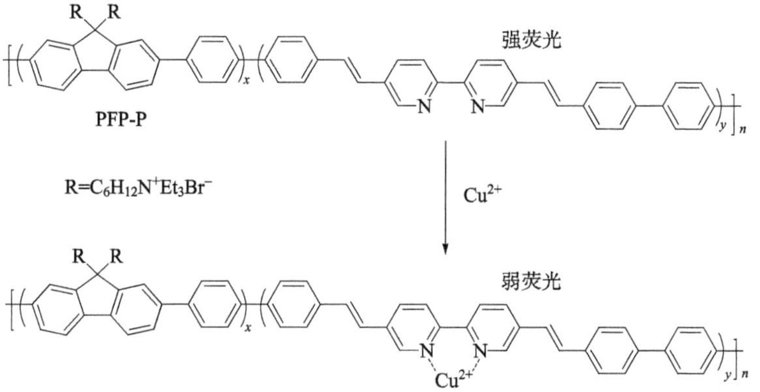

图 8-8　水醇溶共轭聚合物 PFP-P 的结构式和传感示意图

上述阴离子检测是采用一种含阳离子侧链的水醇溶共轭聚合物，通过静电力相互作用检测。此外，也有通过化学反应改变聚合物结构进而改变荧光响应的例子。2012 年，Zhang 等[38]合成了一系列不同含量对羟基苯甲醚单元的水醇溶共轭聚合物 N-PPP10、N-PPP25 和 N-PPP50(图 8-9)。当溶液中有次氯酸根 ClO⁻时，对羟基苯甲醚单元会和 ClO⁻反应生成对苯醌。对苯醌作为受体单元，聚合物分子内发生能量转移，使溶液荧光发生一定程度的猝灭，且随 ClO⁻浓度的增加猝灭程度增强。N-PPP10、N-PPP25 和 N-PPP50 的最低检测浓度分别为 0.02 μmol/L、0.03 μmol/L 和 0.2 μmol/L，K_{sv} 分别为 $1.35×10^6$ L/mol、$1.18×10^6$ L/mol 和 $1.40×10^5$ L/mol。此系列水醇溶共轭聚合物可检测水溶液中的 ClO⁻，其中，N-PPP10 和 N-PPP25 灵敏、高效，可用于水质监测。同时，ClO⁻是重要的生物活性氧类物质，可作为细胞分裂分化过程的指标。尤其是最近发现，ClO⁻含量的检测对于阿尔茨海默病等疾病的诊断有十分重要的参考价值。由此可见，N-PPP10 和 N-PPP25 系列水醇溶共轭聚合物荧光亮度高、灵敏度高、水溶性好，在生命过程观测和疾病诊断中也有广阔的发展前景。

离子检测过程并不局限在某种单一机理的作用。通过 FRET 和荧光猝灭等多种机理协同作用，可以实现检测信号的放大[39]。而且，在实际应用中，体系中不可能只存在一种离子，大多情况需要对多种离子混合体系同时检测，因此对多离子复杂体系进行同时检测也成了当前的研究热点。

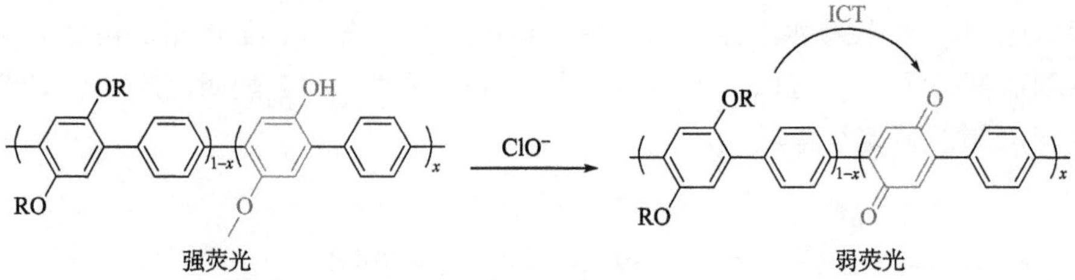

图 8-9　N-PPP 系列水醇溶共轭聚合物的结构式及离子检测机理

8.2.2　分子和气体检测

在现代社会发展中，汽车尾气、污染物的任意排放所引发的环境污染和随之出现的食品安全、群体性疾病等社会问题严重影响了人们身体健康，制约了社会可持续发展。因此，对于水和空气中有害小分子的检测已成为化学传感与成像的重要研究课题。

Xing 等[40]合成了一种阳离子水醇溶共轭聚合物 CCP1（图 8-10），侧链含有季铵盐和咪唑基团，其中季铵盐可以使聚合物溶解在水中，而咪唑通过 N 和 Cu 之间弱配位作用络合二价 Cu^{2+}，该金属络合聚合物通过电子转移过程荧光被猝灭，呈现关状态；当溶液中有 NO 时，二价 Cu^{2+} 被还原成一价，配位作用消失，抑制了荧光猝灭，荧光恢复，呈现开状态。该聚合物可以高效、高灵敏度检测溶液中的 NO。CCP1 稀溶液在检测浓度低至 $8.0×10^{-8}$ mol/L 的 NO 时依然有比较好的效果。

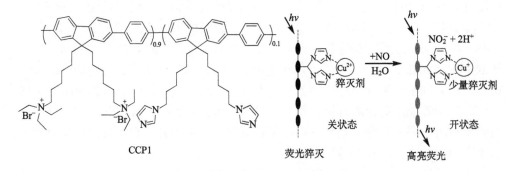

图 8-10　CCP1 的结构式和传感示意图

氧气对生命体具有重要意义。生命体中一系列的活性氧类物质（ROS），包括单重态氧、次氯酸/次氯酸盐、H_2O_2 等在生物生命过程中起着举足轻重的作用。因此，对于这一类物质的传感和检测也是探索生命过程、检测环境污染情况的重要基础[41]。Zhang 等[42]将 PPESO$_3$（图 8-11）用于检测水溶液中的 H$_2$O$_2$。水醇溶共轭聚合物 PPESO$_3$ 和 Fe^{2+} 混合水溶液具有较强的荧光，加入 H$_2$O$_2$ 时，Fe^{2+} 被氧化成 Fe^{3+}，此时溶液荧光被显著猝灭。当溶液中 H$_2$O$_2$ 浓度在 0~4 μmol/L 时，荧光猝灭强度和 H$_2$O$_2$ 浓度有很好的线性关系，最低检测限在 0.21 μmol/L。基于以上荧光猝灭的实验

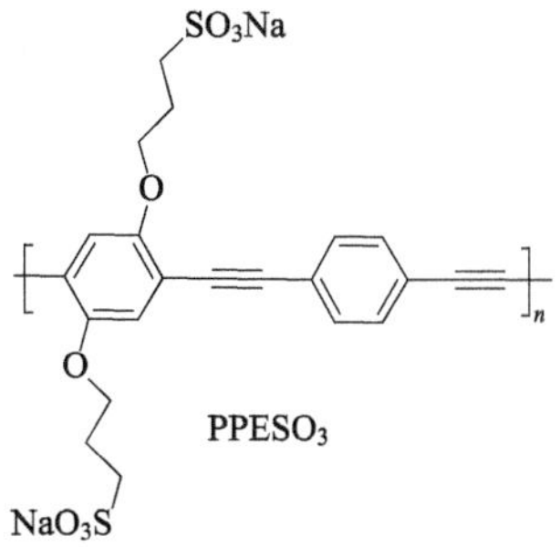

图 8-11　水醇溶共轭聚合物 PPESO$_3$ 的结构式

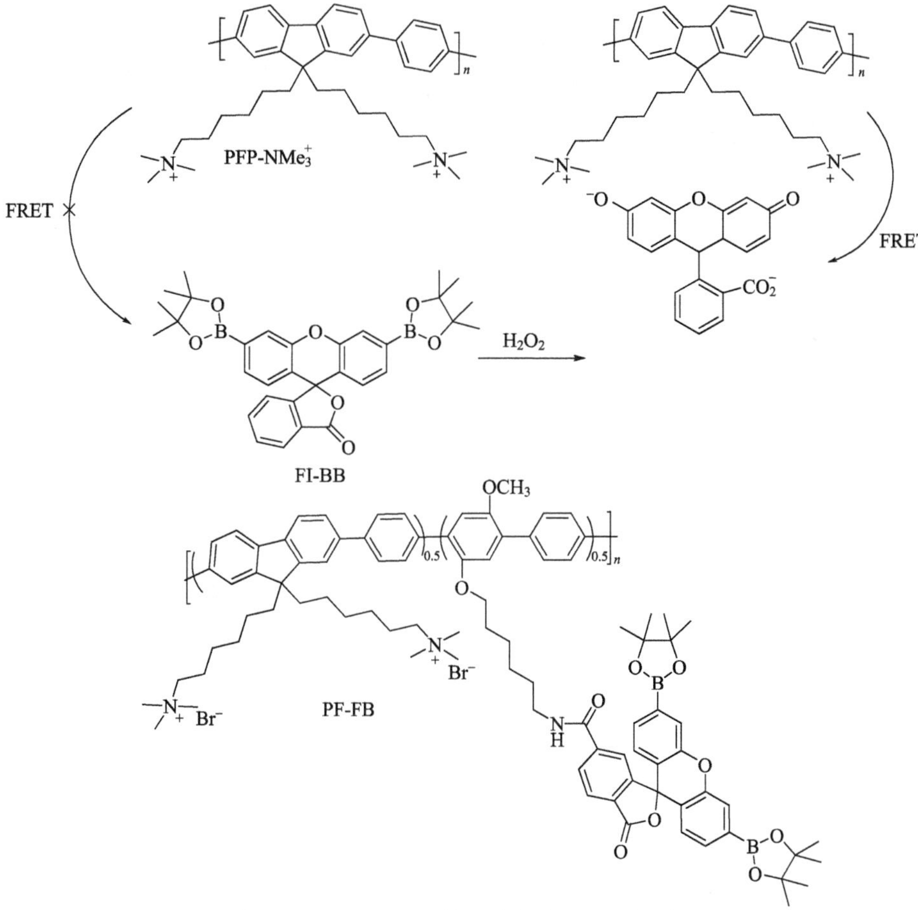

现象，可用 PPESO$_3$ 检测水溶液中的 Fe^{3+}。更具应用价值的是将 PPESO$_3$ 和 Fe^{2+} 混合水溶液作为检测 H$_2$O$_2$ 的溶液体系，该体系灵敏高效，并且具有应用于生物细胞内检测活性氧类物质的潜能。2006 年，He 等[43]用水醇溶共轭聚合物 PFP-NMe$_3^+$ 和化合物 FI-BB 联合检测 H$_2$O$_2$（图 8-12）。溶液中没有 H$_2$O$_2$ 时，FI-BB 和 PFP-NMe$_3^+$ 没有静电

图 8-12　PFP-NMe$_3^+$ 的结构式和 H$_2$O$_2$ 检测机理

相互作用，因此不发生 FRET 过程，溶液发蓝色荧光；溶液中加入 H_2O_2 时，FI-BB 的硼酸酯基团水解，分子呈电负性，与 PFP-NMe$_3^+$ 通过静电相互作用拉近距离，此时 PFP-NMe$_3^+$ 的发射和探针分子的吸收有很大的重叠，二者之间发生 FRET 过程，PFP-NMe$_3^+$ 的荧光被削弱。通过 PFP-NMe$_3^+$ 和化合物 4 联合检测 H_2O_2 的范围在 15～600 nmol/L。在 PFP-NMe$_3^+$ 和 FI-BB 联合体系中，二者之间的静电作用是传感的主要驱动力。但在实际应用时，水溶液中成分复杂，其中可能存在的离子都会对该体系的检测发生干扰，影响检测效果。2007 年，He 等[44]将 FI-BB 引入聚合物 PFP-NMe$_3^+$ 侧链，合成水醇溶共轭聚合物 PF-FB，一定程度上削弱了环境中离子对 FRET 过程的干扰。在溶液中没有 H_2O_2 时，只检测到芴的蓝色荧光；向溶液中加入 H_2O_2 时，通过 FRET 作用，溶液发绿色荧光，检测 H_2O_2 的浓度范围达到 4.4～530 μmol/L。

8.2.3 爆炸物检测

苦味酸具有比 TNT(2,4,6-三硝基甲苯)更强的爆炸性。同时，苦味酸在水中的溶解性非常好，易造成水源、土地污染，引发贫血、皮肤病甚至癌症等，危害人类健康[45,46]。Malik 等[46]合成了一种水醇溶共轭聚合物 PFMI(图 8-13)，其侧链为咪唑阳离子，通过再沉淀的方法制备直径约为 30 nm 的纳米颗粒，聚合物 PFMI 和其纳米颗粒都可以 100 %均匀地溶解/分散在水中。溶液成像的结果表明，相比于聚合物 PFMI，PFMI 纳米颗粒的荧光强度更强，成像效果更好。向 PFMI 的纳米颗粒溶液中加入苦味酸，溶液的荧光被强烈猝灭，检测限低至 30.9 pmol/L，K_{sv} 高达 1.12×10^8 L/mol。在溶液成功检测苦味酸的基础上，将 PFMI 纳米颗粒的溶液通过简单涂抹的方式制备试纸，在纸条上原位滴加苦味酸溶液，可以发现苦味酸在浓度为 10^{-10} mol/L 时，纸条荧光已经有猝灭现象，当浓度为 10^{-7} mol/L 时，

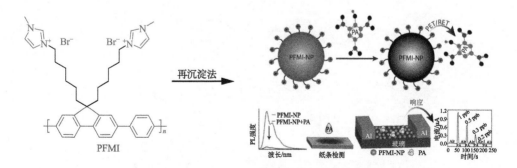

图 8-13 PFMI 的结构式及其检测苦味酸示意图[46]

承美国化学会惠允，摘自 Malik A H, et al., *ACS Appl. Mater. Inter.*, **7**, 26968 (2015)

猝灭十分明显，这种简单的纸条检测方式可以应用于制备便携式检测爆炸物苦味酸的仪器。最后，他们在玻璃基底上制备了检测器件，利用器件输出电流的变化检测空气中微量的苦味酸。研究结果发现，当空气中苦味酸含量达到 0.2 ppb（1 ppb=10^{-9}）时即有信号出现，并且随着浓度增加输出电流信号变强，同时检测器件显示出极强的特异性，苦味酸在 1 ppb 时的输出信号明显高于其他 100 ppb 的爆炸残留物。

8.3　生物传感

生物传感包括对遗传物质（DNA 和 RNA）、蛋白质和酶、生物小分子的检测和成像，对于后续发展生物成像、疾病诊断与治疗都有重要的意义。

8.3.1　DNA

Gaylord 等[47]和 Duan 等[48]发现，阳离子水醇溶共轭聚合物 PFP-NI（图 8-14）可通过 FRET 的荧光放大效应对 DNA 等成像。用肽氨酸标记荧光分子（PNA-C*）作为探针，发现带正电荷的 PFP-NI 和 PNA-C*之间没有发生 FRET 过程，当 ssDNA 加入溶液中，它被 PNA-C*标记，PFP-NI 在静电力的驱动下靠近 PNA-C*/ssDNA，形成二重体，从而发生从 PFP-NI 到标记荧光分子的 FRET 过程。但是，当 ssDNA 的量较少时，该过程不能有效发生，表现为检测不到标记荧光分子的发射。

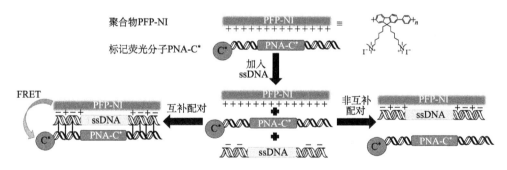

图 8-14　PFP-NI 对 DNA 的成像机理示意图

G 四联体是端粒酶 DNA 四链构象，对于抑制大多数癌症细胞端粒酶活性有重要作用[49]。He 等[49]合成了阳离子水醇溶共轭聚合物 PFP-NBr（图 8-15），用以检测四联体转变为二联体的过程，为设计端粒酶抑制剂提供新的研究思路。荧光标记的 G 四联体呈现电负性，静电相互作用使得它们空间距离很近，以致足以完成 FRET 过程，因此呈现的是荧光标记分子被 PFP-NBr 激发的荧光。向溶液中加入足够多的 ssDNA，由于溴乙锭的插入，四联体转换为二联体，此时，在 PFP-NBr 的激发下发生两步 FRET，分别是从 PFP-NBr 到荧光标记分子和从荧光标记分子到溴乙锭，因此可以通过检测溴乙锭的荧光点亮来检测 DNA 构象的转变。

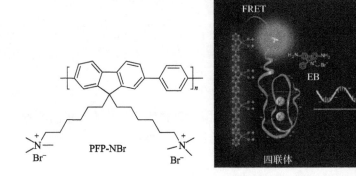

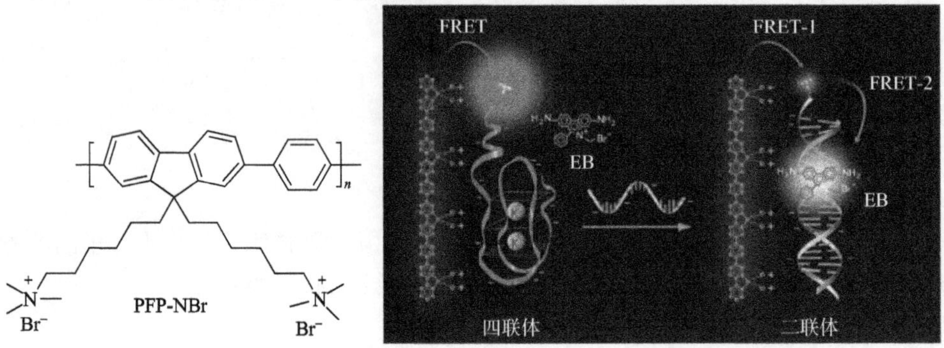

图 8-15　PFP-NBr 的结构式和成像机理示意图[49]

承美国化学会惠允，摘自 He F, et al., *J. Am. Chem. Soc.*, **128**, 6764（2006）

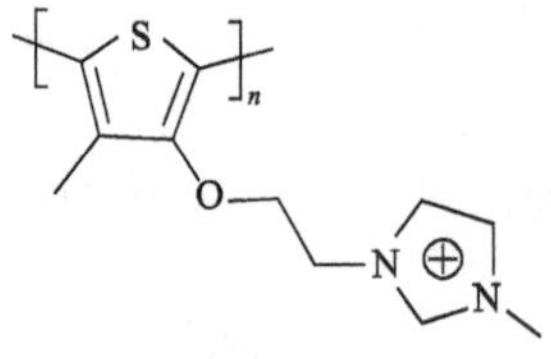

图 8-16　阳离子聚噻吩衍生物的结构式

Nilsson 等[50]设计了含氨基酸基团的聚噻吩衍生物（图 8-16），其可在不发生电性变化的情况下利用聚噻吩构象变化带来的荧光改变完成 DNA 杂交检测。2005 年，Ho 等[51]合成了一类阳离子水醇溶共轭噻吩用于 DNA 成像。当该阳离子聚噻吩衍生物通过静电作用结合 ssDNA 或双链 DNA（dsDNA）时，分子构象会发生变化，聚电解质/dsDNA 复合物和相邻的 ssDNA 上的荧光标记分子发生能量转移过程。该过程十分快速，只需几分钟即可完成荧光成像。Ho 等[24]还用水醇溶聚噻吩检测 DNA，不仅不需要复杂的 PCR 效应，而且十分灵敏，最低浓度达到 2×10^{-14} mol/L 时依然有很好的效果。

基于 FRET 原理检测遗传物质的材料和方法，可以检测 DNA 的错序、构象变化、DNA 甲基化等遗传物质的特性，并实现了一系列药物筛选等方面的应用[52,53]，在 8.5 节会详细介绍[54,55]。

8.3.2　蛋白质和酶

蛋白质和酶参与了生命活动的很多重要过程，快速、简单、高效地检测生物体内的蛋白质和酶，尤其是参与癌症发病过程的酶，具有重要的意义。本节将根据成像机理分类，简单介绍在不同机理作用下水醇溶共轭聚合物如何识别、检测环境中的蛋白质和酶。

2003 年，Nilsson 等[56]合成了侧链含氨基酸的水醇溶聚噻吩（图 8-17）用于检测溶液中的多肽。在水醇溶聚噻吩溶液中加入正电荷多肽，聚噻吩衍生物发生构象扭转，发射峰蓝移，荧光强度增强；加入负电荷多肽，聚噻吩衍生物的构象变平，链间聚集明显，发射峰红移，荧光强度减弱；加入与负电荷多肽形成四螺旋体的正电荷多肽时，链间聚集被干扰，聚集趋势变弱，荧光强度增强。此后，一系列基于水醇溶聚噻吩衍生物的荧光探针被开发出来，并应用于生物传感。

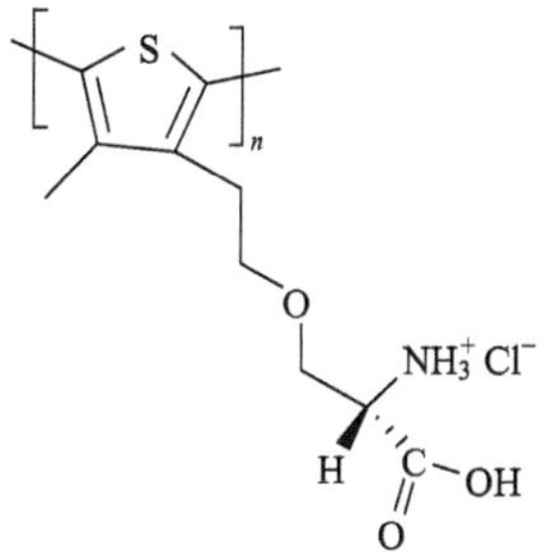

图 8-17　水醇溶聚噻吩的结构式

在基于荧光共振能量转移（FRET）原理的蛋白质识别中，生物素和链霉亲和素之间的相互作用决定了荧光共振能量转移的效率[57]。通过对特异性抗体和抗原间的识别和选择，可以实现高灵敏度的蛋白质检测。除了荧光显微镜观察外，2009 年，Wang 等[58]利用水醇溶共轭聚合物裸眼识别免疫球蛋白，灵敏度可达 50 ng/mL，是当时最高的裸眼检测灵敏度，极大推进了水醇溶共轭聚合物作为蛋白质探针的发展。通过对水醇溶共轭聚合物化学结构进行调节，提高其光捕获能力，结合被染料小分子标记的适体和蛋白质特异性识别，可以成功识别细胞内的溶菌酶素和凝血酶[59,60]。除了可以利用抗体和抗原之间的特异性识别作用来检测某些特定的蛋白质外，还可以利用水醇溶共轭聚合物对不同电性的蛋白质分类[61]。

阿尔茨海默病是困扰全球人类健康的疾病。乙酰胆碱酯酶（AChE）是阿尔茨海默病病理过程中重要的酶，可被阴离子水醇溶共轭聚合物 PFP-SO_3^-（图 8-18）快速检测。AChE 的酶作用物和猝灭剂链接形成 ACh-dabcyl 复合物，与 PFP-SO_3^- 相互

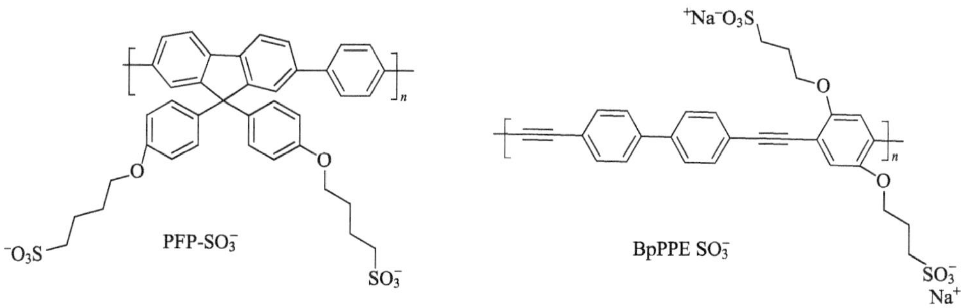

图 8-18　水醇溶共轭聚合物 PFP-SO_3^- 和 BpPPE SO_3^- 的结构式

作用会因为 FRET 过程猝灭 PFP-SO$_3^-$ 的荧光。加入 AChE 后，ACh-dabcyl 复合物被水解成胆碱和含猝灭剂的带负电荷碎片。在静电力作用下，猝灭剂和 PFP-SO$_3^-$ 的距离变远，PFP-SO$_3^-$ 荧光恢复。猝灭前后荧光对比度高，差别达 130 倍[62]。

酶的成像检测方法发展迅速。目前，可以高效检测的酶涵盖了蛋白酶、磷脂酶、核酸酶、激酶等。Liu 等[63]报道了一种荧光点亮检测磷脂酶 C(PLC)，通过阴离子水醇溶共轭聚合物 BpPPESO$_3^-$ 和卵磷脂相互作用，BpPPESO$_3^-$ 的荧光强度因为磷脂的加入形成复合物而显著提升。在 C(PLC)加入后，卵磷脂被水解，扰乱了 BpPPESO$_3^-$ 复合物的形成，荧光被猝灭。该实验可以通过荧光猝灭的现象检测到 PLC 活性。

识别作用的发生对应着荧光的"开"或"关"，可以将其看作一个简易的逻辑门。2004 年，Pinto 等[64]利用这样的"开-关"模式检测蛋白酶的活性。由于抗生物素蛋白的结合能力很强，会干扰被生物素标记的猝灭剂和聚合物之间的相互作用，从而增强荧光，打开"荧光开关"[20]。

8.3.3　生物活性小分子

在生物体内和体外成像，很多都是利用细胞内特定活性小分子水平变化来实现疾病的诊断。三磷酸腺苷(ATP)是细胞活动的重要能量分子，其在癌症细胞中消耗的速度和程度比正常细胞都高，因此可以通过 ATP 水平异常变化的表达实现对癌症细胞的成像。2016 年，Chen 等[65]合成了烷基侧链长度不同的三种阳离子水醇溶共轭聚合物(图 8-19)。由于在溶液中聚集程度的差别，三者的吸收和发光光谱有明显的溶剂化效应。细胞成像的结果表明，较长烷基侧链的 PPET3-N2 和 PPET3-N3 的生物毒性明显低于短烷基侧链的 PPET3-N1；其中，PPET3-N2 对溶液中的 ATP 有明显的光学响应，表现为吸收峰红移、荧光明显减弱。而用于对正常细胞和癌症细胞成像时发现，它们的荧光强度明显不同，这也实现了癌细胞的有效识别。

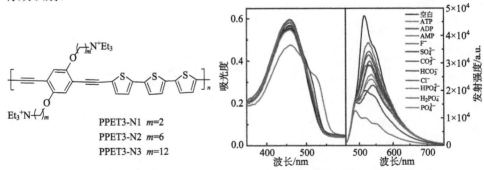

图 8-19　PPET3-N 系列水醇溶共轭聚合物的结构式和光谱表征[65]

承美国化学会惠允，摘自 Chen Z, et al., *ACS Appl. Mater. Inter.*, **8**, 3567(2016)

Dicesare 等[66]发现,阴离子水醇溶共轭聚合物 PPE-SO$_3^-$(图 8-20)可检测环境中的糖类。他们选取含双硼酸的阳离子片段 p-BV^{2+}作为猝灭剂,在 PPE-SO$_3^-$ 和 p-BV^{2+}的混合溶液中,由于静电力的作用,PPE-SO$_3^-$ 的荧光被猝灭;在溶液 pH 值为 7~8 时,向溶液中加入糖类,则猝灭剂和糖类反应生成一种整体呈电中性的两性离子盐,p-BV^{2+}与 PPE-SO$_3^-$ 之间的静电力作用减弱,PPE-SO$_3^-$ 的荧光恢复。在加入糖类前后,荧光强度差 70 倍,此法可视为一种高效灵敏的糖类检测手段。

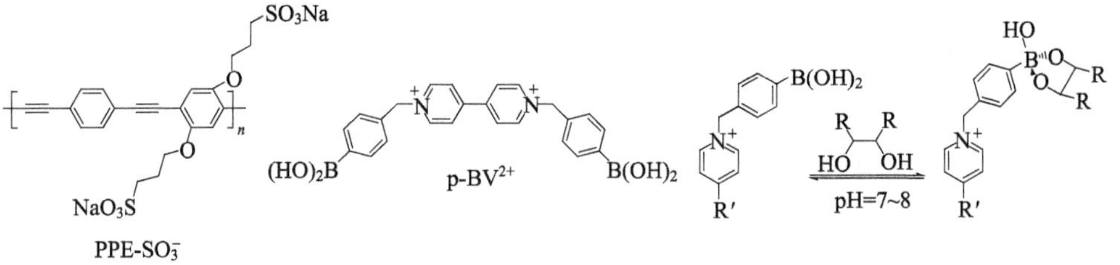

图 8-20　PPE- SO$_3^-$ 和 p-BV^{2+}的结构式和识别反应原理示意图

2007 年,Shang 等[67]将阴离子水醇溶共轭聚合物 PFS 和 Au 纳米颗粒共混,一步法合成了均匀的 PFS-Au 纳米颗粒溶液(图 8-21)。由于 FRET 作用,PFS 的荧光被 Au 纳米颗粒猝灭。半胱氨酸是一种含巯基氨基酸,向上述溶液中加入半胱氨酸后,它和 Au 纳米颗粒紧密结合,将 PFS 从原来的共混状态中释放出来,溶液荧光明显恢复。此方法非常灵敏,最低检测浓度可达 25 nmol/L,且特异性强。目前在人体中发现的氨基酸,只有半胱氨酸有这样的效果,因此本法可作为特异性检测半胱氨酸的重要方法。

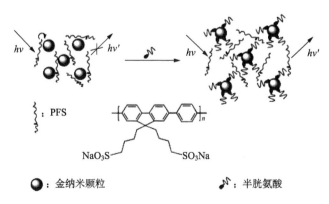

图 8-21　PFS 的结构式和成像原理示意图[67]

承美国化学会惠允,摘自 Shang L, et al., *J. Phys. Chem. C,* **111**, 13414(2007)

8.4 热传感

应用于热传感的水醇溶共轭聚合物多基于聚噻吩，其原理为聚噻吩的构象随温度发生(可逆)变化。早在 20 世纪 80 年代，研究发现聚噻吩共轭骨架扭转构象随温度发生变化，且在光学性质上出现差异，可通过溶液颜色的变化观察到这种热学响应[68,69]。水醇溶聚噻吩对温度响应的范围非常广，在 20～200 ℃都有规律的变化，且这种变化常常是可逆的。大多数聚噻吩衍生物的紫外-可见吸收光谱随温度变化曲线可观察到一个等吸光点，因此可判断大多数聚噻吩衍生物构象随温度变化过程中有不同形式的构象[70,71]。2011 年，Wang 等[72]合成了一种侧链含咪唑盐的阳离子水醇溶聚噻吩(图 8-22)。25℃下，该聚合物对温度没有响应，为黄色溶液；加入碘化物后，聚合物构象扭转、平面性更好，共轭长度更长，峰位红移，溶液从黄色变为红色。而对于聚合物和碘化物共混溶液，25℃时为红色，当温度升高到 55℃，溶液颜色变为黄色。此现象可归结为聚噻吩衍生物的排列在温度较低时呈现紧密的聚集状态，压紧的聚集形态随温度的升高变得松弛，聚合物构象扭转加剧，峰位蓝移，从而在较高温度下溶液呈现为黄色。

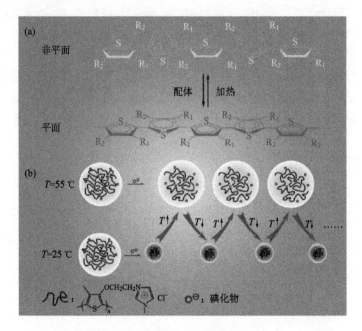

图 8-22　含咪唑盐的阳离子水醇溶聚噻吩和传感示意图[72]

承美国化学会惠允，摘自 Wang J, et al., *J. Phys. Chem. B*, **115**, 1693(2011)

8.5　生物成像、疾病检测与诊断

随着生活水平的提高，人们对于健康的关注也越来越密切，对于传染病和癌症等希望能够有效预防、早发现早治疗，这也为现代医学发展带来了巨大的机遇和挑战。因此，生物成像技术及以此为基础的疾病探测诊断和治疗越来越吸引科学研究人员的关注。相比于目前在医药临床上已经广泛应用的核磁共振成像技术、超声成像技术及 X 射线断层摄像技术等，水醇溶共轭聚合物作为荧光探针进行生物成像具有独特的优势，可以实现分子级别的精确靶向识别。通过化学修饰特异性配体实现特定分子的靶向识别，高灵敏度地对细胞内的生物活性物质进行成像。据此，可以实时监测细胞分裂凋亡、药物循环及新陈代谢等生命过程，为推动医学的发展提供强有力的支持[73]。

8.5.1　生物成像

荧光探针用于生物活体成像，须考虑成像窗口（imaging window）的限制问题。图 8-23 给出了生物体内血红素、蛋白质等物质对于不同波长光的吸收系数变化曲线[74]，从图中可以看到：生物体内，包括血红素及其衍生物在内的各种物质在 200～650 nm 区段（黄光到红光波段）的吸收系数较大，同时生物体在这一范围内有较强的自体荧光发射，这导致成像过程中会有很强的背景干扰，所以这一区段不适用于荧光成像[75]。与近紫外-绿光波段相比，深红到近红外的区段（650～1450 nm）的光在细胞内既有较好的穿透性又有较低的自体荧光，是活体细胞成像最合适的波长区段。近几年，荧光成像探针的研究和发展主要集中在这一波长范围[76]。

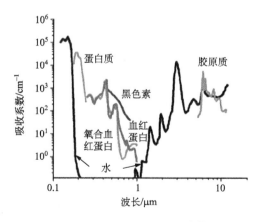

图 8-23　成像窗口示意图[74]

承美国化学会惠允，摘自 Pansare V J, et al., *Chem. Mater*, **24**, 812（2012）

基于成像窗口的限制，研究者致力于设计合成近红外荧光区间的水醇溶共轭聚合物。2010 年，Pu 等[77]合成了一种远红外/近红外荧光的水醇溶共轭聚合物刷，可在多种不同细胞混合溶液中快速、特异性地识别乳腺癌细胞。其中，基于 BT 单元的共轭主链使聚合物有远红外/近红外荧光，侧链两性离子盐使聚合物具有水醇溶性和更好的生物相容性。侧链的点击化学反应高效连接 PEG 链(图 8-24)，使其避免被非癌症细胞内吞；进一步在侧链链端修饰叶酸作为识别基团可以特异性识别乳腺癌细胞，并富集在细胞质中。同时，他们也证明该水醇溶共轭聚合物的生物毒性低，不会影响细胞正常的活性和增殖。除了对特定的细胞成像，还可以利用水醇溶共轭聚合物成像来实时监测细胞凋亡过程。Liu 等[78]合成的水醇溶共轭聚噻吩衍生物 PMNT，用于肾癌细胞株 A498 的检测并观察凋亡过程，该实验是首次将水醇溶共轭聚噻吩衍生物用于癌细胞凋亡成像过程中，通过检测半胱天冬酶(细胞凋亡酶)水平的升高，判断肾癌细胞的凋亡过程。相比于小分子荧光分子，PMNT 的荧光更强、灵敏度更高、效果更好。癌症细胞具有高通透性和滞留性，也就是说相比于正常细胞，大分子物质更趋向于进入癌症细胞并滞留其中，这种现象被称为实体瘤的高通透性和滞留效应(enhanced permeability and retention effect, EPR)。所以，由于肾癌细胞株的 EPR 效应，PMNT 可以通过内吞作用进入癌症细胞内并滞留其中进行成像，该过程可以延续整个细胞凋亡过程的结束。

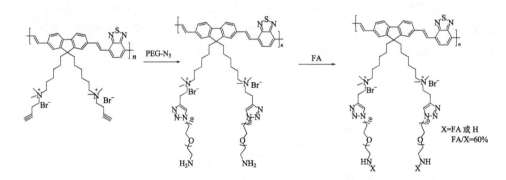

图 8-24　水醇溶共轭聚合物刷及其合成路线

2011 年，Pu 等[79]将线型水醇溶共轭聚合物超支化(图 8-25)，并修饰乳腺癌细胞识别基团实现对乳腺癌细胞特异性识别，比相同重复单元线型聚合物的光稳定性更强。在此基础上，Ding 等[80]在超支化水醇溶共轭聚合物 HCPE 的外围螯合金属 Gd(图 8-26)。HCPE-Gd 在溶液中以纳米球形式存在，平均直径为 42 nm。HCPE-Gd 具有良好的光学性质，溶液中荧光量子效率大于 10 %，光稳定性强。在体外细胞实验中，CPE-Gd 通过内吞作用可以检测乳腺癌细胞并成像。具体步骤为：将 HCPE-Gd 溶液注入肝癌小鼠体内，经过 24 h 的淋巴循环，在癌症细胞 EPR 作用下，HCPE-Gd 主要富集在肝癌细胞中；此时对小鼠进行核磁共振成像，也可以准确找到癌细胞的位置。这也是第一个可以同时应用于荧光成像/核磁共振成像的材料。

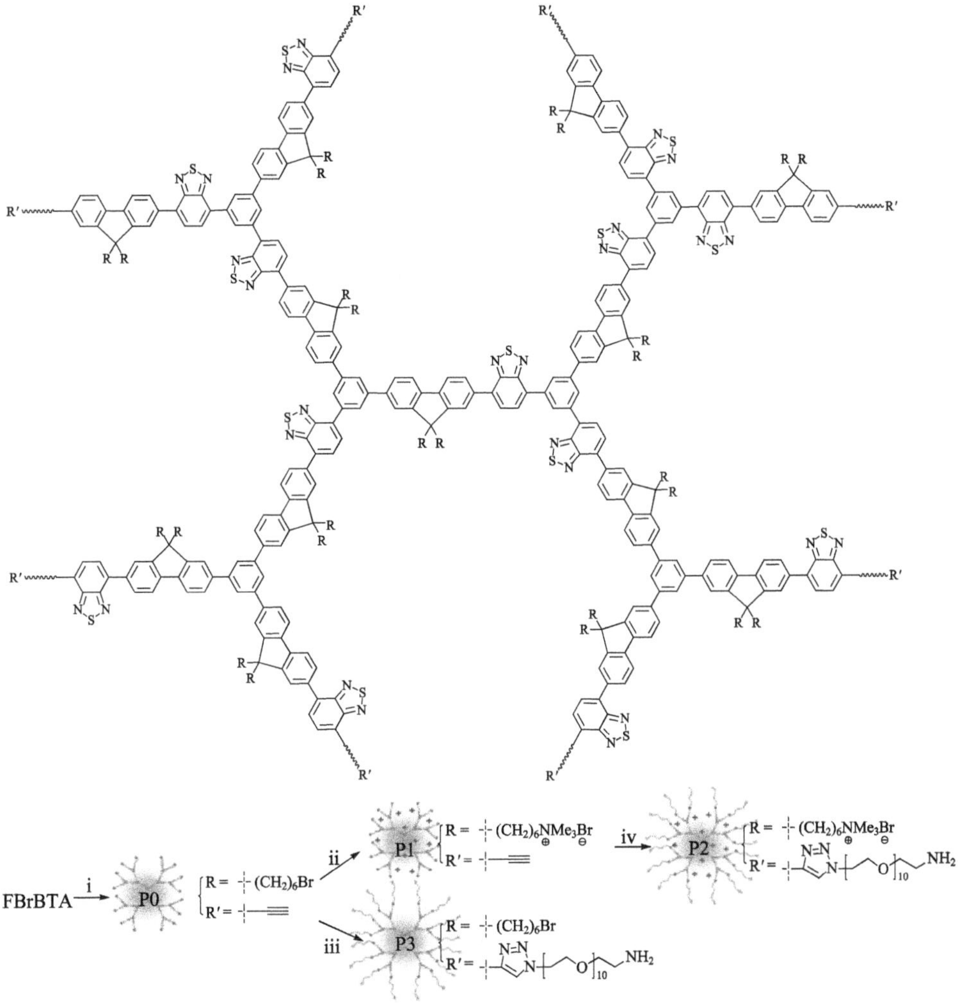

图 8-25　超支化水醇溶共轭聚合物和纳米结构示意图[79]

承美国化学会惠允，摘自 Pu K Y, et al., *Biomacromolecules*, **12**, 2966 (2011)

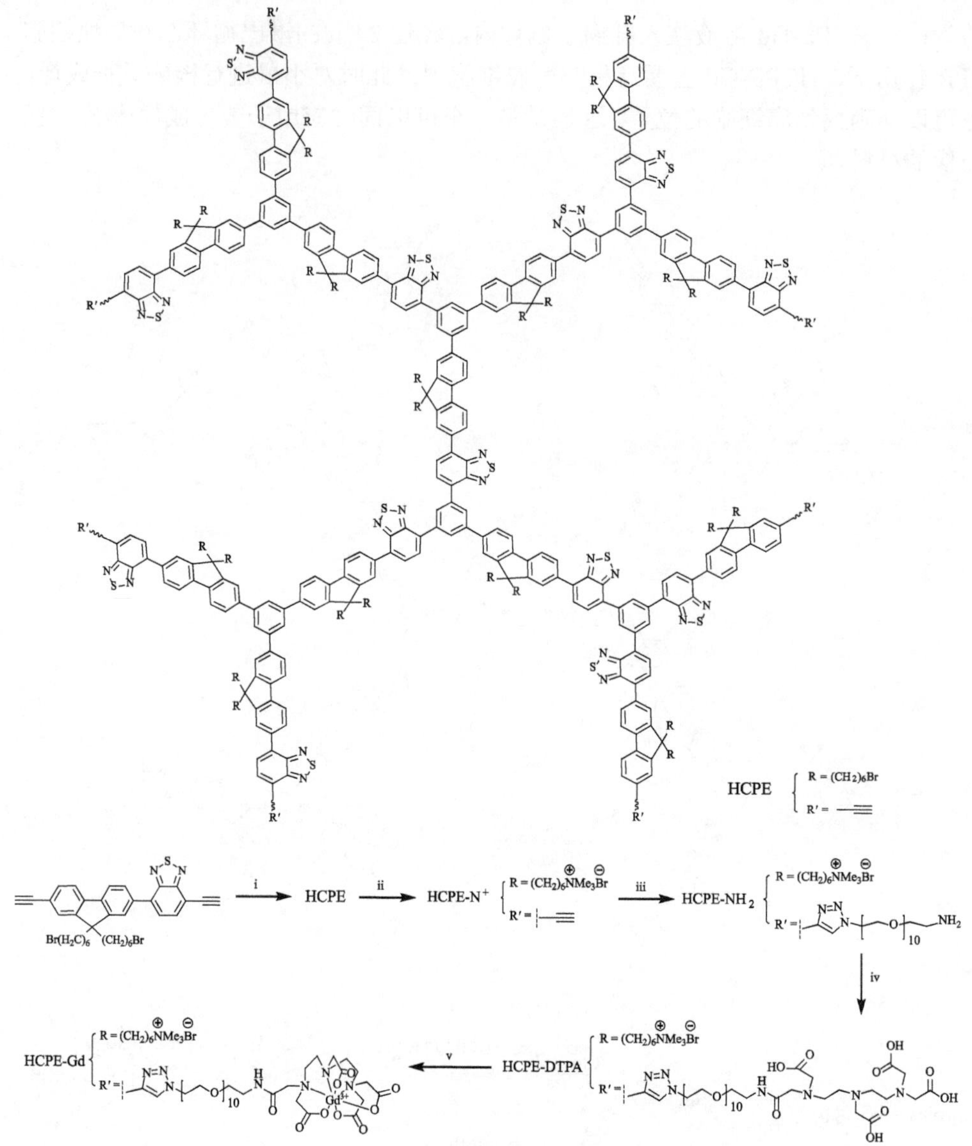

图 8-26　超支化水醇溶共轭聚合物及其合成过程

8.5.2　疾病检测和诊断

　　基于水醇溶共轭聚合物荧光材料进行疾病检测和诊断是一个新兴的多学科交叉领域，涵盖物理学、化学、材料学、生命科学和医学、药学等基础科学，并依托于各基础科学的发展。国内外很多课题组对此开展了创新、深入的研究，其中发展最为迅速的领域是疾病诊断和药物筛选。

利用水醇溶共轭聚合物对疾病检测和诊断，通常是对不同的疾病病征部分细胞的特异性 DNA、RNA 和蛋白质进行检测，在 8.3 节已经详细阐述，此处仅举一例说明。DNA 甲基化对于哺乳动物细胞增殖具有重要意义，与癌症基因的表达有着紧密的联系，可以作为癌症诊断的依据。如图 8-27 所示，Feng 等[81]合成了阳离子水醇溶共轭聚合物 CCP，用来检测溶液中的 DNA 甲基化。在甲基化产物浓度低至 1% 时，依然可快速、高选择性、高灵敏度地检测溶液中的甲基化产物。电负性的 DNA 可以和 CCP 在静电力作用下形成二重体，标记了荧光分子的靶向识别 DNA 片段可以在二重体 DNA 链 CpG 甲基化位点上杂交，此时通过 FRET 作用激发荧光分子发光；而当二重体 DNA 链 CpG 位点上没有甲基化，则无法靶向识别，荧光分子和 CCP 距离较远，不足以发生 FRET，则溶液呈现出 CCP 的荧光。因此，通过溶液的荧光改变可以用来诊断癌症的发生。

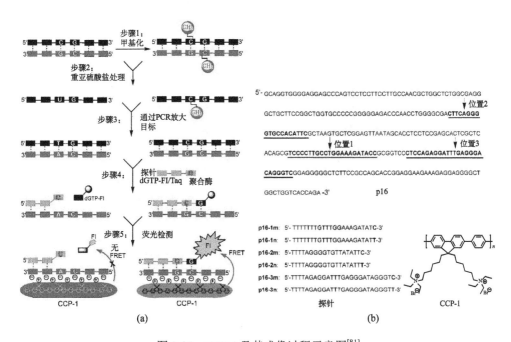

图 8-27 CCP-1 及其成像过程示意图[81]

承美国化学会惠允，摘自 Feng F, et al., *J. Am. Chem. Soc.*, **130**, 11338 (2008)

局部器官或细胞中特定物质的存在与否或含量变化是诊断疾病的重要依据。生物胺就是检测中常用的一种特定物质。生物胺含量水平会随着身体内细胞增殖速度的提高而提高，而细胞快速增殖往往是细菌感染、食物中毒等疾病的特征，因此很多对这些疾病的初步探测就是以生物胺水平变化作为参考。2006 年，Nelson

等[82]合成了侧链含羧酸的聚噻吩(图 8-28)，用来检测溶液中的生物胺。将该聚合物加入不同生物胺溶液中，溶液颜色明显不同。这种光学响应可以归结于：不同生物胺化学结构的位阻大小、结构形状、结构刚性都存在差别，不同的生物胺和聚合物相互作用会影响聚合物链的构象扭转和链间的 π-π 堆积。2007 年，用该分子成功检测了 22 种化学结构非常接近的生物胺，精确率可达 97 %。同时它也可用于检测吞拿鱼腐败过程，检测浓度范围可达 0～500 ppm[83]。

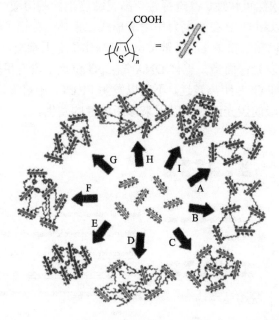

图 8-28　含羧基的聚噻吩对多种胺的荧光响应示意图[82,83]

承美国化学会惠允，摘自 Nelson T L, et al., *J. Am. Chem. Soc.*, **128**, 5640 (2006) 和 Maynor M S, et al., *Org. Lett.*, **9**, 3217 (2007)

水醇溶共轭聚合物传感与成像不仅可用于诊断疾病，由它开展的药物筛选也在从实验室研究到临床应用上稳步发展[84]。小分子活性药物对生物靶向目标的识别物包括核酸、酶、病毒、离子通道和膜结合受体等。在对药物筛选的过程中，利用对上述物质的靶向识别、与药物作用后的特异性成像是研究的出发点，同时药物筛选常常需要活细胞或活体实验，因此对生物相容性和生物低毒性的要求也更为严格。2006 年，Tang 等[28]用阳离子水醇溶聚噻吩 PMNT 筛选抗氧化药物。如图 8-29 所示，ssDNA 呈负电性，通过静电作用和溶液中的 PMNT 相互作用，PMNT 表现出高度共轭、平整的构象，聚合物的吸收波长更长，溶液呈现粉色；当 ssDNA 被氧化剂分解成小的碎片时，与 PMNT 依然可以通过静电力相互作用，但是 PMNT 则发生无规卷曲，平面性下降，溶液吸收波长蓝移，溶液为黄色。加入氧化剂前后，溶液颜色变化十分明显，裸眼即可实现检测，检测手段简单快速，不需要其他标记物和复杂的仪器。硫脲、甘露醇和牛磺酸都可以作为抗氧化剂，以 PMNT 按照上述实验方法筛选检测。研究发现，这三者抑制氧化和 ssDNA 被分解的能力有差别，边界浓度从 $4.6×10^{-5}\,mol/L$ 到 $4.0×10^{-4}\,mol/L$ 不等，可以此为依据筛选抗氧化药物。

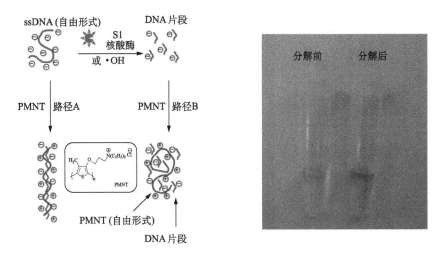

图 8-29　PMNT 成像过程和溶液颜色[28]

承美国化学会惠允，摘自 Tang Y, et al., *J. Am. Chem. Soc.*, **128**, 14972 (2006)

相比于其他手段，用水醇溶共轭聚合物的荧光放大效应进行药物筛选，可发现更多具有应用潜能的药物。尽管该研究已取得了一些进展，但离临床疾病诊断和治疗仍有很长的距离。目前，水醇溶共轭聚合物生物成像的发展较为深入，如对 DNA、RNA、病毒等成像。在此基础上进行药物筛选并用于临床治疗，是今后的努力方向。

8.6　本章小结

相比于其他应用于传感和成像的分子，水醇溶共轭聚合物有着本征优势，聚合物共轭主链优良的光学性质使其比小分子染料和无机量子点等有更广泛的生物应用潜能，而水醇溶侧链也提高了分子生物相容性、降低了生物毒性等。水醇溶共轭聚合物广泛应用于离子、分子等的化学传感，遗传物质、蛋白质和生物活性小分子的生物传感，以及生物成像、疾病诊断和药物筛选等方面。

基于目前的研究成果，在未来可能开展的方向包括：①将水醇溶共轭聚合物传感与成像材料制备成集成元件。利用水醇溶共轭聚合物可印刷制备薄膜的优势，进而组装传感器，同时满足薄膜成像效果好的要求，并进一步组装成便携式传感器。②可将水醇溶共轭聚合物制备成纳米颗粒，提高生物活性和稳定性，便于传感和成像材料实际应用中需要长时间保存和运输。③发展生物活体成像，对疾病的诊断和药物治疗不能局限在细胞溶液中，必须实现生物活体成像。因此，对于水醇溶共轭聚合物的生物相容性、生物毒性和生物代谢有更高的要求。④多种技术手段的联用，包括和其他传感成像手段联用，以及和分离方法、原位合成技术的联用等，以期发挥水醇溶共轭聚合物在成像和传感方面优势的同时，得到更全面的检测信息。

传感和成像是一个新兴的交叉学科，集成了化学、物理学、生命科学、医学和药学等多个学科。随着各学科的发展和融合，推动水醇溶共轭聚合物在传感和成像方面的发展，加速在生命科学、医学临床治疗、环境监测等领域的应用具有重要意义。

参 考 文 献

[1] Zhang J, Campbell R E, Ting A Y, et al. Creating new fluorescent probes for cell biology. Nat Rev Mol Cell Biol, 2002, 3: 906-918.

[2] Koch A M, Reynolds F, Kircher M F, et al. Uptake and metabolism of a dual fluorochrome Tat-nanoparticle in HeLa cells. Bioconjug Chem, 2003, 14: 1115-1121.

[3] Kim J H, Kim Y S, Park K, et al. Self-assembled glycol chitosan nanoparticles for the sustained and prolonged delivery of antiangiogenic small peptide drugs in cancer therapy. Biomaterials, 2008, 29: 1920-1930.

[4] Michalet X, Pinaud F F, Bentolila L A, et al. Quantum dots for live cells, *in vivo* imaging, and diagnostics. Science, 2005, 307: 538-544.

[5] Liu B, Bazan G C. Homogeneous fluorescence-based DNA detection with water-soluble conjugated polymers. Chem Mater, 2004, 16: 4467-4476.

[6] Lakowicz J R. Instrumentation for fluorescence spectroscopy//Principles of Fluorescence Spectroscopy. 3rd ed. New York: Springer, 1999: 19-49.

[7] Wang Y, Liu B. Label-free single-nucleotide polymorphism detection using a cationic tetrahedralfluorene and silica nanoparticles. Anal Chem, 2007, 79: 7214-7220.

[8] He F, Feng F, Duan X, et al. Selective and homogeneous fluorescent DNA detection by target-induced strand displacement using cationic conjugated polyelectrolytes. Anal Chem, 2008, 80: 2239-2243.

[9] Liu B, Bazan G C. Interpolyelectrolyte complexes of conjugated copolymers and DNA:

Platforms for multicolor biosensors. J Am Chem Soc, 2004, 126: 1942-1943.

[10] Chi C, Mikhailovsky A, Bazan G C. Design of cationic conjugated polyelectrolytes for DNA concentration determination. J Am Chem Soc, 2007, 129: 11134-11145.

[11] Zhou Q, Swager T M. Fluorescent chemosensors based on energy migration in conjugated polymers: The molecular wire approach to increased sensitivity. J Am Chem Soc, 1995, 117: 12593-12602.

[12] Chen L, McBranch D W, Wang H L, et al. Highly sensitive biological and chemical sensors based on reversible fluorescence quenching in a conjugated polymer. Proc Natl Acad Sci, 1999, 96: 12287-12292.

[13] Harrison B S, Ramey M B, Reynolds J R, et al. Amplified fluorescence quenching in a poly (*p*-phenylene) -based cationic polyelectrolyte. J Am Chem Soc, 2000, 122: 8561-8562.

[14] Wang J, Wang D, Miller E K, et al. Photoluminescence of water-soluble conjugated polymers: Origin of enhanced quenching by charge transfer. Macromolecules, 2000, 33: 5153-5158.

[15] Fan C, Plaxco K W, Heeger A J. High-efficiency fluorescence quenching of conjugated polymers by proteins. J Am Chem Soc, 2002, 124: 5642-5643.

[16] Cheng F, Zhang G W, Lu X M, et al. A cationic water-soluble poly (*p*-phenylenevinylene) derivative: Highly sensitive biosensor for iron-sulfur protein detection. Macromol Rapid Commun, 2006, 27: 799-803.

[17] Green N M, Avidin I. The use of ^{14}C biotin for kinetic studies and for assay. Biochem J, 1963, 89: 585-591.

[18] Delange R J. Egg white avidin. I. Aminoa acid composition; sequence of the amino- and carboxyl-terminal cyanogen bromide peptides. Biol Chem, 1970, 245: 907-916.

[19] Rininsland F, Xia W, Wittenburg S, et al. Metal ion-mediated polymer superquenching for highly sensitive detection of kinase and phosphatase activities. Proc Natl Acad Sci, 2004, 101: 15295-15300.

[20] Kumaraswamy S, Bergstedt T, Shi X, et al. Fluorescent-conjugated polymer superquenching facilitates highly sensitive detection of proteases. Proc Natl Acad Sci, 2004, 101: 7511-7515.

[21] Dwight S J, Gaylord B S, Hong J W, et al. Perturbation of fluorescence by nonspecific interactions between anionic poly (phenylenevinylene) s and proteins: Implications for biosensors. J Am Chem Soc, 2004, 126: 16850-16859.

[22] Kim J, Swager T M. Control of conformational and interpolymer effects in conjugated polymers. Nature, 2001, 411: 1030-1034.

[23] Roncali J. Conjugated poly (thiophenes): Synthesis, functionalization, and applications. Chem Rev, 1992, 92: 711-738.

[24] Ho H A, Najari A, Leclerc M. Optical detection of DNA and proteins with cationic polythiophenes. Acc Chem Res, 2008, 41: 168-178.

[25] Li K, Liu B. Water-soluble conjugated polymers as the platform for protein sensors. Polym Chem, 2010, 1: 252-259.

[26] Klingstedt T, Nilsson K P R. Conjugated polymers for enhanced bioimaging. Biochim Biophys Acta, 2011, 1810: 286-296.

[27] Liu X, Fan Q, Huang W. DNA biosensors based on water-soluble conjugated polymers. Biosens Bioelectronics, 2011, 26: 2154-2164.

[28] Tang Y, Feng F, He F, et al. Direct visualization of enzymatic cleavage and oxidative damage by hydroxyl radicals of single-stranded DNA with a cationic polythiophene derivative. J Am Chem Soc, 2006, 128: 14972-14976.

[29] Yang X, Zhao X, Zuo X, et al. Nucleic acids detection using cationic fluorescent polymer based on one-dimensional microfluidic beads array. Talanta, 2009, 77: 1027-1031.

[30] Roncali J, Garreau R, Delabouglise D, et al. Modification of the structure and electrochemical properties of poly (thiophene) by ether groups. J Chem Soc Chem Commun, 1989, 11: 679-681.

[31] Bäuerle P, Scheib S. Molecular recognition of alkali-ions by crown-ether-functionalized poly (alkylthiophenes). Adv Mater, 1993, 5: 848-853.

[32] Marsella M J, Swager T M. Designing conducting polymer-based sensors: selective ionochromic response in crown ether-containing polythiophenes. J Am Soc Chem, 1993, 115: 12214-12215.

[33] Mccullough R D, Williams S P. A dramatic conformational transformation of a regioregular polythiophene via a chemoselective metal-ion assisted deconjugation. Chem Mater, 1995, 7: 2001-2003.

[34] Kim I B, Dunkhorst A, James G, et al. Sensing of lead ions by a carboxylate-substituted PPE: Multivalency effects. Macromolecules, 2005, 38: 4560-4562.

[35] Fang Z, Pu K Y, Liu B. Asymmetric fluorescence quenching of dual-emissive porphyrin-containing conjugated polyelectrolytes for naked-eye mercury ion detection. Macromolecules, 2008, 41: 8380-8387.

[36] Bao B, Ma M, Fan Q, et al. Investigation of conjugated polymers for metal ion sensing. Acta Chim Sinica, 2013, 71: 1379-1384.

[37] Xing C, Shi Z, Yu M, et al. Cationic conjugated polyelectrolyte-based fluorometric detection of copper (II) ions in aqueous solution. Polymer, 2008, 49: 2698-2703.

[38] Zhang W, Qin J, Yang C, et al. Water-soluble poly (p-phenylene) incorporating methoxyphenol units highly sensitive and selective chemodosimeters for hypochlorite. Polymer, 2012, 53: 2356-2360.

[39] Li H, Yang R, Bazan G C. Fluorescence energy transfer to dye-labeled DNA from a conjugated polyelectrolyte prequenched with a water-soluble C_{60} derivative. Macromolecules, 2008, 41: 1531-1536.

[40] Xing C, Yu M, Wang S, et al. Fluorescence turn-on detection of nitric oxide in aqueous solution using cationic conjugated polyelectrolytes. Macromol Rapid Commun, 2007, 28: 241-245.

[41] Chen X, Tian X, Shin I, et al. Fluorescent and luminescent probes for detection of reactive oxygen and nitrogen species. Chem Soc Rev, 2011, 40: 4783-4804.

[42] Zhang T, Fan H, Liu G, et al. Different effects of Fe^{2+} and Fe^{3+} on conjugated polymer $PPESO_3$: A novel platform for sensitive assays of hydrogen peroxide and glucose. Chem Commun, 2008, 42: 5414-5416.

[43] He F, Tang Y, Yu M, et al. Fluorescence-amplifying detection of hydrogen peroxide with cationic conjugated polymers, and its application to glucose sensing. Adv Funct Mater, 2006, 16:

91-94.

[44] He F, Feng F, Wang S, et al. Fluorescence ratiometric assays of hydrogen peroxide and glucose in serum using conjugated polyelectrolytes. J Mater Chem, 2007, 17: 3702-3707.

[45] Hussain S, Malik A H, Afroz M A, et al. Ultrasensitive detection of nitroexplosive-picric acid via a conjugated polyelectrolyte in aqueous media and solid support. Chem Commun, 2015, 51: 7207-7210.

[46] Malik A H, Hussain S, Kalita A, et al. Conjugated polymer nanoparticles for the amplified detection of nitro-explosive picric acid on multiple platforms. ACS Appl Mater Interfaces, 2015, 7: 26968-26976.

[47] Gaylord B S, Heeger A J, Bazan G C. DNA detection using water-soluble conjugated polymers and peptide nucleic acid probes. Proc Natl Acad Sci, 2002, 99: 10954-10957.

[48] Duan X, Yue W, Liu L, et al. Single-nucleotide polymorphism（SNP）genotyping using cationic conjugated polymers in homogeneous solution. Nat Protoc, 2009, 4: 984-991.

[49] He F, Tang Y, Yu M, et al. Quadruplex-to-duplex transition of G-rich oligonucleotides probed by cationic water-soluble conjugated polyelectrolytes. J Am Chem Soc, 2006, 128: 6764-6765.

[50] Nilsson K P R, Inganäs O. Chip and solution detection of DNA hybridization using a luminescent zwitterionic polythiophene derivative. Nat Mater, 2003, 2: 419-424.

[51] Ho H A, Doré K, Boissinot M, et al. Direct molecular detection of nucleic acids by fluorescence signal amplification. J Am Chem Soc, 2005, 127: 12673-12676.

[52] Bazan G C, Wang S. Water soluble poly（fluorene）homopolymers and copolymers for chemical and biological sensors, organic semiconductors in sensor applications. Berlin Heidelberg: Springer, 2008: 1-37.

[53] Duan X, Liu L, Feng F, et al. Cationic conjugated polymers for optical detection of DNA methylation, lesions, and single nucleotide polymorphisms. Acc Chem Res, 2010, 43: 260-270.

[54] He F, Feng F, Wang S. Conjugated polyelectrolytes for label-free DNA microarrays. Trends Biotechnol, 2008, 26: 57-59.

[55] Wigenius J A, Magnusson K, Björk P, et al. DNA chips with conjugated polyelectrolytes in resonance energy transfer mode. Langmuir, 2010, 26: 3753-3759.

[56] Nilsson K P R, Rydberg J, Baltzer L, et al. Self-assembly of synthetic peptides control conformation and optical properties of a zwitterionic polythiophene derivative. Proc Natl Acad Sci, 2003, 100: 10170-10174.

[57] An L, Tang Y, Wang S, et al. A fluorescence ratiometric protein assay using light-harvesting conjugated polymers. Macromol Rapid Commun, 2006, 27: 993-997.

[58] Wang Y, Liu B. Conjugated polymer as a signal amplifier for novel silica nanoparticle-based fluoroimmunoassay. Biosens Bioelectron, 2009, 24: 3293-3298.

[59] Wang Y, Liu B. Conjugated polyelectrolyte-sensitized fluorescent detection of thrombin in blood serum using aptamer-immobilized silica nanoparticles as the platform. Langmuir, 2009, 25: 12787-12793.

[60] Wang J, Liu B. Fluorescence resonance energy transfer between an anionic conjugated polymer and a dye-labeled lysozyme aptamer for specific lysozyme detection. Chem Commun, 2009, 17:

2284-2286.

[61] An L, Wang S, Zhu D. Conjugated polyelectrolytes for protein assays and for the manipulation of the catalytic activity of enzymes. Chem Asian J, 2008, 3: 1601-1606.

[62] Feng F, Tang Y, Wang S, et al. Continuous fluorometric assays for acetylcholinesterase activity and inhibition with conjugated polyelectrolytes. Angew Chem Int Ed, 2007, 46: 7882-7886.

[63] Liu Y, Ogawa K, Schanze K S. Conjugated polyelectrolyte based real-time fluorescence assay for phospholipase C. Anal Chem, 2008, 80: 150-158.

[64] Pinto M R, Schanze K S. Amplified fluorescence sensing of protease activity with conjugated polyelectrolytes. Proc Natl Acad Sci, 2004, 101: 7505-7510.

[65] Chen Z, Wu P, Cong R, et al. Sensitive conjugated polymer based fluorescent ATP probes and their application in cell imaging. ACS Appl Mater Interfaces, 2016, 8: 3567-3574.

[66] Dicesare N, Pinto M R, Schanze K S, et al. Saccharide detection based on the amplified fluorescence quenching of a water-soluble poly (phenylene ethynylene) by a boronic acid functionalized benzyl viologen derivative. Langmuir, 2002, 18: 7785-7787.

[67] Shang L, Qin C, Wang T, et al. Fluorescent conjugated polymer-stabilized gold nanoparticles for sensitive and selective detection of cysteine. J Phys Chem C, 2007, 111: 13414-13417.

[68] Inganäs O, Salaneck W R, Österholm J E, et al. Thermochromic and solvatochromic effects in poly (3-hexylthiophene). Synth Met, 1988, 22: 395-406.

[69] Yoshino K, Nakajima S, Onoda M, et al. Electrical and optical properties of poly (3-alkylthiophene). Synth Met, 1989, 28: 349-357.

[70] Roux C, Leclerc M. Rod-to-coil transition in alkoxy-substituted polythiophenes. Macromolecules, 1992, 25: 2141-2144.

[71] Roux C, Leclerc M. Thermochromic properties of polythiophene derivatives: Formation of localized and delocalized conformational defects. Chem Mater, 1994, 6: 620-624.

[72] Wang J, Zhang Q, Tan K J, et al. Observable temperature-dependent compaction-decompaction of cationic polythiophene in the presence of iodide. J Phys Chem B, 2011, 115: 1693-1697.

[73] Weissleder R. Molecular imaging in cancer. Science, 2006, 312: 1168-1171.

[74] Pansare V J, Hejazi S, Faenza W J, et al. Review of long-wavelength optical and NIR imaging materials: Contrast agents, fluorophores, and multifunctional nano carriers. Chem Mater, 2012, 24: 812-827.

[75] Billinton N, Knight A W. Seeing the wood through the trees: A review of techniques for distinguishing green fluorescent protein from endogenous autofluorescence. Anal Biochem, 2001, 291: 175-197.

[76] Newkome G R, He E, Moorefield C N. Suprasupermolecules with novel properties: Metallodendrimers. Chem Rev, 1999, 99: 1689-1746.

[77] Pu K Y, Li K, Liu B. A molecular brush approach to enhance quantum yield and suppress nonspecific interactions of conjugated polyelectrolyte for targeted far-red/near-infrared fluorescence cell imaging. Adv Funct Mater, 2010, 20: 2770-2777.

[78] Liu L, Yu M, Duan X, et al. Conjugated polymers as multifunctional biomedical platforms: Anticancer activity and apoptosis imaging. J Mater Chem, 2010, 20: 6942-6947.

[79] Pu K Y, Shi J, Cai L, et al. Affibody-attached hyperbranched conjugated polyelectrolyte for targeted fluorescence imaging of HER2-positive cancer cell. Biomacromolecules, 2011, 12: 2966-2974.

[80] Ding D, Wang G, Liu J, et al. Hyperbranched conjugated polyelectrolyte for dual-modality fluorescence and magnetic resonance cancer imaging. Small, 2012, 8: 3523-3530.

[81] Feng F, Wang H, Han L, et al. Fluorescent conjugated polyelectrolyte as an indicator for convenient detection of DNA methylation. J Am Chem Soc, 2008, 130: 11338-11343.

[82] Nelson T L, O'Sullivan C, Greene N T, et al. Cross-reactive conjugated polymers: Analyte-specific aggregative response for structurally similar diamines. J Am Chem Soc, 2006, 128: 5640-5641.

[83] Maynor M S, Nelson T L, O'Sullivan C, et al. A food freshness sensor using the multistate response from analyte-induced aggregation of a cross-reactive poly(thiophene). Org Lett, 2007, 9: 3217-3220.

[84] An L, Wang S. Conjugated polyelectrolytes as new platforms for drug screening. Chem Asian J, 2009, 4: 1196-1206.

第**9**章

水醇溶共轭聚合物的其他应用

前面的章节详细讲述了水醇溶共轭聚合物的材料合成、物理化学性质、半导体，界面特性及其在有机光电和生物成像传感领域的应用，不仅如此，水醇溶共轭聚合物还在其他领域有着特殊的应用。本章即介绍水醇溶共轭聚合物的这些应用，主要分为热电材料、生物电子、导电水凝胶、有机共轭聚合物复合材料、抗菌聚合物等几个部分。

9.1 热电材料

9.1.1 热电材料简介

热电材料是一类可以直接将热能转换成电能的材料。德国科学家泽贝克（Seebeck）于 1821 年发现并详细阐述了一种由温度差而产生电势差的效应，称为泽贝克效应（Seebeck effect）。另外，法国科学家佩尔捷（Peltier）在 1834 年发现了一种和泽贝克效应相反的过程，即通过电势差产生温度差，称为佩尔捷效应（Peltier effect）。在此后的一两百年间，基于这两种效应的材料体系与器件都得到极大的发展，逐渐形成了热电研究领域。其中，基于泽贝克效应的热电器件为温差发电器件，结构如图 9-1(a) 所示；基于佩尔捷效应的热电器件为热电制冷器件，结构如图 9-1(b) 所示[1]。对于温差发电器件，其上下两个不同温度的热源使得连接热端和冷端的热电半导体材料产生一定的载流子浓度差，在 n 型材料和 p 型材料两端形成泽贝克电势，可以对外电路进行电能输出，形成一个完整的温差发电器件。对于热电制冷器件，在外加电流的作用下，由于佩尔捷效应器件中的 n 型和 p 型半导体材料具有不同的载流子势能，在形成能量平衡时会在材料结合界面处进行能量交换，进而在宏观上形成上端制冷、下端放热的现象[图 9-1(b)]^[2]。

热电器件的能量转换效率(η)的热力学极限由可逆的卡诺循环决定。η 是热电器件的能量输出与输入之比，由器件的平均温度(T_{avg})、热源与冷源的温度差(ΔT)和热电优值(ZT)决定。ZT 则由热电材料的泽贝克系数(S)、电导率(σ)、绝对温度(T)和热导率(κ)决定，数学表达式为 ZT=$S^2\sigma T/\kappa$。对于一般的热电材料，泽贝克系数 S 和电导率 σ 对 ZT 和 η 的影响最为关键。一般情况下，可利用功率因子 PF(PF=$S^2\sigma$)作为衡量热电材料热电性能的主要指标^[3,4]。

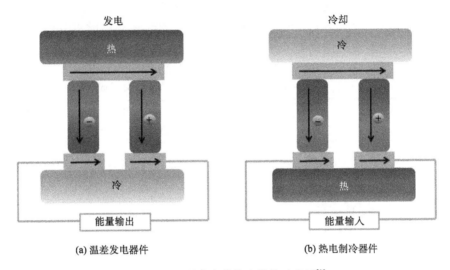

(a) 温差发电器件　　　　　　　　(b) 热电制冷器件

图 9-1　两种基本的热电器件示意图^[1]

9.1.2　无机热电材料和共轭聚合物热电材料

自然界中，同时具备高电导率和低热导率的材料并不常见。金属材料具有高的电导率，但其热导率也很高；绝缘材料(如玻璃等)和金属材料相反，电导率和热导率都很低。高热电效率的材料需要兼备这两类材料的特点，即需要较高的电导率和较低的热导率^[5,6]。

以下两类无机热电材料的热电性能比较突出：

(1) Bi_2Te_3/Sb_2Te_3 合金体系，在室温工作的 ZT 可以达到 1(η 为 7%~8%)，是目前最好的热电制冷材料。

(2) PbSeTe/PbTe 合金体系，适用于 500~900 K 的温度，ZT 最大可达 0.8，可用于温差发电器件。

无机热电材料虽然具有较好的热电性能，但其较重、加工性较差、材料成本高。基于共轭聚合物的热电材料具备机械性能好、质轻，可通过卷对卷加工或喷墨打印的方式实现柔性、大面积、低成本器件等特点，同样受到了广泛的关注。共轭聚合物的电子云离域在聚合物主链，具有较平衡的电导率和泽贝克系数。共轭聚合物的热导率 κ 一般较低[0.1～1 W/(m·K)]，电导率 σ 为 10^{-8} ～10^4 S/cm，泽贝克系数 S 为 10～10^3 μV/K。表 9-1 列出了常见聚合物热电材料的结构与热电性能参数[7]。常见的有机聚合物热电材料为聚乙炔（PA）、聚苯胺（PANI）、聚吡咯（PPy）、聚咔唑类（PCz）、聚对苯撑乙烯类（PPV）和聚噻吩类（主要是 PEDOT）。另外，掺杂剂的加入能够显著提升聚合物热电材料的性能。将离子型基团引入共轭聚合物的侧链中，不仅可以使聚合物热电材料的电导率更高（自掺杂效应），还可以赋予其良好的水醇溶性，使采用环境友好型溶剂制备热电材料成为可能，对实现大面积热电器件的绿色制备具有重要意义。

表 9-1 常见聚合物热电材料的结构与热电性能参数

聚合物	化学结构	掺杂剂	电导率/(S/cm)	泽贝克系数/(μV/K)	功率因子/[W/(m·K)]
PA		I_2	44 250	14	2.7×10^{-4}
PANI		CSA^-	160	5	4×10^{-7}
PPy		PF_6^-	340	10.5	2×10^{-6}
PCz		$FeCl_3$	160	34	1.9×10^{-5}
PPV		I_2	349	47	7.8×10^{-5}
PEDOT：PSS		DMSO/EG	890	74	4.7×10^{-4}

注：PA 聚乙炔；PANI 聚苯胺；PPy 聚吡咯；PCz 聚咔唑；PPV 聚对苯撑乙烯；PEDOT 聚(3,4-乙撑二氧噻吩)；PSS 聚苯乙烯磺酸；CSA^- 樟脑磺酸根；DMSO 二甲基亚砜；EG 乙二醇

9.1.3 水醇溶共轭聚合物热电材料

1. PEDOT：PSS 类热电材料

PEDOT：PSS 是一类商业化的水醇溶共轭聚合物，有较好的环境稳定性、较

高的电导率及溶液加工性。除了在有机光电领域得到成熟应用外，它在热电材料与器件应用方面也受到了广泛关注。

Kim[8]等在 PEDOT∶PSS 水溶液中加入高沸点溶剂或添加剂，在选择性除去过量 PSS 的同时还促进了 PEDOT 的结晶，使 PEDOT∶PSS 的热电性能得到提高。但过量的非离子掺杂剂显著降低了 PEDOT∶PSS 的载流子迁移率，不利于热电材料的功率因子的提高。如图 9-2 所示，横轴坐标为归一化的自由载流子浓度 (n/N_0)，纵轴坐标为掺杂剂体积在总体积中的占比。总体积比可以表示为亚单元（如单体）的体积比 (r) 和亚单元的浓度比 (χ) 的乘积。由图 9-2 中的处理结果可以得到：对于有机热电材料体系，减小 $r\chi$、提高 n 可以最大限度地提高热电材料的功率因子。Pipe 等通过掺杂二甲基亚砜或乙二醇到 PEDOT∶PSS 水溶液中，最优化非离子掺杂剂的含量，最小化体系的 $r\chi$ 值，提高了 PEDOT∶PSS 热电材料的功率因子 PF 和热电优值 ZT。二甲基亚砜掺杂的 PEDOT∶PSS 热电材料 ZT 为 0.42，乙二醇掺杂的 PEDOT∶PSS 热电材料 ZT 为 0.25。这种最小化体系 $r\chi$ 值的方法可提升有机热电材料性能：泽贝克系数 S 提高近 200 %，电导率 σ 从 600 S/cm 提高到 1000 S/cm，热导率从 0.3 W/(m·K) 降低约 0.2 W/(m·K)。

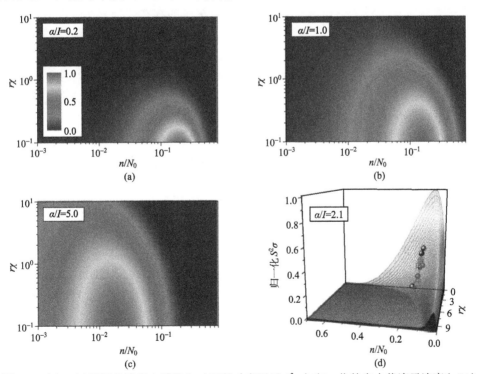

图 9-2 (a)～(c) 不同载流子定域值 (α/I) 下的功率因子 $S^2\sigma$ 与归一化的自由载流子浓度 (n/N_0) 和掺杂剂体积比 ($r\chi$) 的关系图；(d) 归一化的功率因子 $S^2\sigma$ 与 $r\chi$ 和 n/N_0 的三维图[8]

承 Nature 出版集团惠允，摘自 Kim G H, et al., *Nat. Mater.*, **12**, 719 (2013)

Bubnova[9]等发展了一种精确控制 PEDOT 氧化程度的方法,获得了室温下 ZT 为 0.25 的热电材料。他们将乙撑二氧噻吩(EDOT)单体和对甲苯磺酸(Tos)铁盐在正丁醇溶液中混合直接聚合成 PEDOT-Tos。这种方法制备的聚合物 PEDOT-Tos 薄膜电导率为 300 S/cm,热导率为 0.37 W/(m·K),泽贝克系数 S 约为 40 μV/K,相应的室温下的功率因子 PF 为 38 μW/(m·K²)。Kim[10]等采用二甲基亚砜掺杂的 PEDOT:PSS 将碳纳米管分散在水溶液中,使其沿球形乳液颗粒表面形成三维网状结构,同时用阿拉伯胶(GA)分散的碳纳米管作为对比。热电器件性能表明,PEDOT:PSS 分散得到碳纳米管(特别是单壁碳纳米管)的电导率获得明显的提高,而热导率基本保持不变,因此其热电性能得到了明显的提升。含 35wt%(质量分数,后同)的单壁碳纳米管的 PEDOT:PSS 三维包覆微球结构的电导率达到 40000 S/m,是其他聚合物(如 GA 等)/NT 微球的 100 多倍,同时这类材料的热导率都维持在 0.2～0.4 W/(m·K),即保持在较低状态。

2. 共轭聚电解质类热电材料

PEDOT:PSS 是一类外加掺杂剂的水醇溶共轭聚合物热电材料,另一类热电材料是自掺杂型水醇溶共轭聚合物,即水醇溶共轭聚电解质(CPE)。自掺杂水醇溶共轭聚合物在侧链上含有离子化官能团。对离子的存在,使其在热电材料方面有着与众不同的性能。

2013 年,Mai 等[11]通过透析法合成了一种自掺杂、水溶性、稳定的导电聚合物 CPE-K(图 9-3)。随后,他们进一步通过离子交换制备了含不同对离子(Na⁺、K⁺和 TBA⁺)的水醇溶共轭聚电解质,结构式如图 9-3 所示[12]。这类聚电解质在空气中具有较好的稳定性,其热电性能如表 9-2 所示。薄膜电导率、泽贝克系数和热导率研究表明:对离子小、侧链短的聚电解质具有更高的掺杂能级,同时可形成更加有序的薄膜。以钠离子为对离子的聚电解质薄膜表现出更高的电导率,并且与含大对离子的聚电解质具有相近的热电势,因此具有更高的功率因子、更好的热电性能。

表 9-2　不同对离子及侧链长度的聚电解质热电性能统计

聚合物	电导率 /(S/cm)	泽贝克系数 /(μV/K)	功率因子 /[μW/(m·K²)]	热导率 /[W/(m·K)]
CPE-Na	0.16 ± 0.005	165 ± 12	0.44	0.26
CPE-K	0.024 ± 0.001	230 ± 10	0.13	0.23
CPE-TBA	—	—	—	0.22
CPE-C3-Na	0.22 ± 0.02	195 ± 5	0.84	未测
CPE-C3-K	0.048 ± 0.004	200 ± 18	0.19	0.27

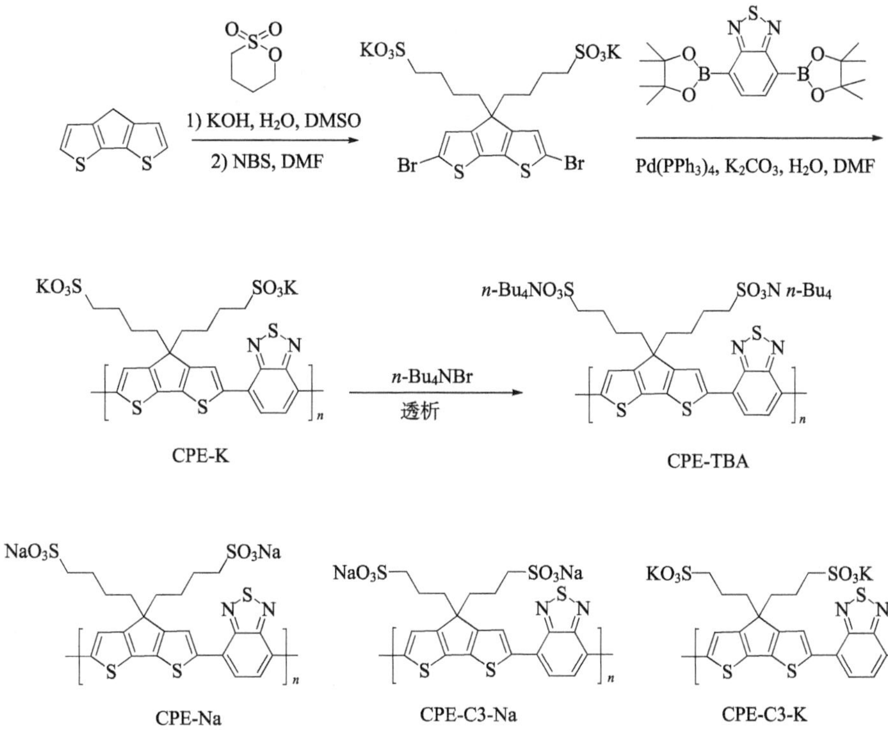

图 9-3　CPE-K、CPE-TBA 的结构式与合成路线图，以及 CPE-Na、CPE-C3-Na 和 CPE-C3-K
的结构式（具体合成路线与 CPE-TBA 类似）

其他具有自掺杂效应的水醇溶共轭聚电解质也被陆续开发出来。Mai 等[13]通过离子化基团选择性掺杂高电导率的单壁碳纳米管（SWNT）形成了 n 型或 p 型 CPE/SWNT 复合物（图 9-4），并成功制备高效柔性热电转换器件。$Pyr^+\text{-}BIm_4^-$ 离子对是实现 SWNT n 型掺杂的一个关键功能团。CPE-Na 由于具有强的自掺杂作用，能够对 SWNT 实现高效的 p 型掺杂。因此，可以通过 n 型和 p 型掺杂来提高热电材料中的 n 型材料和 p 型材料的电导率和热电性能。在 CPE-Na/SWNT 质量比为 2:3 的复合材料热电器件中，可以实现 $(514 \pm 55)\,S/cm$ 的 p 型电导率，同时泽贝克系数基本维持在 $(165 \pm 25)\,\mu V/K$ 的水平，功率因子可达 $(218 \pm 89)\,\mu W/(m \cdot K^2)$。对于 n 型掺杂的 CPE-PyrBIm₄/SWNT 复合热电材料，1:1 共混制备的热电器件可以获得 $(17.8 \pm 5.8)\,\mu W/(m \cdot K^2)$ 的热电功率因子。这种既可以 n 型掺杂又可以 p 型掺杂 SWNT 的实验结果为制备高效柔性热电器件奠定了基础。

Mai 等[14]开发了含四甘醇（TEG）侧链的水醇溶共轭聚电解质，合成路线与结构式如图 9-5 所示。这些聚电解质具有较好的 p 型掺杂功能，同时 TEG 侧链的引入有利于增加聚合物链间的排列，使得分子间堆积更加紧密从而提高其电学性能。

加入 20 %含量的含 TEG 侧链单元的 CPE-K80 表现出最高的电导率，为(0.44 ± 0.02) S/cm，是没有加 TEG 单元的 CPE-K 的电导率$[(0.024\pm 0.001)$ S/cm$]$的 18 倍。CPE-K80 的功率因子可以达到(2.33 ± 0.12) μW/$(m\cdot K^2)$。这些研究结果表明，可以通过侧链的调控来获得更高效率的水醇溶共轭聚合物热电材料与器件。

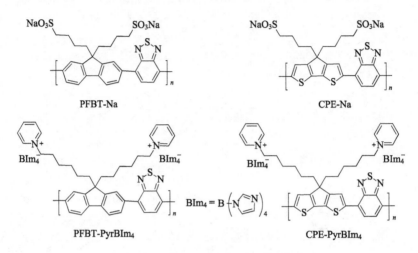

图 9-4　水醇溶共轭聚电解质的结构式

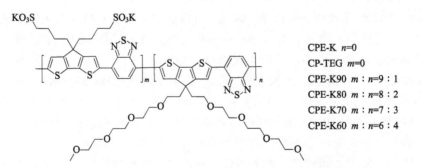

图 9-5　含不同比例 TEG 侧链的水醇溶聚电解质的合成路线

9.2　生物电子

9.2.1　生物电子简介

早在 18 世纪 80 年代，意大利博洛尼亚大学 Luigi Galvani 的一个著名实验开辟了生物电子的研究领域——在青蛙腿部肌肉上施加一定的电压会引起肌肉活动。这样一个简单的实验使得在接下来的两百多年里，众多科学家乐此不疲地探究生物刺激活动和电学之间的科学联系。

对于生物电子材料，早期研究主要集中在无机硅和硅基生物电子材料。随着导电高分子的发现，Berggren 和 Richter-Dahlfors[16]于 2007 年首先提出有机生物电子(organic bioelectronics)的概念。相比于无机硅材料，有机材料有如下优点：①物理化学性能容易通过化学结构进行调控；②可采用低温溶液法加工；③与电解质界面容易达到无氧状态；④可在室温下进行有效的离子传输；⑤可受激发产生激子对并在薄膜中扩散。因此，有机半导体材料在生物电子材料与器件中发挥着重要的作用。基于硅的生物电子和基于有机半导体的生物电子示意如图 9-6 所示[15]。有机生物电子材料最主要的两个特点是其适用于无氧界面和具有离子传输功能，使得整个有机半导体薄膜都可以和生物环境相互作用，从而大大提高有机生物电子材料的传感与刺激的效率。有机生物电子器件主要有两种：有机电化学晶体管(OECT)和有机电子离子泵(OEIP)。

OECT 的器件结构与有机场效应晶体管的结构类似，如图 9-7(c)和(d)所示，Au 和 PEDOT：PSS 薄膜分别印刷在 2 μm 厚的聚对二甲苯衬底上，制备得到OECT。基于聚对二甲苯薄膜和 PEDOT：PSS 薄膜的 OECT 可以作为活体的检测探针对信号进行检测。Khodagholy 等[17]将这种 OECT 和电极组成的探针成功应用于记录患有癫痫症小鼠的大脑活动信号。通过将该 OECT 器件植入小鼠的颅骨内，可以直接在活体内检测其脑信号，并获得破纪录的信噪比信号。研究结果表明，这种有机电子装置可以很好地在活体内检测微弱的信号，有望在临床检测方面发挥重要作用。

在 OECT 器件中，离子从电解液进入聚合物薄膜中并改变其空穴电流值，而聚合物薄膜中空穴电流的改变会引起离子从聚合物薄膜到电解质溶液的注入，利用该过程的有机生物电子器件被称为有机电子离子泵。Simon 等[18]报道，利用 OEIP 工作器件制备的有机生物电子器件可以在 PEDOT 薄膜中实现离子的电泳传输。该器件模拟神经突触，能够在体内和体外精确传递神经递质。在不同数量的细胞中，该器件利用外周听觉系统可以对特定的神经递质做出反应，选择性地刺激神经细胞对，可调整动物活体内的听力水平。这种有机生物电子器件在生物医药方面有着重要的应用价值。例如，将它用作精密药物控释装置，可以实现特定器官在特定的部位和时间的药物释放。

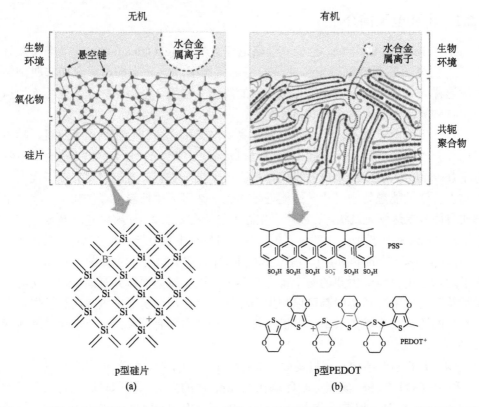

图 9-6　无机硅半导体(a)和有机 PEDOT 半导体(b)在电解液界面上的示意图。水合金属离子在两个示意图中的相对标尺是一样的，插图是两种半导体的掺杂剂即硼掺杂硅和 PSS 掺杂 PEDOT[15]

承美国化学会惠允，摘自 Rivnay J, et al., *Chem. Mater.*, **26**, 679(2013)

9.2.2　水醇溶共轭聚合物在生物电子中的应用

生物相容性对于有机生物电子材料的应用非常重要，即在生物体内不能引起排异反应。有机生物材料的合成及后处理过程会影响其化学成分、表面电荷和酸度等，是决定其生物相容性的关键因素。同时，材料合成过程中残余的单体、溶剂和过量的掺杂离子等杂质有可能会对生物体系产生危害。

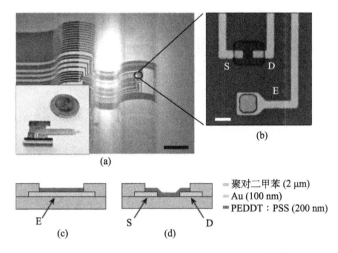

图 9-7　利用 OECT 组成的探针的示意图[17]

(a) 探针的光学微形貌图，比例尺为 1 mm。左下为探针的整体形状，由 OECT 和电极组成。(b) 一个沟道上的一个晶体管和一个表面电极的光学显微照片，S 表示源电极、D 表示漏电极、E 表示栅电极极板，比例尺为 10 μm。(c) 和 (d) OECT 的表面电极和不同沟道的剖面图。承 Nature 出版集团惠允，摘自 Khodagholy D, et al., *Nat. Commun.*, **4**, 1575 (2013)

不同的掺杂剂对生物相容性的影响不同。例如，用十二烷基苯磺酸掺杂聚苯胺得到的材料对细胞是高毒性的；但用 PSS 掺杂 PEDOT 制备的 PEDOT：PSS 薄膜是一类很好的细胞培养材料。

迄今，生物电子材料中应用最成熟的水醇溶共轭聚合物是 PEDOT：PSS。在刺激电极方面，PEDOT：PSS 得到广泛的应用。2004 年，Xiao 等[19]报道了 PEDOT 衍生物的神经电极涂层（在 Au 电极上电沉积水合甲醇的 EDOT 单体，形成高质感的 PEDOT-MeOH：PSS 涂层）。这种 PEDOT-MeOH 可以掺杂具有生物活性的生物多肽，并在探针电极上形成均匀的涂层，成功制备出多通道神经探针。在直接检测离子迁移率的生物电子器件中，PEDOT：PSS 发挥着重要的作用。Stavrinidou 等[20]设计了直接检测离子迁移率的生物电子器件，可定量测定生物体内的离子在 PEDOT：PSS 薄膜中的迁移率，在阐释材料结构与离子迁移率关系上起重要作用。如图 9-8 所示，在表面涂有聚对二甲苯的玻璃基板上滴涂一层 16 mm 宽、400 nm 厚的 PEDOT：PSS 薄膜，上面再覆盖一层 SU-8 绝缘胶，PEDOT：PSS 两段分别连接电解液和 Au 电极，整个器件长度为 32 mm。在 Ag/AgCl 电极的偏压作用下，电解液中的离子进入 PEDOT：PSS 膜，在电压回路中产生离子迁移并形成一定的电荷传输。实验证明，这种离子迁移过程的实质是对 PEDOT 掺杂和去掺杂的交替过程。研究发现，离子在 PEDOT：PSS 固态薄膜中的迁移率高于水相中的电泳迁移率（表 9-3）。这表明，PEDOT：PSS 薄膜可以很好地应用在生物界面处，并对生物电解质溶液中的离子信号进行有效的传输，这将为有机生物电子器件在生物医学方面的应用提供基础。

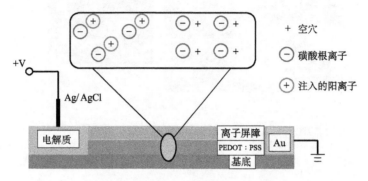

图 9-8　检测离子迁移率的生物电子器件示意图

表 9-3　不同离子在 **PEDOT：PSS** 薄膜(用 **10 mmol/L** 水溶液测量)和水溶液中的迁移率

离子	在 PEDOT：PSS 薄膜中的迁移率 /[cm²/(V·s)]	在水溶液中的电泳迁移率 /[cm²/(V·s)]
H^+	$(3.9 \pm 0.2) \times 10^{-3}$	3.6×10^{-3}
K^+	$(1.4 \pm 0.2) \times 10^{-3}$	7.6×10^{-4}
Na^+	$(9.3 \pm 0.4) \times 10^{-4}$	5.2×10^{-4}
$C_5H_{14}NO^+$	$(4.5 \pm 0.4) \times 10^{-4}$	3.9×10^{-4}

9.3　导电水凝胶

9.3.1　导电水凝胶简介

水凝胶在生物医药方面有着很广泛的应用，如生物传感器、药物控制释放和组织工程等[21]。其中，导电水凝胶由于其独特的三维水合结构和电子传导功能在生物材料方面受到了广泛的关注。导电聚合物具有较好的电学性能的同时还兼具柔性和可加工性。此外，这些有机共轭聚合物还可以通过适当的化学基团修饰来满足其生物医学性能。近年来，有机共轭聚合物作为电学沟通成分在复杂生物组织系统，如神经、大脑、肌肉和心脏组织中获得越来越多的应用[22]。有机共轭聚合物还可以制成生物电极材料或者组织支架材料。将导电的有机共轭聚合物引入三维的水凝胶体系中，形成软组织材料是一项广受关注的领域。由导电聚合物形成的水凝胶既保存了生物细胞外基质的机械性能，又为细胞与细胞之间的电学交流提供了途径。

合成制备导电水凝胶是一项富有挑战性的工作。三维水凝胶网络包含高含水量的交联型亲水性聚合物，同时具有弹性行为和多孔内部结构。大多数有机共轭聚合物由于其共轭骨架，聚合物主链具有一定的刚性，并且芳香结构的引入使得聚合物表现出较强的疏水性。另外，刚性的主链结构很难实现交联。以上这些缺陷很难满足导电水凝胶的要求。然而随着材料结构的设计、合成技术的改进，这些缺点都可以得到解决。制备导电水凝胶主要有以下两种路径：第一，在预先制备的水凝胶体系中生长导电聚合物，形成的是水凝胶/导电聚合物的杂化体系；第二，利用导电共轭聚合物作为水凝胶网络中的单一组分，通过自组装的方式获得导电水凝胶，也可以通过在聚合物骨架上引入水溶性基团和交联基团来制备。基于此，导电水凝胶得到成功的开发并在生物医学方面获得大量的应用[23]。

9.3.2 水醇溶共轭聚合物在导电水凝胶中的应用

对于第一种方法合成的导电水凝胶体系而言，在预先制备的水凝胶体系中再合成导电聚合物，一般所用的聚合方法分为电聚合和化学聚合两种。电聚合一般是将覆盖有预先制备的水凝胶的电极浸泡在单体溶液中，再在外加电压的作用下导电聚合物单体在水凝胶孔洞内发生电聚合，制备出导电水凝胶。化学聚合则是将预先制备的水凝胶浸泡在单体溶液中，单体扩散到水凝胶孔洞内，在氧化剂的作用下化学聚合；或者是将普通水凝胶单体和导电聚合物单体共混溶液先制备普通水凝胶，再将黏附在水凝胶内的导电聚合物单体化学氧化聚合成导电聚合物，最终合成导电水凝胶。这种杂化的水凝胶在一定程度上可以应用于生物医学工程，但其自身还是存在一些明显的缺点。主要表现为：①通过电聚合或者化学聚合制备的导电聚合物都是靠物理包埋作用包覆于水凝胶网络中，但当水凝胶处在水丰富的生理环境下，水凝胶发生溶胀会使得其网络中的部分导电聚合物漏到生理环境中，有可能会对生物体系产生一定的毒性；②预先制备的水凝胶大多为绝缘材料，会使得水凝胶电学性能得到很大程度的限制，不利于导电水凝胶的具体实际应用。

利用单一组分的导电聚合物制备的导电水凝胶则可以较好地解决这些杂化水凝胶体系的问题。基于导电聚合物合成的导电水凝胶的聚合物，要满足生物医学应用都必须具备的一点就是具有水醇溶性，目前研究的基于水醇溶共轭聚合物水凝胶体系主要为水醇溶聚噻吩类导电水凝胶。

噻吩单体可以通过化学修饰获得多种化学结构，并且可以采用多种聚合方法获得不同的寡聚物或者聚合物。符合生物材料应用的水醇溶噻吩体系的结构式如图 9-9 所示。最先报道的聚噻吩类水凝胶的结构为聚(3-噻吩乙酸)(PTAA)[24,25]，侧链含羧酸基的 PTAA 可以在水中溶解。此外，通过适当的交联 PTAA 可以形成三维网络结构，形成水凝胶。Chen 等[25]利用己二酸二酰肼（ADH）作为交联剂，二环己基碳二亚胺（DCC）作为缩合剂制备出 PTAA 水凝胶。尽管这些聚合物链之间发生了交联，但在不同的 pH 值下，其侧链羧酸基的电离作用仍会使主链骨架发生构象的转变。PTAA 水凝胶在 60wt% HClO₄ 溶液中的电导率为 $4×10^{-3}$ S/cm 到 $2×10^{-2}$ S/cm。Mawad 等[26]报道了一种类似的基于 PTAA 的化学交联单一组分 PTAA 水凝胶。如图 9-10 所示，一个温和的交联剂 N,N'-羰基二咪唑（DCI），与之前报道的交联剂 ADH 不同，DCI 的交联副产物能够在水中溶解，可以通过水洗交联后的水凝胶来去除。同时，PTAA 水凝胶可以通过调节交联剂 DCI 和单体的比例来调控水凝胶的溶胀比、内部孔径大小和机械性能。更重要的是，通过这种方法合成的水凝胶的电导率达到约 10^{-2} S/cm，并且在生理环境中具有较好的电活性。PTAA 水凝胶可以黏附并扩散在一种 C2C12 的细胞表面，这是目前为止唯一报道的成功用于生物体组织支架的单一组分水凝胶体系。

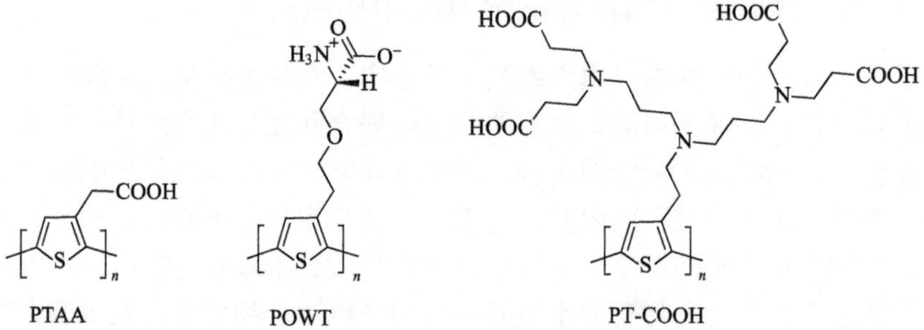

图 9-9　几种聚噻吩类水醇溶共轭聚合物的结构式

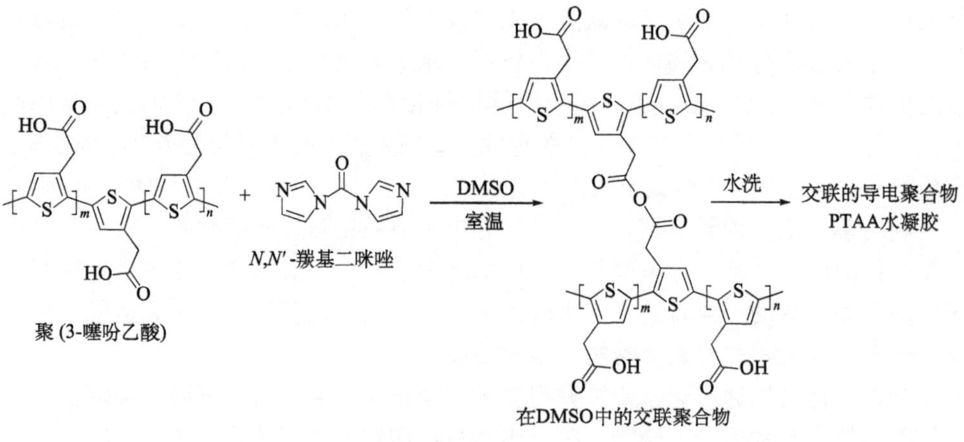

图 9-10　PTAA 水凝胶的制备示意图

Asberg 等[27]报道了一种侧链含有两性离子基团的水醇溶聚噻吩衍生物，聚{3-[(S)-5-氨基-5-羧基-3-氧杂戊烷基]-2,5-噻吩}盐酸盐（POWT，图 9-9）。将 0.5 mg/mL 的 POWT 水溶液滴涂在基板上，可以制备出 POWT 薄膜，然后通过缓冲液形成 POWT 水凝胶。POWT 水凝胶和 POWT 薄膜相比，具有更高的 DNA 吸附能力。由于 POWT 是共轭聚电解质，其聚合物链构象可以在吸附 DNA 链后发生转变。他们认为，可以利用这种构象转变将 POWT 水凝胶开发成特殊的 DNA 检测芯片。Hu 等[28]利用钆离子（Gd^{3+}）当螯合剂结合 PT-COOH（图 9-9）和 DNA 形成水凝胶。PT-COOH 水凝胶表现出很好的溶胀度和很好的稳定性，可以在磷酸缓冲液（PBS）中保存　60 h 以上。Jurkat T 细胞可以在 DNA 和 PT-COOH 的溶液中混合，但是加入 Gd^{3+} 后则发生凝胶化。这是最先报道可以通过导电水凝胶对细胞在其凝胶化之前进行原位包覆。他们证实了，当白光照射这种水凝胶时可以将细胞杀死，证明了 PT-COOH-Gd^{3+} 体系可以实现光响应。Du 等[29,30]报道了一种基于 PEDOT 类水醇溶共轭聚合物制备成的水凝胶。通过将磺酸离子化的 EDOT 单体（EDOT-S）和氧化剂，如过硫酸铵（APS）或 $FeCl_3$ 在溶液中混合反应可以制备 PEDOT 类水凝胶，并且水凝胶的内部三维结构可以通过调节氧化剂配比来调控。同时，PEDOT 类水凝胶因氧化剂的种类和单体的聚合浓度不同可以获得 10～100 S/cm 的电导率。

9.4　有机共轭聚合物复合材料

9.4.1　有机共轭聚合物复合材料简介

复合材料是将两种或两种以上的材料复合而形成的兼具多种功能的一类材料。前面几章讲到有机共轭聚合物在光电领域获得广泛应用，对于复合材料而言，用有机共轭聚合物和其他材料制备新型复合材料是一个值得关注的研究热点。

有机共轭聚合物可用不同的加工方法制备多种功能的复合材料。Ruckenstein 等[31]在十二烷基硫酸钠水溶液中加入苯乙烯和苯胺，用化学氧化法合成聚苯乙烯/聚苯胺复合材料，提高了聚苯胺的加工性。Jang 等[32]用微乳液法合成了 PPy/聚甲基丙烯酸甲酯（PMMA）核壳结构的复合材料，并作为导电填料制备 PMMA 透明薄膜。壳层 PMMA 结构提高了与有机导电共轭聚合物的相容性，从而提高 PPy 在 PMMA 中的分散性。PPy/PMMA 复合材料可作为制备高透过率导电薄膜的填充材料。Sapurina 等[33]用原位聚合法制备了聚苯胺/聚氨酯复合乳液，该乳液在聚乙烯吡咯烷酮稳定剂下，乳液粒径稳定在 100~200 nm。当聚苯胺含量为 18 %时，薄膜电导率可达 10^{-2} S/cm。

9.4.2 基于水醇溶共轭聚合物的复合材料

水醇溶共轭聚合物既有有机共轭聚合物的基本性能，又有使其在水或醇中溶解的侧链功能基团，这些具有水醇溶性的功能侧链为它在制备复合材料中提供了更多的可能，也使得其性能和普通的有机共轭聚合物复合材料较为不同。

Adachi 等[34]通过层层(layer-by-layer, LBL)自组装制备了水醇溶共轭聚合物/SWNT 复合材料。先将 PPE-SO$_3$(图 9-11)和 SWNT 在水溶液中混合，通过超声、搅拌、离心制备 PPE-SO$_3$/SWNT 复合物。由于聚合物侧链的硫酸根阴离子的存在，PPE-SO$_3$/SWNT 复合物表面带有负电荷。利用静电相互作用进行层层自组装，则需要另外一种含阳离子的水醇溶共轭聚合物 PPE-N(图 9-11)，通过交替浸泡含这两种阴阳离子的溶液，层层自组装成 LBL 复合薄膜。通过偏光拉曼光谱可以看出，LBL 复合薄膜的极化由偏振方向和 SWNT 排列方向直接的 G 带密度决定。而且，这种 LBL 复合薄膜的电导率会受到 LBL 制备过程中沉积物取向的影响。Adachi 等[35]制备了一种水醇溶共轭聚合物/SWNT 复合材料，可以作为检测甲基紫精的荧光刺激化学传感器。通过 Pd 催化 Sonogashira 聚合，合成一种侧链含磺酸根离子、主链为间二乙炔基苯和苯的交替共聚单元的水醇溶共轭聚合物 mPPE-SO$_3$(结构式见图 9-11)，并且在水相中通过和 SWNT 强的 π-π 相互作用制备出高稳定性的 mPPE-SO$_3$/SWNT 复合材料。通过研究水相中 mPPE-SO$_3$/SWNT 复合材料的光学性质和传感能力之间的关系，发现增加甲基紫精的含量可以增强 mPPE-SO$_3$/SWNT 复合材料的荧光强度，其原因归结为甲基紫精可以诱导水醇溶共轭聚合物从螺旋构象转变为无规构象。mPPE-SO$_3$/SWNT 复合材料在水溶液中对甲基紫精具有很好的荧光检测灵敏度，而且还不会因为 SWNT 的重聚集而发生沉淀，因此这种复合材料是一种很好的检测甲基紫精的荧光刺激化学传感器。该课题组还发现另外一类水醇溶共轭聚合物 PPE-1(结构式见图 9-11)，可以和氧化石墨烯(GO)制备出 PPE-1/GO 复合材料[36]，可以用于检测 Cu^{2+}，是一类较好的金属离子检测的荧光刺激化学传感器。在这种复合材料的水溶液中加入金属离子可以增强荧光信号，特别是对于 Cu^{2+}的加入使其荧光强度大幅度提高，因此水醇溶共轭聚合物/氧化石墨烯复合材料体系是一种很好的高灵敏度和高选择性的 Cu^{2+}化学荧光传感器。

另一种基于水醇溶共轭聚合物的复合材料为水醇溶聚噻吩/CdSe 纳米粒子复合体系。Wang 等[37]合成了一种侧链含季铵盐离子基团的水醇溶聚噻吩(P3TOPA)(图 9-12)，并与 11-巯基十一烷酸(MUA)包覆的 CdSe 纳米粒子制备了 P3TOPA/CdSe 多层薄膜复合体系(图 9-12)。通过层层沉积的方法可以将这两种含不同正负离子的组分制备出 P3TOPA/CdSe 多层薄膜复合体系。通过电化学测试表明，这种多层复合薄膜具有很好的电化学活性，还有很好的电化学稳定性。

P3TOPA/CdSe 复合薄膜可以展现出快速稳定的光敏特性，表明复合材料薄膜具有很好的电荷分离与传输性能。利用这种杂化复合材料制备的杂化电池器件，可以实现超过 6 %的能量转换效率。

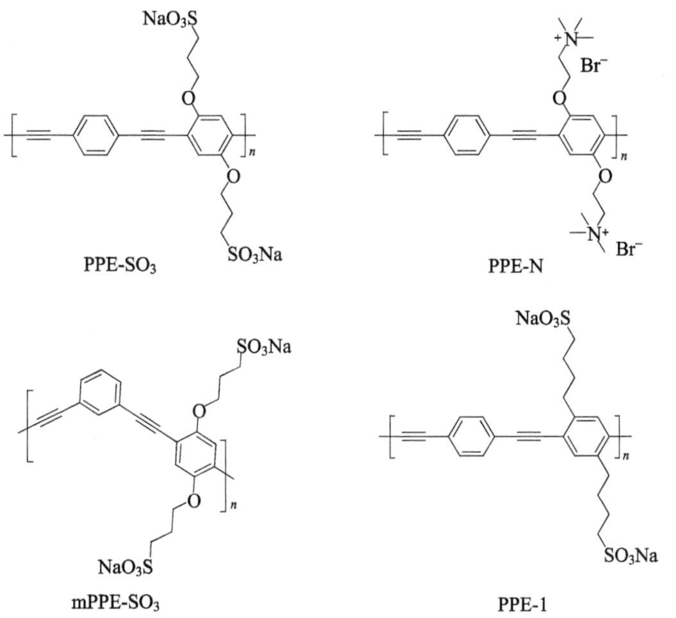

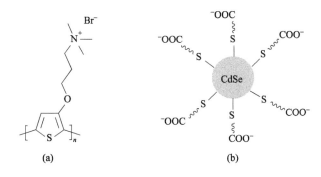

图 9-11　苯炔类水醇溶共轭聚合物的结构式

图 9-12　P3TOPA 的结构式(a)和 MUA 包覆 CdSe 纳米粒子的示意图(b)

聚苯胺是一类研究非常广泛的导电聚合物。1992 年，Cao 等[38]首次提出"对阴离子诱导加工性"的概念，使用功能化质子酸对聚苯胺进行质子化，含对离子的聚苯胺复合物可使聚苯胺具有溶液加工性。这项工作开辟了导电聚合物的溶液加工方法，使导电聚合物的工业化应用变为可能。聚苯胺的电学、电化学和光学性能优异，是一类非常有潜力的导电聚合物。通常，聚苯胺通过酸和碱的掺杂和去掺杂来实现其中间氧化态(EB)和离子化态(ES)之间的相互转变，如图 9-13(a)所示[39]。Zengin 等[39]则利用这种转变报道了一种原位聚合的方法，用来制备碳纳米管/聚苯胺复合材料。同时，离子化的聚苯胺则可以实现水醇溶性。而且他们还通过掺杂与去掺杂作用在水溶液中通过质子酸或者氢氧化铵的加入，并辅助红外谱图和元素分析证实碳纳米管/聚苯胺复合材料之所以可以通过原位聚合的方式合成，是因为碳纳米管在聚苯胺的主链上具有一定的掺杂作用，这为之后的碳纳米管和聚苯胺复合材料体系的研究提供了一定的指导作用。与此同时，Valter 等[40]也利用这一方法合成了多壁碳纳米管(MWNT)和聚(邻甲氧基苯胺)(POAS)复合材料体系，并利用 MWNT/POAS 复合材料制备了其 Langmuir-Schaefer(LS)薄膜。MWNT/POAS 复合材料的 LS 复合薄膜的光电化学行为与其不同的作用电势有关。MWNT/POAS 复合材料具有很高的电化学电阻特性，使得其在作为电化学制动器上有着一定的应用潜力。

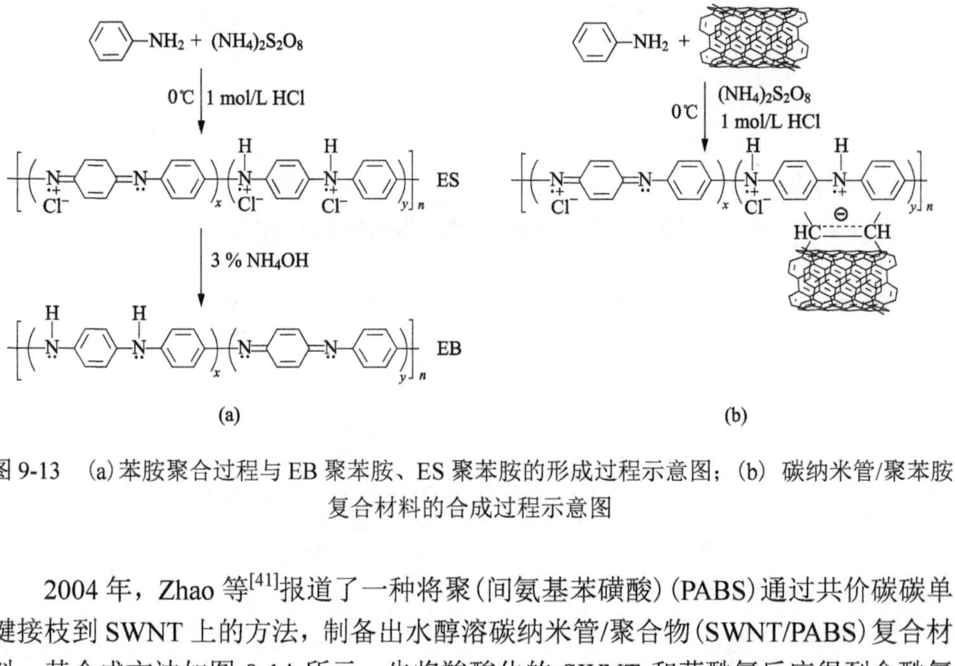

图 9-13　(a)苯胺聚合过程与 EB 聚苯胺、ES 聚苯胺的形成过程示意图；(b) 碳纳米管/聚苯胺复合材料的合成过程示意图

2004 年，Zhao 等[41]报道了一种将聚(间氨基苯磺酸)(PABS)通过共价碳碳单键接枝到 SWNT 上的方法，制备出水醇溶碳纳米管/聚合物(SWNT/PABS)复合材料，其合成方法如图 9-14 所示，先将羧酸化的 SWNT 和草酰氯反应得到含酰氯基团的 SWNT，酰氯和氨基之间的反应很容易进行，使得含酰氯基团的 SWNT 可以很容易地与聚苯胺发生接枝反应，因此 SWNT/PABS 复合材料得到成功制备。通过红外谱图可以证明，SWNT 和 PABS 之间形成了酰胺键，并通过紫外-可见光吸收谱图进一步证实，共价键在 SWNT/PABS 复合材料中的存在。核磁谱图中没

有自由的 PABS 峰，也进一步表示 PABS 被 SWNT 束缚在一个复合的体系中。SWNT/PABS 复合材料可以在水中完全溶解。与单独的 PABS 相比，SWNT/PABS 复合材料的电导率可以从 $5.4×10^{-7}$ S/cm 提升到 $5.6×10^{-3}$ S/cm。热重分析表明，SWNT/PABS 复合材料中 SWNT 含量约为 30 %；近红外光谱分析表明，SWNT/PABS 复合材料发生了由原本单一的 PABS 和 SWNT 分子的电子结构转变成的 SWNT/PABS 杂化电子结构[42]。这种复合材料体系具备在新型复合材料、生物学研究和电子传感器方面的应用潜力。

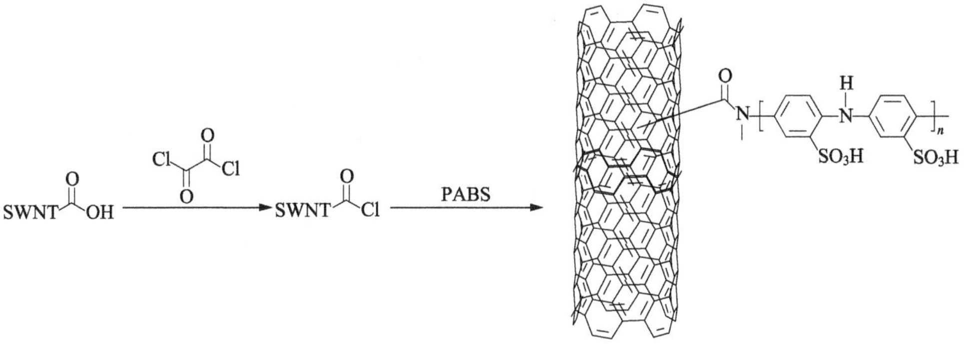

图 9-14 SWNT/PABS 复合材料的合成过程示意图

9.5 抗菌聚合物

9.5.1 抗菌聚合物简介

病原微生物引发的感染病症引起了众多领域的关注，特别是在医疗器械、药物、医院设施、医疗保健产品、净水设施、食物和衣物等方面。全世界因传染性疾病死亡的人数巨大。通常对感染病的治疗都是使用抗生素，但是这些微生物可以通过快速简单地改变基因而产生抗药性。例如，绿脓杆菌是一种非常容易引发感染的病菌，且对于许多抗生素具有抗药性；金黄色葡萄球菌是一类对人类皮肤和黏膜产生严重影响的病菌，但一些金黄色葡萄球菌会对甲氧西林抗生素有一定的抗药性，因此必须采用其他的抗生素进行治疗。

总之，对于细菌病毒而言，抗生素的使用可以减轻症状或消除这些病菌的感染，从而保证人类的健康。聚合物体系由于其特殊的性能，可以通过合成具有抗病菌性能的聚合物而使得其在抵抗和治疗病菌性感染症方面发挥独特的作用。在过去的十多年里，研究者成功发展了大量的抗菌聚合物或者共聚物，这些抗菌聚合物通常包含季铵化或者功能化的生物活性基团[43,44]。

9.5.2 抗菌聚合物工作原理

设计抗菌聚合物的主要策略是由不同病菌细胞的细胞外膜的结构特征决定的。细胞外膜的主要特点是含有一定量的负电荷,这些负电荷可以被 Mg^{2+} 和 Ca^{2+} 等二价离子稳定。病菌细胞的细胞外膜通常由革兰氏阳性细菌的细胞壁上的磷壁酸分子形成,也可以由革兰氏阴性细菌的细胞外膜上的脂多糖和磷脂分子形成,还可以是细胞质膜自己形成。它是由含嵌入式的像酶等功能蛋白质的磷脂双分子层组成。细胞质膜的半渗透性使得其具有选择渗透性功能,可以调节细胞质内外的溶质和代谢物的转移过程。考虑这些细胞壁、细胞外膜和细胞质膜的特点,大部分抗菌聚合物是基于阳离子亲疏水聚合物体系设计的,而细胞质膜通常被当作靶向位点。一般,这些聚合物或者共聚物具有良好的表面活性性质和吸附或者吸收功能,同时还具有很好的病菌细胞的亲和力,并且聚合物中疏水性单元的增加可以造成细胞膜组织结构的损伤。随着细胞膜的破坏,细胞质将会泄露流失,细胞裂解。这是一类应用很广泛的抗菌聚合物的杀菌或杀病毒工作机理[44]。

另外一种工作机理可以从光动力学角度解释:对于抗菌聚合物或者其他抗菌药物而言,氧供应是光照杀死病菌的很关键的因素,具体的表现为当受光照激发后,抗菌聚合物或者其他抗菌药物将会成为光敏剂,这些光敏剂存在下的病菌细胞内发生光敏剂将能量转移给三重态氧,形成具有更高能量的单重态氧,从而杀灭细菌或病毒[45]。

9.5.3 水醇溶共轭聚合物在抗菌方面的应用

抗菌聚合物在结构设计时需要充分考虑官能团的影响。一般情况下,将含有阳离子的亲水性功能基团和非极性碳氢疏水性功能砌块(或者疏水性整体结构)组合,或者将疏水性单体和含亲水性功能基团的单体进行共聚。用于抗病菌的聚合物可以分成两类:一类是主链没有共轭的碳—碳单键、硅—氧单键、碳—氮单键或者碳—氧单键结构构成的非共轭聚合物;另外一类是主链由完全共轭结构构成的共轭聚合物。而水中可溶是这些所有抗菌聚合物的必需条件,这使得水醇溶共轭聚合物在抗病菌方面占有一席之地[43,44,46,47]。

1. 基于聚(亚芳基乙炔撑基)的水醇溶共轭聚合物

基于水醇溶共轭聚合物的抗菌药物应用受到了广泛关注[48-52]。聚(亚苯基乙炔撑基)(PPE)类阳离子侧链的水醇溶共轭聚合物结构式如图 9-15 所示。这些含不同种类季铵盐、咪唑盐或烷基吡啶盐离子性基团的 PPE 在白光照射下具有高效的杀菌性能;在黑暗条件下则相对温和,可以在溶液中或固态下抑制革兰氏阴性和革兰氏阳性细菌的增长。这种光敏性行为归因于 PPE 在受到紫外可见光的照射下

具有产生单重态氧的能力。聚(亚芳基乙炔撑基)侧链阳离子水醇溶共轭聚合物
PPE5(图 9-15)也可以应用在抗菌方面[53]。绿脓杆菌测试的研究表明,虽然 **PPE5**
和其他 **PPE1~PPE4** 有着类似的结构,但其抗菌活性行为不同。**PPE5** 在黑暗条
件下具有明显的抗菌活性,但是在光照下却活性减弱,其主要原因在于 **PPE5** 疏
水性的增加有利于菌落的形成。同时,**PPE5** 在水溶液中具有更高的聚集状态,
这也使得其光敏性杀菌活性降低。这也导致三重态氧含量的降低和单重态氧或其
他氧活性中间体低的敏化作用。在这种情况下,共轭聚电解质的生物杀菌性与和
病菌细胞膜之间的相互作用有关[49-55]。为了证明对病菌的杀灭作用,需要和细胞
膜负电荷相反的带正电荷侧链的聚合物来实现。利用侧链含有与细胞膜相同负电
荷的磺酸根离子的聚合物(图 9-15),研究结果表明其没有生物杀菌活性[51]。

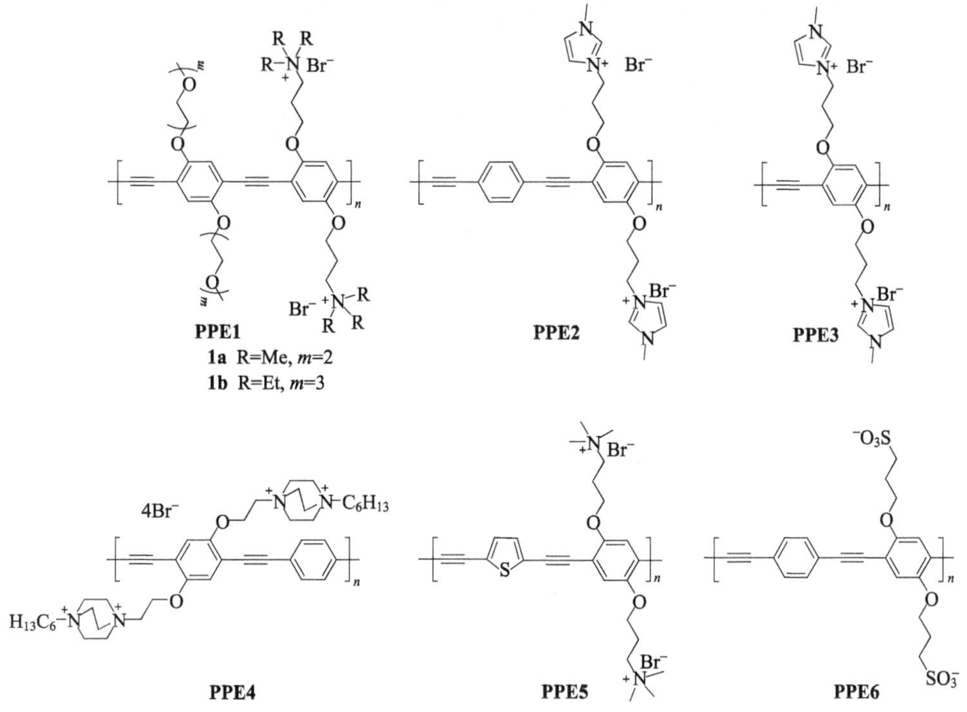

图 9-15 PPEs 系列水醇溶共轭聚合物的结构式

2. 基于聚噻吩的水醇溶共轭聚合物

Xing 等[56]设计合成了一种阴离子型水醇溶聚噻吩和一种阳离子型卟啉小分
子(图 9-16),并通过静电相互作用使这两种阴阳离子聚合物/小分子结合成水醇溶
复合物,其表面多余的正电荷可以和病菌细胞膜表面负电荷进行相互作用。抗大
肠杆菌和枯草芽孢杆菌的光照杀菌测试的研究结果表明,当利用一束 90 mW/cm^2

的白光照射仅 5min 的情况下，这两种细菌的存活率分别降低大约 70 % 和 90 %。该体系的高效杀菌作用的主要原因是，聚合物/卟啉小分子复合体系强的光捕获性能，同时聚合物与卟啉分子间的能量转移也会产生更多单重态氧，从而提升体系的杀病菌性能。

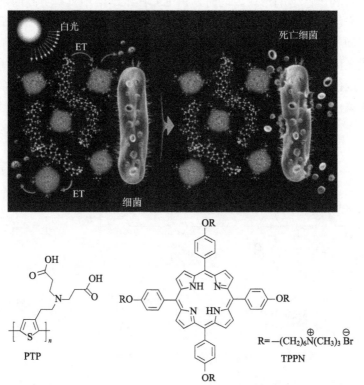

图 9-16　水醇溶共轭聚合物 (PTP)/卟啉小分子 (TPPN) 复合物杀菌作用示意图和结构式[56]

承美国化学会惠允，摘自 Xing C, et al., *J. Am. Chem. Soc.*, **131**, 13117 (2009)

3. 基于聚芴的水醇溶共轭聚合物

芴单元具有较好的化学修饰性，可通过侧链离子性功能基团的修饰制备水醇溶聚芴类共轭聚合物。Chong 等[57]合成了聚芴类水醇溶共轭聚合物 PBF，其结构式如图 9-17 所示。由芴和氟硼二吡咯单元构成的聚合物主链具有很好的红光发射。侧链为阳离子的水醇溶共轭聚合物 PBF，能够在水溶液中通过静电相互作用和一种带负电荷的二羧酸巯基钠盐 (SDPA) 形成均匀的纳米粒子。这些纳米粒子在 400～800 nm 的白光照射下可以使氧分子形成单重态活性氧，从而快速杀死邻近的细菌和癌细胞。而且 PBF 纳米离子还可以提供光学成像功能，这将为其在生物杀菌和光学成像监控的应用提供优势。Sun 等[58]开发了聚芴类水醇溶共轭聚合物

PFPQ，其结构式如图 9-17 所示。PFPQ 可以对革兰氏阴性大肠杆菌实现多重抗菌效应，在黑暗条件下可以通过喹啉骨架和季铵盐基团实现杀菌作用，在白光照射下可以通过 PFPQ 聚合物主链作用产生单重态活性氧而实现杀菌作用。这种多通道的杀菌作用对于生物抗菌体系是一种全新的设计和应用策略。

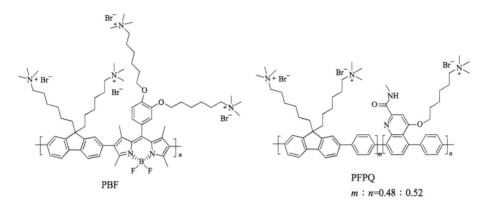

图 9-17　PBF、PFPQ 等聚芴类水醇溶共轭聚合物的结构式

4. 窄带隙水醇溶共轭聚合物

窄带隙水醇溶共轭聚合物也可以用作光敏性杀菌聚合物，Feng 等[59]合成以二噻吩并环戊二烯和苯并噻二唑单元为窄带隙共轭主链结构、侧链含季铵盐阳离子的聚合物 **P1**，与之对比的为侧链含磺酸根阴离子基团的聚合物 **P2**，**P1** 和 **P2** 的结构式如图 9-18 所示。窄带隙共轭主链使得它们可以实现可见光区到近红外光区的吸收，对光敏性杀菌起到增强光捕获性能的作用。其中，侧链含阳离子季铵盐的聚合物 **P1** 展现出很好的杀菌作用。与 PPEs 类聚合物体系类似，将聚合物侧链的季铵盐阳离子换成磺酸根负离子后合成的窄带隙水醇溶共轭聚合物 **P2** 则表现出非常低的抗菌效果，这归因于它具有和病菌细胞膜相同电荷的负离子侧链而使得其和细胞的亲和能力降低，杀菌作用变差。

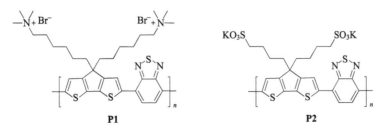

图 9-18　窄带隙水醇溶共轭聚合物 **P1** 和 **P2** 的结构式

9.6 其他方面应用

9.6.1 电致变色器件

电致变色是指材料在外加电压作用下,其光学性质(包括光学透过率、吸收值、反射率或发射率等)发生稳定可逆的变化,外观上表现为透明度和颜色的可逆变化。具有电致变色性能的材料即为电致变色材料,由电致变色材料制备成的器件即为电致变色器件。电致变色器件的典型器件结构如图 9-19 所示,其器件结构是一个典型的三明治结构,从上到下分别为基底、电极、电致变色层、电解质层、离子存储层、电极和基底。其中基底一般采用透明塑料基底或者玻璃基底,导电电极一般采用透明的 ITO,电致变色层和离子传输层一般采用相反变色性能的材料,即当电致变色层采用阳极氧化电致变色材料则离子存储层可以采用阴极还原电致变色材料,电解质层为由高氯酸锂、高氯酸钠或其他聚合物电解质组成的溶液或者固态电解质材料。

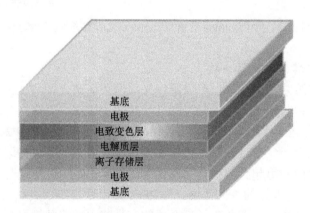

图 9-19 电致变色器件的典型器件结构示意图

电致变色器件的工作机理为,外加一定的电压在电致变色器件电极处,电致变色材料在电致变色层处发生电化学氧化还原反应,会发生电子的得失,从而使得其光谱发生可逆的改变,最终使得材料的颜色发生变化。

聚合物电致变色材料兼具良好的电致变色性能和溶液加工性,主要可分为聚噻吩类、聚吡咯类和聚乙撑二氧噻吩类等。具有离子型侧链的水醇溶共轭聚合物在电致变色材料与器件中也发挥着特殊的作用。Cutler 等[60]报道了一种水醇溶共轭聚合物 PEDOT-S(图 9-20)和一种侧链阳离子型的水醇溶共轭聚合物 PAH (图 9-20),利用这两种水醇溶共轭聚合物的侧链离子相互作用在 ITO 电极上层层自组装成电致变色层材料。最终通过层层自组装制备的多层 PEDOT-S/PAH 薄膜展现出很好的可逆氧化还原变换，并表现出与众不同的电致变色器件颜色，这种层层自组装薄膜在电致变色器件中有广泛的应用。同时，需要指出的是PEDOT-S/PAH 薄膜由于在氧化态形成过程中其可见光吸收边处具有较高敏感度的近红外载流子转变,这使得这些多层薄膜在固态电致变色器件中表现出双色带，也称为"透明/吸收"窗口效应。

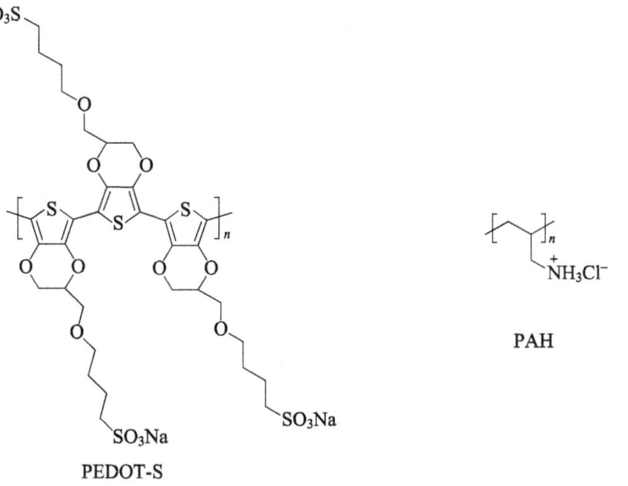

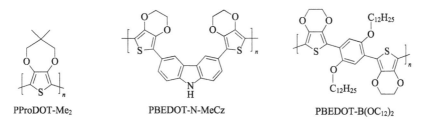

图 9-20　水醇溶共轭聚合物电致变色材料的结构式

　　水醇溶共轭聚合物在电致变色材料与器件中的应用则是利用 PEDOT：PSS代替电极材料 ITO, Argun 等[61]用 PEDOT：PSS 薄膜代替传统的 ITO 制备出全聚合物电致变色器件。采用不同电致变色层材料(图 9-21)制备的电致变色器件，可以很好地显示出不同的颜色。这种全聚合物电致变色器件在 540 nm 颜色切换处有 51 %的透明度；同时具有很好的稳定性，在 32 000 次电致变色器件转换下只有5 %对比度缺失。该 PEDOT：PSS 薄膜电极的开发，为全聚合物电致变色开辟了新的途径，同时为实现柔性电致变色器件提供技术支撑。

PProDOT-Me$_2$　　PBEDOT-N-MeCz　　PBEDOT-B(OC$_{12}$)$_2$

图 9-21　电致变色层聚合物的结构式

9.6.2　超级电容器

　　超级电容器作为储能器件在可再生能源的利用方面有着广泛的应用前景，其因优秀的循环寿命和高功率密度而受到关注。过渡金属氧化物因快速可逆的电极反应而被广泛用作超级电容器的电极材料。但由于电导率的限制，它作为电极活性材料还是受到一定的限制。高效率电极材料的开发对于超级电容器性能的提升非常重要。Luo 等[62]用协同自组装将氧化石墨烯、单壁碳纳米管和水醇溶共轭聚合物 PEDOT：PSS 在水溶液中制备了导电胶 G-T-P。这种导电胶可以作为金属氧化物纳米粒子的黏合剂应用于超级电容器中，可以同时提高超级电容器的电学和机械性能。相比于利用炭黑（CB）和聚四氟乙烯作为黏合剂的 MnO_2 纳米粒子，由于 G-T-P 黏合剂优秀的胶黏能力，利用 G-T-P 黏合剂制备的 MnO_2 纳米粒子可以保证活性金属纳米粒子之间紧密的连接，这使得由其制备的超级电容器具有更好的电荷传输性能。

9.6.3　光催化制氢

　　光催化制氢作为一种利用太阳能的新方法受到了广泛的关注和研究。其中，共轭聚合物由于其可调节的光学吸收性能和能级结构，在光催化制氢方面备受关注。相比于传统共轭聚合物，水醇溶共轭聚合物具有较好的水溶液分散性，有利于提高光催化制氢性能。Lu 等[63]合成了一种水醇溶聚噻吩 PT（图 9-22）作为光催化剂，将甲基紫精作为电子传递介质，铂纳米颗粒作为助催化剂，成功实现了水醇溶共轭聚合物的光催化制氢。与非水醇溶光催化剂相比，亲水性基团的引入，极大地改善了共轭聚合物的溶解性。此外，PT 和甲基紫精之间也具有较好的电子转移性，能够促进光生激子的分离，提高光催化制氢效率。

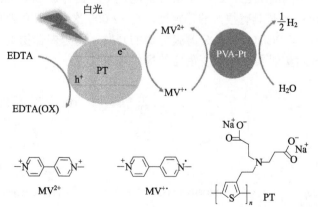

图 9-22　采用水醇溶共轭聚合物 PT 进行光催化制氢过程的示意图[63]

承美国化学会惠允，摘自 Lu H, et al., *ACS Appl. Mater. Inter.*, **9**, 10355（2017）

9.7　本章小结

水醇溶共轭聚合物主链和侧链的易修饰性使得其在有机光电器件、生物传感与成像以外的诸多领域有着丰富多彩的应用。在热电器件方面，水醇溶共轭聚合物的使用不仅可以避免无机热电材料的缺点，还可以通过杂化或其他修饰作用使得有机水醇溶共轭热电材料的性能大幅度提升。在生物电子方面，水醇溶共轭聚合物可以弥补硅基生物电子的诸多不足，还可以利用其生物相容性好、电导率高等优点开发多种新型生物电子设备。在导电水凝胶方面，水醇溶共轭聚合物体系的引入使得其导电性相比于传统水凝胶获得大幅度提高，这利于其在生物医学等方面的实际应用。在复合材料方面，水醇溶共轭聚合物复合材料的开发拓宽了传统复合材料体系。在抗病菌方面，水醇溶共轭聚合物的开发和使用丰富了有效抗菌药物的种类。在电致变色和超级电容器方面，水醇溶共轭聚合物也有着十分有意义的应用。这些丰富多彩的应用将促使广大科研工作者对水醇溶共轭聚合物进行进一步探索，推动水醇溶共轭聚合物的实际应用。

参 考 文 献

[1] Bell L E. Cooling, heating, generating power, and recovering waste heat with thermoelectric systems. Science, 2008, 321: 1457-1461.

[2] 郭凯, 骆军, 赵景泰. 热电材料的基本原理, 关键问题及研究进展. 自然杂志, 2015, 37: 175-187.

[3] Yee S K, LeBlanc S, Goodson K E, et al. $ per W metrics for thermoelectric power generation: Beyond ZT. Energy Environ Sci, 2013, 6: 2561-2571.

[4] Zhang Q, Sun Y, Xu W, et al. Organic thermoelectric materials: Emerging green energy materials converting heat to electricity directly and efficiently. Adv Mater, 2014, 26: 6829-6851.

[5] Minnich A J, Dresselhaus M S, Ren Z F, et al. Bulk nanostructured thermoelectric materials: Current research and future prospects. Energy Environ Sci, 2009, 2: 466-479.

[6] Glen S A. New materials and performance limits for thermoelectric cooling//Rowe D M. CRC Handbook of Thermoelectrics. Boca Raton: CRC Press, 1995: 407-440.

[7] McGrail B T, Sehirlioglu A, Pentzer E. Polymer composites for thermoelectric applications. Angew Chem Int Ed, 2015, 54: 1710-1723.

[8] Kim G H, Shao L, Zhang K, et al. Engineered doping of organic semiconductors for enhanced thermoelectric efficiency. Nat Mater, 2013, 12: 719-723.

[9] Bubnova O, Khan Z U, Malti A, et al. Optimization of the thermoelectric figure of merit in the conducting polymer poly(3, 4-ethylenedioxythiophene). Nat Mater, 2011, 10: 429-433.

[10] Kim D, Kim Y, Choi K, et al. Improved thermoelectric behavior of nanotube-filled polymer composites with poly(3, 4-ethylenedioxythiophene) poly(styrenesulfonate). ACS Nano, 2009, 4: 513-523.

[11] Mai C K, Zhou H, Zhang Y, et al. Facile doping of anionic narrow-band-gap conjugated polyelectrolytes during dialysis. Angew Chem Int Ed, 2013, 52: 12874-12878.

[12] Mai C K, Schlitz R A, Su G M, et al. Side-chain effects on the conductivity, morphology, and thermoelectric properties of self-doped narrow-band-gap conjugated polyelectrolytes. J Am Chem Soc, 2014, 136: 13478-13481.

[13] Mai C K, Russ B, Fronk S L, et al. Varying the ionic functionalities of conjugated polyelectrolytes leads to both p-and n-type carbon nanotube composites for flexible thermoelectrics. Energy Environ Sci, 2015, 8: 2341-2346.

[14] Mai C K, Arai T, Liu X, et al. Electrical properties of doped conjugated polyelectrolytes with modulated density of the ionic functionalities. Chem Commun, 2015, 51: 17607-17610.

[15] Rivnay J, Owens R M, Malliaras G G. The rise of organic bioelectronics. Chem Mater, 2013, 26: 679-685.

[16] Berggren M, Richter-Dahlfors A. Organic bioelectronics. Adv Mater, 2007, 19: 3201-3213.

[17] Khodagholy D, Doublet T, Quilichini P, et al. *In vivo* recordings of brain activity using organic transistors. Nat Commun, 2013, 4: 1575.

[18] Simon D T, Kurup S, Larsson K C, et al. Organic electronics for precise delivery of neurotransmitters to modulate mammalian sensory function. Nat Mater, 2009, 8: 742-746.

[19] Xiao Y, Cui X, Hancock J M, et al. Electrochemical polymerization of poly (hydroxymethylated-3, 4-ethylenedioxythiophene) (PEDOT-MeOH) on multichannel neural probes. Sensor Actuat B-Chem, 2004, 99: 437-443.

[20] Stavrinidou E, Leleux P, Rajaona H, et al. Direct measurement of ion mobility in a conducting polymer. Adv Mater, 2013, 25: 4488-4493.

[21] Annabi N, Tamayol A, Uquillas J A, et al. 25th anniversary article: Rational design and applications of hydrogels in regenerative medicine. Adv Mater, 2014, 26: 85-124.

[22] Bendrea A D, Cianga L, Cianga I. Review paper: Progress in the field of conducting polymers for tissue engineering applications. J Biomater Appl, 2011, 26: 3-84.

[23] Mawad D, Lauto A, Wallace G G. Conductive polymer hydrogels, polymeric hydrogels as smart biomaterials. Springer International Publishing, 2016: 19-44.

[24] Kim B S, Chen L, Gong J, et al. Titration behavior and spectral transitions of water-soluble polythiophene carboxylic acids. Macromolecules, 1999, 32: 3964-3969.

[25] Chen L, Kim B S, Nishino M, et al. Environmental responses of polythiophene hydrogels. Macromolecules, 2000, 33: 1232-1236.

[26] Mawad D, Stewart E, Officer D L, et al. A single component conducting polymer hydrogel as a scaffold for tissue engineering. Adv Funct Mater, 2012, 22: 2692-2699.

[27] Asberg P, Björk P, Höök F, et al. Hydrogels from a water-soluble zwitterionic polythiophene: Dynamics under pH change and biomolecular interactions observed using quartz crystal microbalance with dissipation monitoring. Langmuir, 2005, 21: 7292-7298.

[28] Hu R, Yuan H, Wang B, et al. DNA hydrogel by multicomponent assembly for encapsulation and killing of cells. ACS Appl Mater Interfaces, 2014, 6: 11823-11828.

[29] Du R, Xu Y, Luo Y, et al. Synthesis of conducting polymer hydrogels with 2D building blocks and their potential-dependent gel-sol transitions. Chem Commun, 2011, 47: 6287-6289.

[30] Du R, Zhang X. Alkoxysulfonate-functionalized poly (3,4-ethylenedioxythiophene) hydrogels. Acta Phys Chim Sin, 2012, 28: 2305-2314.

[31] Ruckenstein E, Yang S. An emulsion pathway to electrically conductive polyaniline-polystyrene composites. Synth Met, 1993, 53: 283-292.

[32] Jang J, Oh J H. Fabrication of a highly transparent conductive thin film from polypyrrole/poly (methyl methacrylate) core/shell nanospheres. Adv Funct Mater, 2005, 15: 494-502.

[33] Sapurina I, Stejskal J, Špírková M, et al. Polyurethane latex modified with polyaniline. Synth Met, 2005, 151: 93-99.

[34] Adachi N, Fukawa T, Tatewaki Y, et al. Anisotropic electronic conductivity in layer-by-layer composite film composed of water-soluble conjugated polymers and SWNTs. Macromol Rapid Commun, 2008, 29: 1877-1881.

[35] Adachi N, Okada M, Sugeno M, et al. Fluorescence turn-on chemical sensor based on water-soluble conjugated polymer/single-walled carbon nanotube composite. J Appl Polym Sci, 2016, 133: 43301-43308.

[36] Adachi N, Nakajima M, Okada M, et al. Fluorescence chemical sensor based on water-soluble poly (p-phenylene ethynylene)-graphene oxide composite for Cu^{2+}. Polym Adv Technol, 2016, 27: 284-289.

[37] Wang S, Li C, Shi G. Photoresponsive properties of multilayers of conductive polymer and CdSe nanoparticles. Sol Energy Mater Sol Cells, 2008, 92: 543-549.

[38] Cao Y, Smith P, Heeger A J. Counter-ion induced processibility of conducting polyaniline and of conducting polyblends of polyaniline in bulk polymers. Synth Met, 1992, 48: 91-97.

[39] Zengin H, Zhou W, Jin J, et al. Carbon nanotube doped polyaniline. Adv Mater, 2002, 14: 1480-1483.

[40] Valter B, Ram M K, Nicolini C. Synthesis of multiwalled carbon nanotubes and poly (o-anisidine) nanocomposite material: Fabrication and characterization of its Langmuir-Schaefer films. Langmuir, 2002, 18: 1535-1541.

[41] Zhao B, Hu H, Haddon R C. Synthesis and properties of a water-soluble single-walled carbon nanotube-poly (m-aminobenzene sulfonic acid) graft copolymer. Adv Funct Mater, 2004, 14: 71-76.

[42] Zhao B, Hu H, Yu A, et al. Synthesis and characterization of water soluble single-walled carbon nanotube graft copolymers. J Am Chem Soc, 2005, 127: 8197-8203.

[43] Muñoz-Bonilla A, Fernández-García M. Polymeric materials with antimicrobial activity. Prog Polym Sci, 2012, 37: 281-339.

[44] Timofeeva L, Kleshcheva N. Antimicrobial polymers: Mechanism of action, factors of activity, and applications. Appl Microbiol Biotechnol, 2011, 89: 475-492.

[45] Maisch T, Baier J, Franz B, et al. The role of singlet oxygen and oxygen concentration in

photodynamic inactivation of bacteria. Proc Natl Acad Sci USA, 2007, 104: 7223-7228.

[46] Zhu C, Liu L, Yang Q, et al. Water-soluble conjugated polymers for imaging, diagnosis, and therapy. Chem Rev, 2012, 112: 4687-4735.

[47] Feng L, Zhu C, Yuan H, et al. Conjugated polymer nanoparticles: Preparation, properties, functionalization and biological applications. Chem Soc Rev, 2013, 42: 6620-6633.

[48] Lu L, Rininsland F H, Wittenburg S K, et al. Biocidal activity of a light-absorbing fluorescent conjugated polyelectrolyte. Langmuir, 2005, 21: 10154-10159.

[49] Chemburu S, Corbitt T S, Ista L K, et al. Light-induced biocidal action of conjugated polyelectrolytes supported on colloids. Langmuir, 2008, 24: 11053-11062.

[50] Corbitt T S, Sommer J R, Chemburu S, et al. Conjugated polyelectrolyte capsules: Light-activated antimicrobial micro "roach motels". ACS Appl Mater Interfaces, 2008, 1: 48-52.

[51] Wang Y, Tang Y, Zhou Z, et al. Membrane perturbation activity of cationic phenylene ethynylene oligomers and polymers: Selectivity against model bacterial and mammalian membranes. Langmuir, 2010, 26: 12509-12514.

[52] Parthasarathy A, Pappas H C, Hill E H, et al. Conjugated polyelectrolytes with imidazolium solubilizing groups. Properties and application to photodynamic inactivation of bacteria. ACS Appl Mater Interfaces, 2015, 7: 28027-28034.

[53] Corbitt T S, Ding L, Ji E, et al. Light and dark biocidal activity of cationic poly (arylene ethynylene) conjugated polyelectrolytes. Photochem Photobiol Sci, 2009, 8: 998-1005.

[54] Ding L, Chi E Y, Chemburu S, et al. Insight into the mechanism of antimicrobial poly (phenylene ethynylene) polyelectrolytes: Interactions with phosphatidylglycerol lipid membranes Langmuir 25th year: molecular and macromolecular self-assemblies. Langmuir, 2009, 25: 13742-13751.

[55] Ding L, Chi E Y, Schanze K S, et al. Insight into the mechanism of antimicrobial conjugated polyelectrolytes: Lipid headgroup charge and membrane fluidity effects. Langmuir, 2009, 26: 5544-5550.

[56] Xing C, Xu Q, Tang H, et al. Conjugated polymer/porphyrin complexes for efficient energy transfer and improving light-activated antibacterial activity. J Am Chem Soc, 2009, 131: 13117-13124.

[57] Chong H, Nie C, Zhu C, et al. Conjugated polymer nanoparticles for light-activated anticancer and antibacterial activity with imaging capability. Langmuir, 2011, 28: 2091-2098.

[58] Sun H, Yin B, Ma H, et al. Synthesis of a Novel quinoline skeleton introduced cationic polyfluorene derivative for multimodal antimicrobial application. ACS Appl Mater Interfaces, 2015, 7: 25390-25395.

[59] Feng G, Mai C K, Zhan R, et al. Narrow band gap conjugated polyelectrolytes for photothermal killing of bacteria. J Mater Chem B, 2015, 3: 7340-7346.

[60] Cutler C A, Bouguettaya M, Reynolds J R. PEDOT polyelectrolyte based electrochromic films via electrostatic adsorption. Adv Mater, 2002, 14: 684-688.

[61] Argun A A, Cirpan A, Reynolds J R. The first truly all-polymer electrochromic devices. Adv Mater, 2003, 15: 1338-1341.

[62] Luo J, Tung V C, Koltonow A R, et al. Graphene oxide based conductive glue as a binder for ultracapacitor electrodes. J Mater Chem, 2012, 22: 12993-12996.

[63] Lu H, Hu R, Bai H, et al. Efficient conjugated polymer-methyl viologen electron transfer system for controlled photo-driven hydrogen evolution. ACS Appl Mater Inter, 2017, 9: 10355-10359.

索 引